Entwicklung und Evaluierung eines neuartigen Recyclingverfahrens für thermoplastische Tapes

Development and Evaluation of a Novel Recycling Process for Thermoplastic Tapes

Von der Fakultät für Maschinenwesen
der Rheinisch-Westfälischen Technischen Hochschule Aachen
zur Erlangung des akademischen Grades eines
Doktors der Ingenieurwissenschaften
genehmigte Dissertation

vorgelegt von

Philip Buchholz geb. Jongebloed

Berichter/in:

Prof. Dr.-Ing. Christian Brecher
Prof. Dr.-Ing. Christian Hopmann

Tag der mündlichen Prüfung: 08. Januar 2026

ERGEBNISSE AUS DER PRODUKTIONSTECHNIK

Philip Buchholz

Entwicklung und Evaluierung eines neuartigen Recyclingverfahrens für thermoplastische Tapes

Herausgeber:
Prof. Dr.-Ing. Dipl.-Wirt. Ing. G. Schuh
Prof. Dr.-Ing. C. Brecher
Prof. Dr.-Ing. R. H. Schmitt

Band 1/2026

WZL | RWTH AACHEN UNIVERSITY

Fraunhofer IPT

Bibliografische Information der Deutschen Nationalbibliothek
Die Deutsche Nationalbibliothek verzeichnet diese Publikation in der Deutschen Nationalbibliografie; detaillierte bibliografische Daten sind im Internet über https://portal.dnb.de abrufbar.

Philip Buchholz:

Entwicklung und Evaluierung eines neuartigen Recyclingverfahrens für thermoplastische Tapes

1. Auflage, 2026

Gedruckt auf holz- und säurefreiem Papier, 100% chlorfrei gebleicht.

Wissenschaftsverlag des Instituts für Industriekommunikation und Fachmedien an der RWTH Aachen
Steinbachstr. 25, 52074 Aachen, Deutschland
Internet: www.apprimus-verlag.de, E-Mail: info@apprimus-verlag.de

Druck: CPI Druckdienstleistungen GmbH
Ferdinand-Jühlke-Straße 7 | 99095 Erfurt | Deutschland

ISBN 978-3-98555-327-3

Vorwort

Die vorliegende Dissertation entstand während meiner Tätigkeit als wissenschaftlicher Mitarbeiter am Fraunhofer-Institut für Produktionstechnologie IPT in Aachen. Besonders zu schätzen gelernt habe ich die Möglichkeit zur beruflichen und persönlichen Weiterentwicklung in der positiven Arbeitsatmosphäre, die Motivation und Engagement für die wichtigen Forschungsthemen der Zukunft gefördert hat.

Mein besonderer Dank gilt meinem Doktorvater, Herrn Prof. Dr.-Ing. Christian Brecher, für das entgegengebrachte Vertrauen und die Freiheiten bei der Erstellung der vorliegenden Arbeit. Ebenso danke ich meinem Zweitprüfer, Herrn Prof. Dr.-Ing. Christian Hopmann für die Bereitschaft, sich intensiv mit meiner Arbeit auseinanderzusetzen.

Mein besonderer Dank gilt auch meinem Vorgesetzten, Herrn Dr.-Ing. Dipl. Wirt.-Ing. Henning Janssen, der mir durch die umfangreichen gestalterischen Freiräume und das weitreichende Vertrauen bei der Bearbeitung von Industrie- und Forschungsprojekten eine wertvolle Plattform für meine berufliche und akademische Entwicklung bot. Die bereichernden Gespräche und die wichtigen Impulse bei der Diskussion der Versuchsergebnisse haben mich stets inspiriert und mir geholfen, neue Perspektiven zu gewinnen.

Ein großes Dankeschön gilt meinen Kollegen, die mich auf vielfältige Weise fachlich und persönlich unterstützt sowie motiviert haben. Ihr Teamgeist, ihre Motivation und ihr Ehrgeiz haben in entscheidenden Momenten den Unterschied gemacht. Insbesondere möchte ich mich bei Heiko Baumann, Sören Herkströter, Tobias Schmid, Malena Schulz und Marc Wilms für ihr wertvolles Feedback und ihre unermüdliche Unterstützung bedanken. Ein herzlicher Dank gebührt auch meinen Hiwis, die mich tatkräftig bei Projekten und Versuchsdurchführungen unterstützt haben. Ihre Zuverlässigkeit und ihr Engagement haben maßgeblich zum Gelingen dieser Arbeit beigetragen. Nicht weniger dankbar bin ich meinen Abschlussarbeitern Andre Storm, Joao Filipe Iura Schafaschek, Erik Squarra, Lucas Ma Famg Xiang Yu, Sjoerd Hamers und Shamil Kudukkath für ihre großartige Forschungsarbeit. Ihre kreativen Ideen und ihre sorgfältige Arbeit haben wichtige Beiträge zu dieser Dissertation geleistet.

Nicht zuletzt möchte ich meinen Eltern Holger und Andrea Jongebloed sowie meiner Familie danken, die mich im privaten Bereich immer ermutigt und unterstützt haben. Des Weiteren möchte ich mich bei Birgit Buchholz für ihr wertvolles Feedback bedanken. Ein besonderer Dank gilt meiner Frau Johanne Buchholz, die mich mit Ausdauer und Geduld während dieser intensiven Zeit begleitet hat.

Aachen, 2025 Philip Buchholz

Kurzfassung

Faserverstärkte Kunststoffe (FVK) zeichnen sich durch ihre hohe Festigkeit bei gleichzeitig geringem Gewicht aus und sind daher ein bevorzugtes Material für eine Vielzahl von Leichtbauanwendungen in verschiedenen Branchen. Insbesondere werden unidirektionale faserverstärkte Kunststoffe in High-Tech-Anwendungen mit hohen Leistungsanforderungen wie beispielsweise in der Luft- und Raumfahrtindustrie sowie der Hochdruckbehälterindustrie verwendet.

Die Herstellung dieser Rohstoffe, speziell von Kohlenstofffasern, hat einen erheblichen Energiebedarf und verursacht dadurch einen hohen Ausstoß an Treibhausgasen. Eine Kreislaufwirtschaft, die auf der hochwertigen Wiederverwertung von Ressourcen basiert, bietet den heutigen Industrienationen ein Kostensenkungs- und Wachstumspotenzial. Gleichzeitig trägt dieser Ansatz dazu bei, die Umweltbelastung zu mindern. Die Chancen und Herausforderungen der FVK-Recyclingindustrie werden in dieser Arbeit durch eine Analyse der Versorgungssicherheit, der politischen Rahmenbedingungen und der wirtschaftlichen Faktoren verdeutlicht.

Die Entwicklung der Kreislaufwirtschaft im Bereich faserverstärkter Kunststoffe steht noch am Anfang. In einer Recherche zum Stand der Wissenschaft und Technik wird der derzeitige Staus Quo der Recyclingtechnologien aufgearbeitet. Obwohl bestehende industrielle Recyclingverfahren im Vergleich zur Herstellung neuer faserverstärkter Kunststoffe weniger Energie benötigen, können die Fasern nur in verkürzter Form, ungeordnet und mit verminderter Festigkeit zurückgewonnen werden. Folglich sind diese Fasern für Anwendungen in hochfesten Produkten ungeeignet. Es besteht ein Bedarf an Recyclingtechnologien, die darauf ausgelegt sind, diese Einschränkungen aufzuheben.

Seit 2018 besitzt die Fraunhofer-Gesellschaft ein Patent für ein Recyclingverfahren, welches die Rückgewinnung von unidirektionalen faserverstärkten, bandförmigen thermoplastischen Halbzeugen (Tapes) ermöglichen soll, ohne die Länge der Fasern zu verkürzen und die Orientierung der Fasern zu verlieren. In dieser Arbeit wird eine Prozessstrategie für das Recycling erarbeitet, auf deren Grundlage ein Prüfstand entwickelt und validiert wird.

Neben dem Recyclingprozess sind auch die Eigenschaften des zurückgewonnenen Materials von Interesse, um die Machbarkeit eines hochwertigen Recyclings zu demonstrieren. Die Wiederverwertbarkeit des recycelten Materials wird für das automatisierte Tapewickeln sowie das Heißpressverfahren untersucht und die mechanische Performance von Prüfkörpern aus recyceltem Material mit denen aus neuwertigem Material verglichen.

Diese Dissertation erarbeitet die Grundlagen für eine neuartige, nachhaltige und effektive Recyclingstrategie für faserverstärkte Kunststoffe, die sowohl ökologische als auch wirtschaftliche Vorteile bietet.

Summary

Fiber-reinforced plastics (FRP) are characterized by their high strength combined with low weight and are therefore a preferred material for a wide range of lightweight construction applications in various industries. Unidirectional fiber-reinforced plastics are used in high-tech applications with demanding performance requirements, such as in the aerospace industry and the high-pressure vessel industry.

The production of these raw materials, especially carbon fibers, requires a high amount of energy and therefore causes significant greenhouse gas emissions. A circular economy based on high-quality recycling of resources offers today's industrialized nations potential for cost reduction and growth. At the same time, this approach helps to minimize environmental impact. The opportunities and challenges of the FRP recycling industry are illustrated in this thesis by analyzing the security of supply, the political framework and the economic drivers.

The development of the circular economy in the field of fiber-reinforced plastics is still in an early stage. The current state of recycling technologies is analyzed in a review on the state of science and technology. Although existing industrial recycling processes require less energy than the production of new fiber-reinforced plastics, the fibers can only be recovered in a shortened and disordered form with reduced strength. As a result, these fibers are unsuitable for use in high performance products. Consequently, there is a need for recycling technologies that are designed to overcome these limitations.

Since 2018, the Fraunhofer-Gesellschaft is in possession of a patent for a recycling process that permits the recovery of unidirectional fiber-reinforced, tape-shaped thermoplastic semi-finished products (tapes) without shortening the length of the fibers or losing the orientation of the fibers. In this thesis, a process strategy for the recycling process will be developed, which is the fundament for the development and validation of a test rig.

In addition to the recycling process, the properties of the recovered material are relevant to demonstrate the feasibility of high-quality recycling. The reusability of the recycled material is demonstrated for automated tape winding and hot press molding processes. The mechanical performance of test specimens made from recycled material is compared with those made from virgin material.

This PhD thesis elaborates the basis for a novel, sustainable and effective recycling strategy for fiber-reinforced plastics that offers both ecological and economic benefits.

Inhaltsverzeichnis

Content

Abkürzungsverzeichnis

Abbreviation

ABS	Acrylnitril-Butadien-Styrol-Copolymer
AFRA	International Air Fleet Recycling Association
AFP	Automatisierte Faser Platzierung (engl.: *automated fiber placement*)
ASN	Abfallkennnummern
ATL	Automatisiertes Tapelegen (engl.: *automated tape laying*)
AVK	Industrievereinigung Verstärkte Kunststoffe e.V.
CF	Kohlenstofffasern (engl.: *carbon fiber*)
CFK	Kohlenstofffaserverstärkter Kunststoff
DCB-Test	Doppelter Kragbalken Test (engl.: *Double Cantilever Beam Test*)
DSC	Differential-Scanning-Kalorimetrie (engl.: *differential scanning calorimetry*)
EBS	Ersatzbrennstoff
ELS-Test	Stirnseitig belasteter Spaltungstest (engl.: *End-Loaded Split Test*)
EoL	Produktlebensende (engl.: *End-of-Life*)
EU	Europäische Union
FVK / FRP	Faserverbundkunststoff (engl.: *fiber reinforced plastic*)
FWC	Massenanteil an Kohlenstofffaser (engl.: *fiber weight content*)
GFK	Glasfaser verstärkten Kunststoffe
HDT	Wärmeformbeständigkeitstemperatur
ICAO	Internationale Zivilluftfahrtorganisation
IFSS	Grenzflächenschubfestigkeit (engl.: *interfacial shear strength*)
ILSS	Interlaminareschubfestigkeit (engl.: *interlaminar shear strength*)
ILSS-Test	Interlaminareschubfestigkeitstest (engl.: *interlaminar shear strength test*)
IR-Strahler	Infrarot-Strahler
ILZ	Matrixreiche interlaminare Zwischenschicht
IPT	Fraunhofer-Institut für Produktionstechnologie
IVW	Leibnitz Institut für Verbundwerkstoffe

KEA	kumulierten Energieaufwand
KEV	kumulierten Energieverbrauch
LAGA	Bund/Länder-Arbeitsgemeinschaft Abfall
LCA	Ökobilanzierungen (engl.: *Life Cycle Assesments*)
LFT	Langfaserverstärkte Thermoplaste
M	Mittelwert
MP-Test	Biegerollenschältest (engl.: *mandrel peel test*)
OECD	Organisation für wirtschaftliche Zusammenarbeit und Entwicklung
PA12	Polyamid 12
PA12-CF	Kohlenstofffaser verstärktes Polyamid 12
PA6	Polyamid 6
PES	Polyethersulfon
PET	Polyethylenterephthalat
PEEK	Polyetheretherketon
PMMA	Polymethylmethacrylat
PP	Polypropylen
PP-CF	Kohlenstofffaser verstärktes Polypropylen
Prepregs	Vorimprägnierte Materialien (engl.: *pre-impregnated material*)
PPS	Polyphenylensulfid
Q.I.T.T.	Qualitätsindex für thermoplastische Tapes
R-Kurve	Risswiderstandskurve
RHTT	Ringzugversuch (engl.: *ring hoop tensile test*)
RT	Raumtemperatur
rTape	Recyceltes Tape
RWPT	Ring-Keil-Schälversuch (engl.: *Ring Wedge Peel Test*)
SD	Standardabweichung (engl.: *standard deviation*)
SDG	Ziele zur nachhaltigen Entwicklung (engl.: *sustainable development goals*)
T	Temperatur
Tape-REx® Prozess	Tape Rezyklat Extraktionsprozess (engl.: *tape recyclate extraction process*)
TS	Duroplast (engl.: *thermoset*)

TS-Prepregs	Duroplastische Prepregs
TP	Thermoplast (engl.: *thermoplast*)
TP-Prepregs	Thermoplastische Prepregs
Tapes	Bandförmige Halbzeuge
TRL	Technologiereifegrad (engl.: *technology readiness level*)
UCW	Kosten pro KG Abfall (engl.: *unit cost per kg waste*)
UD	Unidirektional
UD-Tapes	Unidirektionale faserverstärkte bandförmige Halbzeuge
UN	Vereinten Nationen (engl.: *United Nations*)
vQIM	Qualitätsbeurteilungsmodul (engl.: *visual quality inspection module*)
WEA	Windenergieanlagen
Z1-Z4	Ziel 1-4 des Recyclingprozesses, vergleiche Kapitel 4.1
3PB-Test	Dreipunktbiegeversuch (engl.: *three point bending test*)

Formelzeichen

Formula Symbols

a	m	Bruchstrecke
$\overline{A}_{ILSS}$	m²	Mittlerer Probenquerschnitt eines ILSS-Prüfkörpers
$\overline{A}_{RHTT}$	m²	Mittlere Querschnittsfläche eines RHTT-Prüfkörpers
B_{Rohr}	m	Breite eines rohrförmigen Prüfkörpers
B_{Tape}	m	Breite des verwendeten Tapes
$\overline{b}_{3PB}$	m	Mittlere Breite der 3PB-PRüfkörper
$\overline{b}_{RWPT}$	m	Mittlere Breite der RWPT-Prüfkörper
c	-	Parameter zur Adaption der Schädigungsfunktion nach BECKER et al.
$CO_{2e_{gesamt}}$	kg CO_{2e}/kg	Während der Herstellung von 1 kg kohlenstofffaserverstärktem UD-Tape freigesetzte Menge an Kohlenstoffdioxid-Äquivalent
D	m	Innendurchmesser eines Prüfkörpers
d_{RWPT}	m	Dicke der RWPT-Prüfkörper
dA, δA	m²	Infinitesimale Fläche, spezifisch: infinitesimale Bruchfläche
da	m	Infinitesimale Länge, spezifisch: infinitesimale Bruchlänge
dt	s	Infinitesimale Zeitspanne
$E_{CF_{Prod.}}$	MJ/kg	Energiemenge für die Produktion von 1 kg Kohlenstofffaser
$E_{Pa12_{Prod.}}$	MJ/kg	Energiemenge für die Produktion von 1 kg Polyamid 12
$E_{PP_{Prod.}}$	MJ/kg	Energiemenge für die Produktion von 1 kg Polypropylen
e_{Erdgas}	%	Anteil fossiler Energie (Erdgas) an der Energiemenge ($E_{CF_{Prod}}$) für die Produktion von 1 kg Kohlenstofffaser
E_{gesamt}	MJ/kg	Energiemenge für die Herstellung von 1 kg kohlenstofffaserverstärktem UD-Tape

$E_{Imp.}$	MJ/kg	Energiemenge für die Imprägnierung der Fasern mit Matrixpolymer für die Herstellung von 1 kg kohlenstofffaserverstärktem UD-Tape
$E_{Matrix_{Prod.}}$	MJ/kg	Energiemenge für die Produktion von 1 kg Matrixpolymer
e_{Strom}	%	Anteil elektrischer Energie (Strom) an der Energiemenge ($E_{CF_{Prod}}$) für die Produktion von 1 kg Kohlenstofffaser
F_{3PB}	N	Bruchkraft im 3PB-Test
F_a	N	Äußere Kraft
f_{Strom}	CO_{2e}/MJ	Energieträgerbezogener Emissionsfaktor für Strom
F_{ILSS}	N	Bruchkraft, im ILSS-Test
F_{Proz}	N	Prozesskraft
F_{Reib}	N	Reibkraft
F_{RHTT}	N	Bruchkraft, im RHTT ermittelt
F_{RWPT}	N	Schälkraft im RWPT-Test
$F_{Rück}$	N	Rückstellkraft
f_{Erdgas}	CO_{2e}/MJ	Energieträgerbezogener Emissionsfaktor für Erdgas
$F_{Vorspannung}$	N	Vorspannkraft im Antriebsmodul
F_x, F_z	N	Kraftvektoren entlang der X- beziehungsweise der Z-Achse
G, $G(F,a)$	N/m	Energiefreisetzungsrate
G_c	N/m	Kritische Energiefreisetzungsrate
$\tilde{G}_{RWPT}$	N/m	Scheinbare Energiefreisetzungsrate, durch RWPT-Test ermittelt
$\bar{\tilde{G}}_{RWPT}$	N/m	Scheinbare mittlere Energiefreisetzungsrate aus 5 Prüfkörpern, durch RWPT-Test ermittelt
$\bar{h}_{3PB}$	m	Mittlere Dicke der 3PB-Prüfkörper
h_{min}	m	Minimal zulässige Dicke
$\dot{K}$	W	Änderung der kinetischen Energie
L_{3PB}	m	Spannweite der Auflager im 3PB-Test
l	m	Länge der Kohäsionszone
L_{Tape}	m	Theoretisch rezyklierbare Länge

m_{RWPT}	kg	Masse der RWPT-Prüfkörper
n	-	Anzahl an Lagen eines Prüfkörpers
P^*	W	Energietransport in die Bruchzone
$\dot{Q}$	W	Wärmefluss
$q_{CF_{Masse}}$	%	Massenanteil der Kohlenstofffasern in einem UD-Tape
$q_{Matrix_{Masse}}$	%	Massenanteil der Matrix in einem UD-Tape
R, $R(a)$	N	Risswiderstandskraft
r_{Rolle}	m	Radius des Abschälwerkzeugs (Rolle)
SD_{3PB}	MPa	Standardabweichung im 3PB-Test
SD_{ILSS}	MPa	Standardabweichung im ILSS-Test
SD_{RHTT}	MPa	Standardabweichung im RHTT
SD_{RWPT}	kJ/m²	Standardabweichung im RWPT-Test
T_g	°C	Glasübergangstemperatur
u	m	Tangentiale Verformung
w	m	Vertikale Verformung
u/w	-	Mischungsverhältnis $Modus\ II/Modus\ I$
Γ	J	Notwendige minimale Energie für einen Bruch
Δ, $\overline{\Delta}$	m	Rissspalthöhe, kritische Rissspalthöhe
Δh	m	Maximale lokale Absenkung der Dicke
κ_{mid}	-	Parameter zur Adaption der Schädigungsfunktion nach BECKER et al.
$\dot{\Pi}^a$	W	Änderung der äußeren Potenziale
$\dot{\Pi}^\iota$	W	Änderung der Formänderungsenergie
σ_{3PB}	MPa	Biegefestigkeit, im 3PB-Test ermittelt
$\overline{\sigma}_{3PB}$	MPa	Mittlere Biegefestigkeit aus 5 Prüfkörpern, im 3PB-Test ermittelt
$\tilde{\sigma}_{RHTT}$	MPa	Scheinbare Zugfestigkeit, im RHTT ermittelt
$\overline{\tilde{\sigma}}_{RHTT}$	MPa	Mittlere scheinbare Zugfestigkeit aus 5 Prüfkörpern, im RHTT ermittelt
τ_{ILSS}	MPa	Interlaminare Scherfestigkeit, ermittelt durch ILSS-Test
$\overline{\tau}_{ILSS}$	MPa	Mittlere interlaminare Scherfestigkeit aus 5 Prüfkörpern, im ILSS-Test ermittelt

1 Einleitung & Motivation

Introduction & Motivation

Für eine ökologisch und ökonomisch nachhaltige Wirtschaft sollte der Lebenszyklus eines Produktes als Kreislauf interpretiert und in diesem Sinne gestaltet werden. Dieses Prinzip der zirkulären Wertschöpfung, bei der die Werkstoffe nach Ende der Gebrauchsphase wiederverwertet werden, birgt für moderne Industrienationen ein Kostensenkungs- und Wachstumspotenzial [SUSC18, S. 28; WEI22, S. 2; EURO11, S. 3]. Wird dieser Ansatz auf Bauteile aus Faserverbundkunststoffen (FVK) angewendet, so zeigt sich eine bisher wenig genutzte Chance [OLIV15, S. 95; SUSC18, S. 28]. Derzeit existieren keine Ansätze für das hochwertige Recycling dieser Hochleistungsmaterialien (vgl. Kapitel 2.3), die aufgrund ihrer hohen Festigkeiten bei gleichzeitig geringem Gewicht in einer steigenden Zahl von Branchen und Anwendungen eingesetzt werden. Faserverbundwerkstoffe finden beispielsweise Anwendung in der Automobilindustrie, der Luft- und Raumfahrtindustrie, der Öl- und Gasindustrie, der Windkraftindustrie und der Sportindustrie. [ASMA14, S. 593; MEII21, S. 166]

Die Gewinnung der Rohmaterialien, insbesondere der Kohlenstofffasern (CF), und der Herstellungsprozess von Faserverbundkunststoffen zeichnen sich durch einen hohen Energiebedarf und damit einhergehend einem hohen Ausstoß an Treibhausgasen aus [SUSC18, S. 28]. Somit geht die Produktion von neuen kohlenstofffaserverstärkten Kunststoffen (CFK) mit einer erheblichen Umweltbelastung einher. Pro hergestelltem Kilogramm Kohlenstofffaser werden über 66 Kilogramm Kohlenstoffdioxid ausgestoßen [HEDL05, S. 43].

Im Sinne der nachhaltigen Ressourcennutzung sollte das Ziel der industriellen Produktion darin bestehen, den Wertschöpfungsprozess in einen Kreislauf zu integrieren und damit die hohen klimaschädlichen Treibhausgasemissionen, die bei der Primärherstellung der Kohlenstofffaser anfallen, zu vermeiden.

Aus diesem Grund wurde am Fraunhofer-Institut für Produktionstechnologie (IPT) in den vergangenen Jahren ein Recyclingprozess für bandförmige Halbzeuge (Tapes) aus unidirektional verstärktem, thermoplastischem Faserverbundkunststoff entwickelt [JANS18]. In dem entwickelten Verfahren werden die Tapes unter Einbringung von Kraft und Wärme vom Bauteil abgelöst. Die Verwendung von automatisierten Prozessen zur Ablage von Tapes ermöglicht es, Bauteile lastpfadgerecht und verschnittarm zu gestalten. Da rotationssymmetrische Bauteile wie Drucktanks oder Rohre oft längere, kontinuierliche Tapeabschnitte aufweisen, sind sie besonders für den am Fraunhofer IPT entwickelten Recyclingprozess geeignet. Durch das neue Verfahren lassen sich erstmals Hochleistungsrezyklate produzieren.

Introduction & Motivation

Einleitung & Motivation

For an ecologically and economically sustainable economy, the life cycle of a product must be interpreted as a closed loop and designed accordingly. This principle of circular economy, in which materials are recycled at the end of their service lifespan, offers cost-cutting and growth potential for modern industrialized nations [SUSC18, S. 28; WEI22, S. 2; EURO11, S. 3]. Applying this approach to components made of fiber-reinforced plastics (FRP) reveals an opportunity that has been little exploited in the past [OLIV15, p. 95], [SUSC18, p. 28]. There are currently no approaches for the high-quality recycling of these high-performance materials (see section 2.3), which are used in an increasing number of industries and applications due to their high strength and low weight [JANS20, p. 18]. Fiber-reinforced composites are used, for example, in the automotive industry, the aerospace industry, the oil and gas industry, the wind power industry and the sports industry. [ASMA14, P. 593], [MEII21, P. 166]

The extraction of raw materials, in particular carbon fibers (CF), and the manufacturing process of fiber-reinforced plastics are characterized by high energy consumption and, as a result, high greenhouse gas emissions [SUSC18, p. 28]. The production of new carbon fiber-reinforced composite plastics (CFRP) is therefore associated with a considerable environmental impact. Over 66 kilograms of carbon dioxide are emitted per kilogram of carbon fiber produced [HEDL05, p. 43].

In terms of the sustainable use of resources, the aim of industrial production should be to integrate the value stream into a cycle and thus avoid the high climate-damaging greenhouse gas emissions that occur during the primary production of carbon fiber.

Over the past few years, the Fraunhofer Institute for Production Technology (IPT) has been working on developing a recycling process for tape-shaped semi-finished products (tapes) made from unidirectionally reinforced thermoplastic fiber composites [JANS18]. In the developed recycling process, the tapes are detached from the component by applying force and heat. The use of automated processes for depositing tapes makes it possible to reinforce components in individual patterns and shapes while at the same time saving weight. Since rotationally symmetrical components such as pressure tanks or pipes often have longer continuous tape sections, they are particularly suitable for the recycling process developed at the Fraunhofer IPT.

2 Stand der Wissenschaft und Technik

State of the art in science and technology

Diese Arbeit konzentriert sich auf die Weiterentwicklung einer neuartigen Recyclingmethode für unidirektional faserverstärkte thermoplastische bandförmige Halbzeuge. Um ein tieferes Verständnis des Recyclingprozesses, der hierfür benötigten Anlagentechnik und ihrer Relevanz zu erlangen, werden in diesem Kapitel grundlegende Kenntnisse zu dem aktuellen Stand der Wissenschaft und Technik vermittelt. Hierzu wird die Thematik in vier Unterkapitel aufgeteilt, die jeweils mit einem kurzen Zwischenfazit zusammengefasst werden.

Kapitel 2.1 befasst sich mit den Grundlagen faserverstärkter Verbundwerkstoffe. Verschiedene Faser- und Matrixvarianten werden vorgestellt, wobei ein besonderer Schwerpunkt auf thermoplastischen Matrixmaterialien liegt.

Kapitel 2.2 beschäftigt sich mit thermoplastischen Halbzeugen, insbesondere mit unidirektionalen (UD) faserverstärkten bandförmigen Halbzeugen, die allgemein als UD-Tapes bezeichnet werden. Die Herstellungstechniken und Qualitätsmerkmale dieser Halbzeuge werden erörtert. Darüber hinaus werden die Herstellungsverfahren für die Weiterverarbeitung von UD-Tapes erläutert, wobei der Schwerpunkt auf der Wickeltechnik mit In-Situ-Konsolidierung liegt. Dieses Verfahren ermöglicht die Herstellung rotationssymmetrischer Bauteile, die sich besonders gut für den in dieser Arbeit behandelten Recyclingprozess eignen.

In Kapitel 2.3 werden die derzeit auf dem Markt verfügbaren Recyclingtechnologien beschrieben. Das Kapitel beginnt mit einer kurzen Übersicht zu den Prozessschritten, die vor dem eigentlichen Recycling notwendig sind. Anschließend werden die am weitesten verbreiteten End-of-Life Strategien für FVK-Produkte vorgestellt.

Das letzte Kapitel 2.4 befasst sich mit den Chancen und Herausforderungen des FVK-Recyclingsektors. In diesem Kapitel wird die technisch fokussierte Betrachtungsweise abgelegt und ein Überblick zu den Einflussfaktoren, die auf den Recyclingsektor einwirken, gegeben. Hierzu zählen politische Ziele, Gesetze und Verordnungen sowie Trends für die zukünftige Gesetzgebung. Weiterhin werden die Marktentwicklung und damit einhergehende Wertstoffströme betrachtet. Bevor abschließend wirtschaftliche Aspekte des FVK-Recyclings diskutiert werden.

2.1 Grundlagen der Faserverbundkunststoffe

Fundamentals of fiber reinforced plastics

Faserverbundkunststoffe sind eine Unterart der Verbundwerkstoffe. Wie die Bezeichnung bereits verrät, zeichnet sich diese Werkstoffklasse durch eine Kunststoffmatrix aus, die durch faserförmige Werkstoffe, also Werkstoffe mit einem großen Aspektverhältnis (Länge/Durchmesser), verstärkt wird [LENG20, S. 3]. Die Fasern dienen als strukturelles Gerüst, das eine Verstärkung gegen äußere Kräfte bietet. Die kohäsive Matrix verteilt die von außen eingebrachten Kräfte gleichmäßig und bewahrt die

Integrität der Fasern [LENG20, S. 3]. Die Verstärkungswirkung der Fasern ist richtungs- und belastungsabhängig. Dieses Werkstoffverhalten wird als anisotrop bezeichnet. Dabei können die Fasern primär Zugkräfte übertragen. Druckkräfte sowie Kräfte quer zur Faserorientierung werden hauptsächlich durch die Stützwirkung der Kunststoffmatrix übertragen.

Damit eine Verstärkungswirkung der Kunststoffmatrix durch die Fasern erfolgen kann, müssen drei Bedingungen erfüllt sein [LENG20, S. 5]:

1. Die Festigkeit und das Elastizitätsmodul der Faser müssen größer sein als die des Matrixkunststoffes.
2. Der Matrixkunststoff muss eine größere Bruchdehnung als der Faserwerkstoff besitzen.
3. Eine ausreichende Haftung an der Grenzfläche zwischen Faser und Matrix muss vorliegen, ansonsten kann die Kraftübertragung zwischen Matrix und Faser nur eingeschränkt stattfinden.

In den nachfolgenden Unterkapiteln werden die FVK-Bestandteile Faser und Matrix nacheinander betrachtet.

2.1.1 Faser

Fiber

Die mechanischen Eigenschaften des Faserverbundkunststoffes werden maßgeblich durch die folgenden Eigenschaften der Faser beeinflusst: den Faserwerkstoff, den Faservolumengehalt sowie die Faserlänge und -orientierung. Für den Einsatz in Leichtbauanwendungen sollte die Faser eine möglichst geringe Dichte aufweisen. [LENG20, S. 5]

Die Faserwerkstoffe lassen sich nach verschiedenen Kriterien unterteilen, zum Beispiel nach ihrem Aufbau (organisch oder anorganisch), dies ist insbesondere für die Entsorgung wichtig, oder nach ihren Eigenschaften (hochfest bzw. hochsteif), was für die Anwendung bedeutend ist [NEIT14, S. 34]. Zu den organischen Fasern zählen Polymerfasern aus Aramid und Kohlenstoff, die aus organischen Vorprodukten hergestellt werden. Zu den anorganischen Fasern gehören Glasfasern. Laut der Marktanalyse der Industrievereinigung Verstärkte Kunststoffe e.V. (AVK) aus dem Jahr 2022 sind diese mit einem Marktanteil von 95% auf dem europäischen Markt am weitesten verbreitet [WITT23, S. 6], was vermutlich auf ihr gutes Preis-Leistungs-Verhältnis zurückzuführen ist [NEIT14, S. 38]. Eine Übersicht der Preisspannen verschiedener Fasertypen ist in Tabelle 2.1 aufgeführt.

Die Längen der Verstärkungsfasern und ihre Ausrichtung im Bauteil spielen eine entscheidende Rolle für die erreichbare Verstärkungswirkung der eingebrachten Fasern. Faserverbundkunststoffe weisen im Allgemeinen ein anisotropes Materialverhalten auf, da ihre mechanischen Eigenschaften von der Faserausrichtung abhängig sind. Wenn diese Verbundwerkstoffe entlang der Faserausrichtung einer Zugbelastung ausgesetzt werden, weisen sie eine optimale Festigkeit und Steifigkeit auf. Umgekehrt ist bei einer Zugbelastung quer zur Faserausrichtung die Steifigkeit nur geringfügig höher als die des Matrixkunststoffes, wohingegen die Festigkeit sogar abnimmt. Das mechanische Verhalten faserverstärkter Verbundwerkstoffe in Bezug auf die Faserorientierung ist in der vorhandenen Literatur ausführlich dokumentiert, vergleiche hierzu [SCHÜ07, S. 442].

Tabelle 2.1: Preisspanne für verschiedene Fasertypen nach [VODO18, S. 70]
Price range for different fibre types according to [VODO18, S. 70]

Kohlenstofffasern	**Preisspanne**
Kohlenstofffasern mit geringem Elastizitätsmodul	4 – 19 €/kg
Kohlenstofffasern mit mittlerem Elastizitätsmodul	19 – 60 €/kg
Kohlenstofffasern mit hohem Elastizitätsmodul	60 – 83 €/kg
Kohlenstofffasern mit ultrahohem Elastizitätsmodul	bis zu 1855 €/kg
Glasfasern	**Preisspanne**
Glasfasern für Standardapplikationen	1 – 3 €/kg
Glasfasern für Spezialapplikationen	3 – 30 €/kg

Die Verstärkungsfasern werden in Kurzfasern (Länge < 1 mm), Langfasern (1 bis 50 mm Länge) und Endlosfasern (Länge > 50 mm) eingeteilt [SCHÜ07; LENG20, S. 5]. Die besten Verstärkungswirkungen lassen sich mit Endlosfasern erzielen, insbesondere dann, wenn diese unidirektional und lastoptimiert vorliegen [SCHÜ07, S. 137]. Demgegenüber steht die Verarbeitbarkeit: Hohe Umformgrade beziehungsweise große Fließwege wie beispielsweise bei der Pressverarbeitung sind mit kürzeren Fasern besser erreichbar. Dies gilt auch für die Verarbeitung im Spritzgussverfahren. Je kürzer die Fasern, desto geringer ist die Gefahr einer Entmischung bei der Verarbeitung. Ein weiterer Nachteil neben der reduzierten Verstärkungswirkung, die mit der Verwendung von Kurzfasern einhergeht, ist, dass die Faserorientierung nicht mehr auf die Belastung eingestellt werden kann [SCHÜ07, S. 137]. Die Wahl der Faserlänge ist folglich vom Produkt und dem gewählten Herstellungsprozess abhängig. Es lässt sich festhalten, dass für FVK-Produkte, die hohe mechanische Anforderungen haben, unidirektionale Endlosfasern lastoptimiert und endkonturnah in das Bauteil eingebracht werden sollten. Das beschriebene Verhalten ist in Bild 2.1 dargestellt.

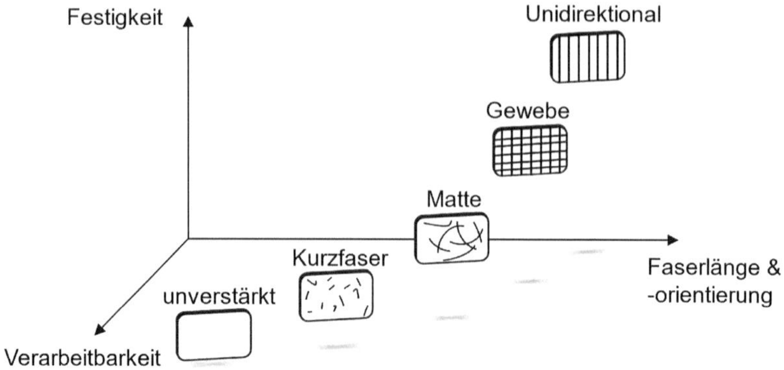

Bild 2.1: Übersicht zu Verstärkungsart, Verarbeitbarkeit und Festigkeit in Anlehnung an [LENG20, S. 4]
Overview of reinforcement type, processability and strength in accordance to [LENG20, S. 4]

2.1.2 Matrix

Matrix

Die Matrix spielt eine wesentliche Rolle in der Gestaltung der mechanischen Eigenschaften des Verbundwerkstoffs, obwohl diese hauptsächlich durch die Fasern bestimmt werden. Sie stützt die Faser bei Druckbelastung, leitet äußere Kräfte in das Bauteil ein und überträgt diese auf die Faser. Dabei ist die Grenzfläche zwischen Faser und Matrix von zentraler Bedeutung und kann durch den Einsatz von Schlichte (Haftvermittlern) verbessert werden. Zudem fixiert die Matrix die Fasern im Bauteil und schützt sie vor Umwelteinflüssen, was zur thermischen und chemischen Beständigkeit des Verbundwerkstoffs beiträgt. Als Matrixkunststoffe finden Elastomere, duroplastische und thermoplastische Kunststoffe Verwendung, wobei die duroplastischen und thermoplastischen Matrixsysteme am weitesten verbreitet sind.

Zum jetzigen Zeitpunkt sind unidirektionale, endlosfaserverstärkte Kunststoffe mit duroplastischer Matrix (engl. *thermoset*, TS) weiter verbreitet [ENDR23, S. 25] als solche mit einer thermoplastischen Matrix (engl. *thermoplastic*, TP). Diese gewinnen im Markt jedoch zunehmend an Bedeutung [ENDR23, S. 30].

Duroplastische Kunststoffe werden aus reaktiven Harzsystemen hergestellt. Diese besitzen eine geringe Viskosität, wodurch die Imprägnierung der Fasern erleichtert wird. Typische Harze sind Epoxidharze, Vinylesterharze und Polyesterharze [ENDR23, S. 25-26]. Durch eine chemische Reaktion aus Harz und Härter entsteht ein engmaschiges Netzwerk aus Polymerketten, welches zu einer hohen Glasübergangstemperatur, einer hohen Wärmeformbeständigkeit, einer guten chemischen Beständigkeit sowie einer geringen Kriechneigung führt. Fließvorgänge sind nach der Vernetzung nicht mehr möglich und Kriechvorgänge können nur noch oberhalb der

Glasübergangstemperatur stattfinden. Die Vernetzungsreaktion ist nicht umkehrbar und führt zu einer amorphen Gefügestruktur. Unter Umweltgesichtspunkten stellt das Recycling von Duroplasten aufgrund der Irreversibilität der Vernetzungsreaktion eine Herausforderung dar. [NEIT14, S. 52]

Zu den weiteren Nachteilen des reaktiven Harzsystems gehört die bedingte Lagerstabilität. Um die Vernetzungsreaktion zu verlangsamen, müssen die Harzsysteme bei Temperaturen bis zu -18°C gelagert werden. Hierdurch lassen sich Lagerzeiten von 6 bis 18 Monaten erreichen, bevor das Material entsorgt werden muss, da es nicht mehr sicher verarbeitet werden kann. Moderne Harzsysteme lassen sich bei Raumtemperatur bis zu 60 Tage lagern. [LENG20, S. 18]

Thermoplastische Matrixsysteme bestehen aus langkettigen Makromolekülen, die bereits vollständig polymerisiert sind. Diese Makromoleküle sind untereinander nicht chemisch vernetzt, sondern werden durch Nebenvalenzkräfte zusammengehalten. Diese Kräfte basieren auf den elektrostatischen Anziehungen zwischen den Molekülen. Eine äußere Krafteinwirkung kann zum Abgleiten der Molekülketten aneinander führen, wodurch es zum Fließen des Werkstoffes kommt. Erhöhte Temperaturen erhöhen die Mobilität der Molekülketten und fördern somit den Prozess der Formveränderung. Im Allgemeinen führt dies im Vergleich zu duroplastischen Kunststoffen zu höheren Bruchdehnungen und geringeren Wärmeformbeständigkeitstemperaturen (HDT). [BARG18, S. 423-425]

Mit zunehmender Temperatur sinken die Anziehungskräfte der physikalischen Bindungen, bis der Werkstoff letztendlich schmilzt und unterhalb der Schmelztemperatur leicht verformbar ist. Mit fallenden Temperaturen erstarrt der thermoplastische Kunststoff und liegt als Feststoff vor. Dieser Vorgang ist reversibel und bietet Möglichkeiten für die Rezyklierbarkeit. [BARG18, S. 423-425; NEIT14, S. 56]

Thermoplastische Kunststoffe werden anhand ihrer Schmelzpunkte in Standardkunststoffe, technische Kunststoffe und Hochleistungskunststoffe unterteilt. Anders als bei den Duroplasten sind nicht alle Thermoplaste amorph, weshalb zwischen amorphen und teilkristallinen Thermoplasten unterschieden wird. [NEIT14, S. 65-66]

In den amorphen Thermoplasten liegen die Molekülketten ungeordnet vor, bei teilkristallinen Thermoplasten stellt sich eine bereichsweise molekulare Nahordnung ein, eine vollständige Kristallisation ist aufgrund des unregelmäßigen Aufbaus der Polymerketten nicht möglich. Falls ein teilkristalliner Thermoplast sehr schnell aus der schmelzflüssigen Phase abgekühlt wird, kann es sein, dass die Zeit, in der die Polymerketten noch beweglich sind, nicht ausreicht, um ein teilkristallines Gefüge zu bilden. In diesem Fall kann in einem teilkristallinen Thermoplast ein vollständig amorphes Gefüge vorliegen. Eine zunehmende Kristallinität führt zu einer Steifigkeitserhöhung des Materials. Oberhalb einer kritischen Kristallinität werden die Steifigkeit und Zähigkeit des Materials herabgesetzt. Die kristallinen Bereiche weisen einen höheren Widerstand gegen das Aufbrechen der Molekülstrukturen auf als die amorphen Bereiche. Dies führt zu einem erhöhten Widerstand gegen Kriechen bei statischer Belastung sowie gegen eine Ermüdung und Ermüdungsrissausbreitung bei zyklischer Belastung. [NEIT14, S. 65-66]

Die Verwendung von thermoplastischen FVK hat aufgrund von verschiedenen Faktoren zugenommen. Die Verarbeitung ist im Vergleich zu duroplastischen Kunststoffen deutlich schneller, da bei thermoplastischen Kunststoffen keine Aushärtereaktion stattfinden muss. Des Weiteren besitzen thermoplastische Kunststoffe vorteilhafte Eigenschaften für die Verwendung in Faserverbundkunststoffen. Hierzu gehören eine hohe Beständigkeit gegen Delamination, eine gute Resistenz gegen Schlagbeanspruchungen sowie eine hohe chemische Beständigkeit. Außerdem sind Thermoplaste nicht toxisch, lassen sich unbegrenzt bei Raumtemperatur lagern und sind über ein Aufschmelzen vergleichsweise einfach zu recyceln. Allerdings verfügen thermoplastische Kunststoffe auch über weniger vorteilhafte Eigenschaften wie beispielsweise eine hohe Schmelzviskosität, die den Imprägniervorgang der Fasern aufwändiger macht, sowie eine Kriechneigung und eine im Allgemeinen geringere Temperaturbeständigkeit. [NEIT14, S. 56]

In der nachfolgenden Tabelle 2.2 sind typische Eigenschaften der thermoplastischen und duroplastischen Kunststoffe aufgeführt. Es ist zu erkennen, dass obwohl die Kunststoffe chemisch unterschiedlich aufgebaut sind, ähnliche mechanische Eigenschaften erzielt werden können.

Tabelle 2.2: Eigenschaften typischer Matrixwerkstoffe nach [NEIT14, S. 51-52; KERN24a; ERWI24b; KERN24b; ERWI24a]

Properties of typical matrix materials according to [NEIT14, S. 51-52; KERN24a; ERWI24b; KERN24b; ERWI24a]

Matrixwerkstoff		**Zug**			**Biegung**		**Dichte**	**HDT-A**
		Modul [GPa]	**Festigkeit [MPa]**	**Dehnung [%]**	**Modul [GPa]**	**Festigkeit [MPa]**	**[g/cm³]**	**[°C]**
Duroplast	UP	2,8-3,5	40-75	1,3-3,3	3,4-3,8	80-130	1,2-1,3	80- 140
	EP	2,8-3,4	45-85	1,3-5,0	2,6-3,6	100-130	>1,16	50- 175
Thermoplast	PA6	1-3	79	70-200	2,9	60-125	1,14	65
	PA12	1,1-1,5	50	200	1,7	55	1,01	50
	PP	1,3-1,8	30-40	>50	1,1-1,6	~30	0,90-0,91	50- 175
	PET	2,8-3,5	55-80	>20	~2,3	~90	1,38-1,40	65- 75
	PPS	3,3-3,5	70-110	1,5	3,5-3,8	100-140	1,30-1,35	135
	PEEK	3,5-3,8	90-105	>50	~3,6	~150	1,32	140-155

2.1.3 Zwischenfazit zu den Grundlagen der FVK

Interim conclusions on the basics of FRP

In der industriellen Anwendung sind verschiedene Fasern verbreitet. Glasfasern werden überwiegend aufgrund ihrer Kosteneffizienz verwendet. Kohlenstofffasern besitzen ein größeres Leichtbaupotenzial, stehen jedoch aufgrund ihrer hohen Kosten in der Verbreitung nur an zweiter Stelle. Dies macht sie jedoch aus wirtschaftlicher Sicht zu einem besonders wertvollen Werkstoff, dessen Rückgewinnung eine wirtschaftliche Chance ist.

Die höchsten Bauteilfestigkeiten lassen sich durch unidirektionale Endlosfasern erreichen, bei denen die Fasern für die Beanspruchung optimiert und endkonturnah in das Bauteil integriert werden. Umgekehrt bieten ungeordnete Kurz- und Langfasern im Vergleich zu geordneten Endlosfasern nur begrenzte Verstärkungseffekte. Aus diesem Grund sollte beim Recycling angestrebt werden, die Fasern in geordneter und ungekürzter Form zurückzugewinnen.

Das Grundlagenkapitel erläutert die chemischen Unterschiede zwischen thermoplastischen und duroplastischen Kunststoffen und verdeutlicht, dass duroplastische Kunststoffe nach der Vernetzungsreaktion nicht mehr verformbar sind, wohingegen thermoplastische Kunststoffe durch Wärmezufuhr in einen leichtverformbaren Zustand versetzt werden können. In dem in dieser Arbeit thematisierten Recyclingprozess wird insbesondere dieser thermisch induzierte Erweichungsmechanismus genutzt, um die wertvollen kohlenstofffaserverstärkten Tapes ohne Verlust der Faserorientierung und der Faserlänge vom Bauteil zurückzugewinnen.

2.2 Prepreg Technologie

Prepreg technology

In diesem Kapitel werden vorimprägnierte Halbzeuge aus Faserverbundkunststoffen, welche Prepregs (engl. *pre-impregnated material*) genannt werden, vorgestellt und erläutert [INDU13, S. 233; NEIT14, S. 135]. Im Speziellen werden die vorimprägnierten unidirektional faserverstärkten Halbzeuge behandelt, die als UD-Tapes bezeichnet werden. [LENG20, S. 15]

Die Verwendung von Halbzeugen bietet in der industriellen Anwendung einige Vorteile. Halbzeuge lassen sich in großen Mengen herstellen, wodurch die Produktionskosten gesenkt werden können. Daher kann es für das verarbeitende Unternehmen günstiger sein, fertige Halbzeuge, in diesem Fall Prepregs, einzukaufen als selbst die Anlagentechnik vorzuhalten, um die Imprägnierung in der eigenen Produktionshalle nach Bedarf vorzunehmen [NEIT14, S. 179].

Durch die Verwendung von standardisierten Halbzeugen können beispielsweise die Produktionsmaschinen auf die Verarbeitung dieser Halbzeuge optimiert werden. Außerdem werden Halbzeuge unter kontrollierten Bedingungen von darauf spezialisierten Unternehmen hergestellt. Dies erleichtert die Einhaltung von Qualitätsstandards und reduziert das Risiko von Produktionsfehlern, was eine hohe und gleichbleibende Qualität begünstigt. Ein weiterer Vorteil ist die erhöhte Flexibilität der produzierenden Unternehmen. Aus Halbzeugen lassen sich eine Vielzahl von Produkten fertigen, ohne dass eine spezielle Produktionslinie für jedes einzelne Produkt aufgebaut werden muss. In der Faserverbundbrache sind Halbzeuge in einer breiten Produktpalette vertreten [LENG20, S. 31]. Durch standardisierte Halbzeuge haben die produzierenden Unternehmen die Möglichkeit, immer auf das am besten zu ihrer Anwendung passende Halbzeug umzusteigen, ohne dass dadurch größere Investitionskosten entstehen. Insbesondere dann, wenn es um spezialisierte Halbzeuge geht, für die eine spezielle Fertigungstechnik benötigt wird, kann es praktischer und kosteneffizienter sein, diese Halbzeuge von spezialisierten Lieferanten zu beziehen.

2.2.1 Thermoplastische vorimprägnierte Halbzeuge

Thermoplastic Prepregs

In den 1960er Jahren wurden von der Firma Boeing unidirektional faserverstärkte Halbzeuge entwickelt, bei denen die Fasern mit teilgehärtetem duroplastischem Harz vorimprägniert worden sind. Diese Prepregs wurden von Boeing für die Herstellung von Strukturbauteilen in Flugzeugen verwendet. In der Luft- und Raumfahrttechnik setzte sich der Einsatz von Prepregs schnell durch und ist auch in der heutigen Zeit die vorherrschende Wahl für den Einsatz von Verbundkunststoffen in diesem Industriezweig. In den 1980er Jahren wurden die ersten Prepregs mit thermoplastischer Matrix entwickelt. Diese konnten sich zunächst auf Grund der höheren Material- und Herstellungskosten nicht auf dem Markt durchsetzen. Durch die Umsetzung von Maßnahmen zur Kosteneinsparung haben thermoplastische Prepregs (TP-Prepregs) in den letzten Jahren ein gesteigertes Interesse geweckt und gewinnen zunehmend an Bedeutung in verschiedenen Industriebereichen. Seit 2009 sind endlosfaserverstärkte unidirektionale TP-Prepregs am Markt erhältlich und seit 2014 steigt die Auswahl an TP-Prepregs, die zu kleineren und mittleren Bauteilen verarbeitet werden. [NEIT14, S. 135; INDU13, S. 233; LENG20, S. 31]

Mit modernen Fertigungsmethoden kann die gleichbleibende Qualität thermoplastischer Prepregs zuverlässig aufrechterhalten werden. Die Fertigungsmethoden ermöglichen die präzise Einstellung des Faservolumengehalts innerhalb enger Toleranzen zwischen ± 1 und ± 2,5% [LENG20, S. 16]. Die Verwendung von thermoplastischen Prepregs vereinfacht die Verarbeitung von Faser und Matrix zu einem Bauteil und erlaubt so die konsistente Herstellung von Komponenten hoher Qualität. In der Regel besitzen UD-Tapes Dicken zwischen 0,127 mm und 0,254 mm [LENG20, S. 38]. Während der Herstellung thermoplastischer Prepregs ist die Imprägnierung der Fasern aufgrund der hohen Schmelzviskosität der thermoplastischen Kunststoffe eine Herausforderung [NEIT14, S. 180]. Es gibt drei vorherrschende industrielle Herstellungsverfahren, die diese Herausforderung adressieren: das Pulverimprägnierverfahren, das Extrusionsverfahren und das Lösungsmittelverfahren. Weiterführende Literatur zu den Herstellungsverfahren ist in den Arbeiten von NEITZEL et al. und LENGSFELD et al. zu finden [NEIT14; LENG20]. An dieser Stelle wird lediglich ein kurzer Überblick vermittelt:

Bei der Pulverbeschichtung wird gemahlenes thermoplastisches Pulver direkt oder durch eine Dispersion auf die trockenen Fasern aufgetragen. Nach dem durch Wärmezufuhr hervorgerufenen Schmelzen des Pulvers erfolgt eine Imprägnierung unter Druckanwendung, beispielsweise durch einen Kalander oder eine Doppelbandpresse. Dieses Verfahren eignet sich besonders für die Imprägnierung von Geweben oder Gelegen, ist aber auch für die Herstellung von UD-Prepregs geeignet. Bei diesen ist eine gleichmäßige Imprägnierung allerdings deutlich schwieriger zu erreichen. [LENG20, S. 50-52; NEIT14, S. 186-187]

Beim Extrusionsverfahren werden thermoplastische Granulate in einem Extruder geschmolzen, die dann direkt auf die trockenen Fasern aufgebracht (Schmelzimprägnierung) oder zu einem Film geformt werden, der anschließend auf die Fasern aufgetragen wird (Filmbeschichtungsverfahren). Beim Filmbeschichtungsverfahren ist ein nachgelagerter Imprägnierungsschritt notwendig, beidem die Folien aufgeschmolzen und mit den Fasern verpresst werden. Dies kann beispielsweise mit beheizten Kalanderwalzen oder einer Doppelbandpresse umgesetzt werden. [LENG20, S. 52; NEIT14, S. 181]

Das Lösungsmittel-Verfahren eignet sich besonders für die Verarbeitung von Kunststoffen mit hohen Schmelzpunkten wie PES und PEEK. Das Kunststoffmaterial wird in einem organischen Lösungsmittel gelöst, das anschließend zur Imprägnierung der trockenen Fasern verwendet wird. [LENG20, S. 53-55; NEIT14, S. 181; INDU13, S. 235]

Thermoplastische UD-Prepregs lassen sich auf Grundlage ihrer Herstellung in zwei Gruppen unterteilen: geschnittene Tapes (engl. *slitted tape*, auch als Slit-Tapes bezeichnet) und kalibrierte Tapes.

Slit-Tape wird in breiten Spulen, den sogenannten Mutterspulen (engl. *parent spools*), hergestellt und nachträglich in schmalere Tapes geschnitten, vergleiche Bild 2.2. Die schmaleren Tapes lassen sich hervorragend über dreidimensional gekrümmte Oberflächen drapieren und sind daher sehr gut für die automatisierte Weiterverarbeitung zu komplexen Bauteilen geeignet. [LENG20, S. 55]

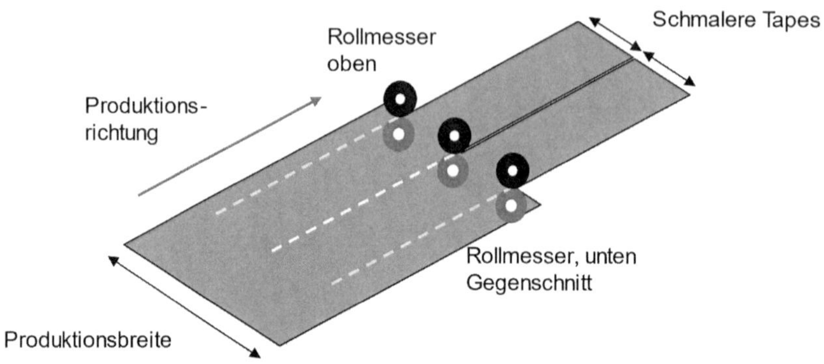

Bild 2.2: Zuschnitt einer Mutterspule in schmalere Tapes nach [LENG20, S. 47]

Slitting of a parent spool into narrower tapes according to [LENG20, S. 47]

Ein kalibriertes Tape wird direkt in der richtigen Breite hergestellt und muss nicht nachträglich zugeschnitten werden. Bei kalibriertem Tape wird kein zusätzlicher Prozessschritt mehr benötigt, in dem das Tape zugeschnitten werden muss. Somit können die Investitionskosten für eine Schneidanlage beziehungsweise die Kosten für einen Schneidservice eingespart werden. Dies bedeutet aber auch, dass aufgrund der geringeren Breite und unter der Annahme einer konstanten Prozessgeschwindigkeit die Herstellungsproduktivität von kalibriertem Tape gegenüber der von Slit-Tape geringer ist [NEIT14, S. 189]. Beim Zuschneiden des Slit-Tapes werden die Seiten besäumt und das abgetrennte Material ist Produktionsabfall. Dieser Abfall wird bei der Herstellung von kalibriertem Tape vermieden, wodurch der Prozess ressourcenschonender ist. Außerdem gewährleistet ein kalibriertes Tape die durchgängige Kontinuität der Fasern, ohne dass die Fasern an den Schnittkanten durchtrennt werden, wie es bei einem Slit-Tape häufig der Fall ist. Wie stark sich ein Durchtrennen der Fasern eventuell negativ auf die Verstärkungswirkung eines Slit-Tapes auswirkt, wurde bisher noch nicht ausreichend untersucht. Im Sinn der Definition aus Kapitel 2.1.1 liegen die Fasern weiterhin mit einer Länge größer 50 mm vor und gelten somit nach wie vor als Endlosfaser. Die losen Fasern am Rand des Slit-Tapes können zu einem Nachteil für das Recycling werden, da die Kraft beim Abziehen nur indirekt über die Matrix auf die geschnittenen Fasern übertragen werden kann.

2.2.2 Qualitätskriterien von thermoplastischen Prepregs

Quality criteria for thermoplastic prepregs

Da thermoplastische UD-Tapes direkt zum finalen Bauteil weiterverarbeitet werden, ist die Qualität dieser Halbzeuge von besonderer Bedeutung. Auch wenn der Verarbeitungsprozess einige Defekte im Halbzeug ausgleichen kann, wirkt sich die Qualität des Halbzeugs in der Regel auch auf die Qualität des Gesamtproduktes aus. Die Bewertung der Qualität von Halbzeugen ist daher ein wichtiges Werkzeug für die Wareneingangskontrolle, die Auswahl geeigneter Zulieferer sowie eine Notwendigkeit zur Sicherstellung einer hochwertigen Qualität des eigenen Produktes. [DOMM21, S. 331]

Aus diesen Gründen ist es sinnvoll, auf Grundlage der Bauteilanforderungen einheitliche Standards für die Qualitätsbewertung von UD-Tapes zu entwickeln [BERE02, S. 35-36]. Allerdings existieren zum jetzigen Zeitpunkt keine einheitlichen Bewertungskriterien für die Qualität von UD-Tapes, die in der Industrie verbreitet sind [DOMM21, S. 331-332]. In der Regel erstellen die verarbeitenden Unternehmen ein internes Vorgehen zur Qualitätsbewertung, das nach Bedarf durchgeführt wird. [DOMM21, S. 331-332]

Am Leibnitz-Institut für Verbundwerkstoffe (IVW) wurde ein Qualitätsindex für thermoplastische Tapes (Q.I.T.T.) entwickelt. In diesem Index werden 13 verschiedene Qualitätseigenschaften thermoplastischer Tapes genannt und in drei Cluster aufgeteilt. Das erste Cluster beschäftigt sich mit makroskopischen Eigenschaften des Tapes. Hierunter fallen die Genauigkeit und die Konstanz der Tapebreite sowie der Tapedicke. Das zweite Cluster umfasst die mikroskopischen Qualitätseigenschaften. Hierunter fallen die Qualität der Tapekante, die Beschaffenheit der Tapeoberfläche, die Genauigkeit und die Konstanz des Faservolumengehalts, die Vollständigkeit der Imprägnierung, die Homogenität der Faserverteilung im Tape und deren Faserausrichtung. Das dritte Cluster befasst sich mit den mechanischen Eigenschaften des Tapes. Hierzu gehören die Zugfestigkeit, -steifigkeit und -dehnung sowie die Scherfestigkeit. Eine Übersicht und Einordnung der Kriterien kann Tabelle 2.3 entnommen werden. [NEIT14, S. 191; BERE02, S. 36]

Tabelle 2.3: Qualitätskriterien für thermoplastische Tapes nach [NEIT14, S. 191]

Quality criteria for thermoplastic tapes according to [NEIT14, S. 191]

Qualitätskriterium		**Liefert Information über**	**Ermittelte Ausprägungen**
1)	Genauigkeit der Halbzeugbreite	Genauigkeit des Herstellungsprozesses; Ablegebreite; Prozessplanung	• Hohe Genauigkeit, maximale Abweichung von 0,15 mm • Höhere Genauigkeit als die Halbzeugdicke
2)	Genauigkeit der Halbzeugdicke		• Abweichungen • Schwierige Messung bei Oberflächenrauigkeiten
3)	Konstanz der Halbzeugbreite	Geometriekonstanz; Einstellbarkeit von Maschinenparametern	• Lokal starke Abweichungen • Höhere Konstanz als die Halbzeugdicke
4)	Konstanz der Halbzeugdicke		• Hohe Variationskoeffizienten
5)	Tapekante	Qualität der seitlichen Konsolidierung	• Sieben verschiedene Kantentypen von rechteckig bis stark undefiniert mit Lunker
6)	Tapeoberfläche	Möglicher Grad und Geschwindigkeit der Konsolidierung	• Geringe bis hohe Rauigkeit • Rauigkeit erhöht sich mit Tapebreite und Tapedicke
7)	Genauigkeit des Faservolumenanteils	Genauigkeit des Herstellungsprozesses; Bauteilauslegbarkeit	• Hohe Genauigkeit im gesamten Tape
8)	Vollständigkeit der Imprägnierung	Mechanische Eigenschaften des Verbunds; Beherrschung des Herstellungsprozesses	• Porengehalte zwischen 1% - 8% • Hohe Variabilität in Längs- und Querrichtung
9)	Konstanz des Faservolumenanteils	Auslegbarkeit; Faserschädigung	• Hohe Konstanz im Gesamten Tape
10)	Homogenität der Faserverteilung	Gleichmäßigkeit der Eigenschaften	• Ungleichverteilung über den Querschnitt
11)	Faserausrichtung	Beherrschung des Herstellungsprozesses; mechanische Eigenschaften des Verbundes, Faserwelligkeit	• Mitunter stärkere Welligkeit der Fasern in Längsrichtung
12)	Mechanische Charakterisierung (Zugfestigkeit, -steifigkeit, -dehnung)		• Weitestgehend gleicher Sollwert • Unterschiedliches Versagensverhalten
13)	Scherfestigkeit		• Für diese Querschnittsgeometrie nicht exakt messbar

2.2.3 Energieintensität von thermoplastischen UD-Tapes

Energy intensity of thermoplastic UD-Tapes

Um die Notwendigkeit des Recyclings zu unterstreichen und eine Einordnung der UD-Tape Herstellung gegenüber verschiedenen Recyclingtechnologien im Bezug auf die Energieintensität im nachfolgenden Kapitel 2.3 herstellen zu können, wird in diesem Kapitel die Energieintensität für den Herstellungsprozess der in dieser Arbeit verwendeten UD-Tapes abgeschätzt. Eine Übersicht der Daten der in dieser Arbeit verwendeten UD-Tapes ist in Tabelle 2.4 aufgeführt.

Tabelle 2.4: Übersicht der verwendeten Tapes
Overview of the used tapes

Bezeichnung	Faser	Matrix	FWC [%] ($q_{CF_{Masse}}$)	Hersteller	Datenblatt
PA12-CF	Kohlenstofffaser	Polyamid 12 (PA12)	59	EVONIK	[EVON20]
PP-CF	Kohlenstofffaser	Polypropylen (PP)	58	SGL Carbon	[SGL18]

Im Sinne einer Lebenszyklusanalyse (engl. *Life Cycle Assessments*, LCA) handelt es sich bei den nachfolgenden Abschätzungen um eine vereinfachte Wiege-zu-Tor Analyse (engl. *cradle-to-gate analysis*). Die Methodik zur Formulierung einer Ökobilanzierung ist in der Norm DIN EN ISO 14040 erläutert [DEUT21]. Die unten aufgeführten Schätzungen wurden in Anlehnung an die oben genannte Richtlinie mit dem Ziel formuliert, einen Überblick über den Energieverbrauch und die daraus resultierenden Treibhausgasemissionen zu geben, welche bei der Herstellung von UD-Tape anfallen. Die betrachteten Prozessschritte sind in nachfolgender Abbildung aufgeführt.

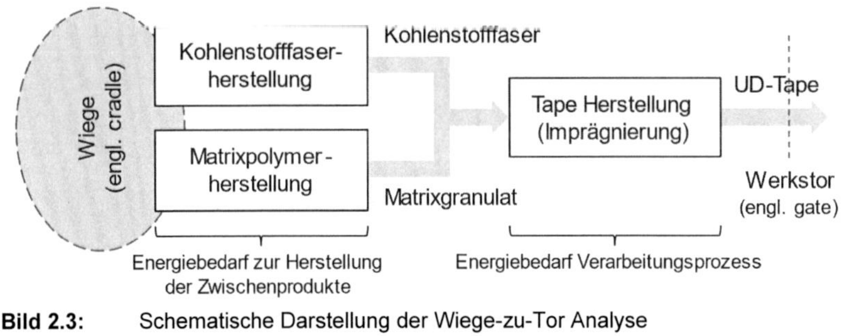

Bild 2.3: Schematische Darstellung der Wiege-zu-Tor Analyse
Schematic representation of the cradle to gate analysis

Die Herstellung eines UD-Tapes lässt sich vereinfachend in drei beteiligte Wertschöpfungsschritte unterteilen: erstens die Herstellung der Kohlenstofffasern, zweitens die Herstellung des Kunststoffs, der die Matrix bildet, und drittens die Kombination der beiden Materialien zu einem UD-Tape. Für jeden dieser Herstellungsschritte werden Daten zur benötigten Energiemenge aus bestehender Literatur entnommen. Für die Herstellung der Zwischenprodukte Kohlenstofffaser und Matrixpolymere, wird der Energiebedarf recherchiert, der die Ressourcengewinnung und Vorverarbeitung bis zum fertig hergestellten Zwischenprodukt beinhaltet. Für das Zusammenführen der Zwischenprodukte zu einem UD-Tape wird die Prozessenergie für einen Imprägnierprozess herangezogen. Alle nicht explizit aufgeführten Energien, wie beispielsweise die für den Transport der Zwischenprodukte benötigte Energie, werden in dieser Betrachtung vernachlässigt. Anschließend wird die benötigte Gesamtenergie (E_{gesamt}) aus allen drei Herstellungsschritten zusammengefasst, siehe Bild 2.3. Hierfür wird die Zusammensetzung des Tapes anhand des Massenanteils der Kohlenstofffaser ($q_{CF_{Masse}}$) (engl. *fiber weight content*, FWC) sowie des Massenanteils der Matrix ($q_{Matrix_{Masse}} = 1 - q_{CF_{Masse}}$) berücksichtigt.

In der Ökobilanzierung wird zwischen dem kumulierten Energieaufwand (KEA) und dem kumulierten Energieverbrauch (KEV) unterschieden. Der KEA beinhaltet auch die stofflich gebundene Energie der verwendeten Materialien, während diese im KEV nicht berücksichtigt werden. Der KEV berücksichtigt die Energiemengen, die energetisch genutzt, also verbraucht werden, daher wird dieser Kennwert genutzt, um den Energieverbrauch eines Produkts zu bestimmen. Für die nachfolgenden Abschätzungen wird der KEV verwendet.

Die in der Literatur aufgeführten Daten zu den benötigten Energiemengen zur Produktion von 1 kg Kohlenstofffaser ($E_{CF_{Prod.}}$) weichen teilweise stark voneinander ab, vergleiche Tabelle 2.5. Dies kann beispielsweise daran liegen, dass verschiedene Produktionsmaschinen mit unterschiedlichen Betriebspunkten betrachtet oder die Bilanzgrenzen zur Erfassung des Energiebedarfs unterschiedlich gesetzt wurden. Aus den Angaben der Autoren wird nicht ersichtlich, ob es sich bei den genannten Energieintensitäten um den KEA oder den KEV handelt. Da die Autoren hierzu keine genaueren Angaben machen, wird für die nachfolgende Abschätzung der Mittelwert aus den ermittelten Literaturdaten gebildet und für die nachfolgende Kalkulation verwendet.

Tabelle 2.5: Übersicht der in der Literatur dokumentierten Energiemengen für die Herstellung von 1 kg Kohlenstofffaser
Overview of the energy consumption documented in the literature for the production of 1 kg of carbon fibre

Energie ($E_{CF_{Prod.}}$)	**Anteil el. Energie (e_{Strom})**	**Anteil Erdgas (e_{Erdgas})**	**Quelle**
400 MJ/kg	50%	50%	[ASMA14, S. 595]
286-478 MJ/kg	-	-	[SUZU05, S. 15]
1151 MJ/kg	60%	40%	[DÉR21, S. 11-12]
100–900 MJ/kg	-	-	[KHAY21, S. 2]
183-704 MJ/kg	-	-	[JULI22, S. 1-2]
670-704 MJ/kg	43%	57%	[DAS11, S. 277]
210 MJ/kg	15%	85%	[HOHM19, S. 11]
387 MJ/kg	42%	58%	[HOHM19, S. 11]
280-340 MJ/kg	100%	0%	[STIL99, S. 13]
Mittelwert:	**Mittelwert:**	**Mittelwert:**	
497 MJ/kg	52%	48%	

Aus der Literaturrecherche resultiert weiterhin, dass für die Herstellung der Kohlenstofffasern der Energiebedarf in der Literatur häufig auf die benötigte elektrische Energie und die benötigte fossile Energie aufgeteilt wird. Hintergrund ist, dass für die hohen erforderlichen Temperaturen große Mengen an Brennstoff, in den meisten Fällen Erdgas, benötigt werden. Die Anteile an elektrischer und fossiler Energie am Gesamtenergiebedarf zur Produktion von 1 kg Kohlenstofffaser werden später bei der Umrechnung der Energiemenge in Treibhausgasemission berücksichtigt.

Für Polypropylen sind in der Datenbank Probas2 des deutschen Umweltbundesamts, Datensätze angegeben, die sowohl KEA als auch KEV für die gesamte Verarbeitungskette inklusive Ressourcengewinnung, Vorverarbeitung und Herstellung des Kunststoffgranulats abdecken. Der hier angegebene Wert von 26,2 MJ/kg deckt sich mit dem von SUZUKI et al. angegebenen Energieintensität von 24,4 MJ/kg für Polypropylen. In der Datenbank EnAargus welches durch ein Konglomerat an Forschungsinstituten und Universitäten in Deutschland befüllt wurde, findet sich ein Datensatz zur Herstellung von Polypropylen (1,95 MJ/kg) der sich nur auf den Polymerisationsprozess (*gate-to-gate*) bezieht, die Rohstoffgewinnung und Vorverarbeitung aber nicht beinhaltet [FRAU25]. Für die Abschätzung der Energieintensität eines UD-Tapes mit PP als Matrixwerkstoff wird im Folgenden der Mittelwert aus den kumulierten Energieverbrauchswerten verwendet, die auch die Rohstoffgewinnung und Vorverarbeitung beinhalten, vergleiche Tabelle 2.6.

Tabelle 2.6: Übersicht der in der Literatur dokumentierten Energiemengen für die Herstellung von 1 kg Polypropylen ($\boldsymbol{E_{PP_{Prod.}}}$)
Overview of the energy consumption documented in the literature for the production of 1 kg of polypropylene

Kunststoff	KEA	KEV	Quelle
PP	-	24,4 MJ/kg	[SUZU05, S. 15]
PP	72,6 MJ/kg	-	[UMWE14]
PP	76,9 MJ/kg	26,2 MJ/kg	[UMWE05]
PP (nur Polymerisationsprozess)	*3,63 MJ/kg (nicht berücksichtigt)*	*1,95 MJ/kg (nicht berücksichtigt)*	[FRAU25]
	Mittelwert	**Mittelwert** ($E_{PP_{Prod.}}$)	
PP (*cradel-to-gate)*	74,8 MJ/kg	25,3 MJ/kg	

Für Polyamid 12 stehen keine Daten über den kumulierten Energieverbrauch (*cradle-to-gate*) in öffentlich zugänglichen Datenbanken zur Verfügung. LONDON befasst sich in seiner Arbeit mit dem Energiebedarf für die Herstellung von PA12 Granulat und stützt sich auf Werte aus zwei unveröffentlichten Quellen: Die Firma Arkema vergleicht in einer unveröffentlichten ECO-Report Studie den Bruttoenergieaufwand für die Herstellung verschiedener Polymere. In dieser Studie wird die benötigte Energie für die Herstellung von 1 kg PA12 laut LONDON mit 207 MJ angegeben. Bei der Angabe bleibt unklar, ob es sich bei dem Bruttoenergieaufwand um den KEA oder den KEV handelt, für die weitere Berechnung wird angenommen, dass der Wert dem KEV entspricht. Als weiter Quelle gibt LONDON einen unveröffentlichten Wert von EarthShift

Global an, den LONDON in einer persönlichen Kommunikation 2020 erhalten hat. EarthShift Global nennt laut LONDON einen kumulierten Energieaufwand von 345 MJ/kg für die Herstellung von PA12. Um auf Grundlage des kumulierten Energieaufwands den kumulierten Energieverbrauch abzuschätzen, muss der stoffgebundene Energieinhalt im Werkstoff vom KEA subtrahiert werden. Der Heizwert von Polyamid liegt bei 31 MJ/kg und wird hier als Abschätzung für den stoffgebundenen Energieinhalt im Werkstoff herangezogen [GESA00, S. 9]. Somit ergibt sich auf Grundlage der Daten von EarthShift Global ein abgeschätzter KEV von 314 MJ/kg. [LOND20, S. 21]

Tabelle 2.7: Übersicht der in der Literatur dokumentierten Energiemengen für die Herstellung von 1 kg Polyamid 12 ($\boldsymbol{E_{PA12_{Prod.}}}$)
Overview of the energy consumption documented in the literature for the production of 1 kg of polyamid 12

Kunststoff	KEA	KEV	Quelle
Polyamid 12 (PA12	-	207 MJ/kg	[LOND20, S. 21] Grundlage ist unveröffentlichte ECO-Report Studie von Arkema
Polyamid 12 (PA12)	345 MJ/kg	314 MJ/kg	[LOND20, S. 21] Unter Berufung auf persönliche Kommunikation mit EarthShift Global
	Mittelwert	**Mittelwert** ($E_{PA12_{Prod.}}$)	
PA12 (*cradel-to-gate*)	345 MJ/kg	261 MJ/kg	

Für den Imprägnierprozess von thermoplastischen Tapes gibt es keine Daten zur Energieintensität. In der Literatur werden daher ähnliche Prozesse herangezogen, zu denen Daten vorhanden sind, und diese Daten adaptiert. LINDNER schlägt als Referenzprozess für die Abschätzung des Energiebedarfs des thermoplastischen Imprägnierprozesses ($E_{Imp.}$) einen Extrusionsprozess vor [LIND15, S. 441-442], vergleiche Tabelle 2.8. Es ist anzunehmen, dass der Imprägnierprozess für PA12 und PP eine unterschiedliche Energieintensität hat. Aufgrund mangelnder Daten in der Literatur wird nachfolgend dieselbe Energieintensität des Imprägnierprozesses für beide Matrixkunststoffe angesetzt.

Tabelle 2.8: Übersicht der in der Literatur dokumentierten Energiemenge für die Imprägnierung der Fasern mit Kunststoff
Overview of the energy consumption documented in the literature for impregnating fibres with plastic

Prozess	Energie ($E_{Imp.}$)	Quelle
Imprägnierprozess mit Duroplast Matrix	40 MJ/kg	[SUZU05, S. 16]
Imprägnierprozess mit Thermoplast Matrix *(Referenzprozess: Profilextrusion)*	5,4 MJ/kg	[HOHM19, S. 24; WILK05, S. 15]

Zur Berechnung der Energieintensität muss die Zusammensetzung des Tapes berücksichtigt werden. Hierfür wird der Massenanteil an Kohlenstofffaser sowie der Massenanteil der Matrix verwendet, vergleiche Tabelle 2.4. Die Energieintensität wird mit der nachfolgenden Gleichung abgeschätzt. Die Bezeichnung $E_{Matrix_{Prod.}}$ steht hierbei stellvertretend für den kumulierten Energieverbrauch, der für die Herstellung von 1kg Matrixmaterial anfällt, also stellvertretend für $E_{PP_{Prod.}}$ beziehungsweise $E_{PA12_{Prod.}}$.

$$E_{gesamt} = E_{CF_{Prod.}} * q_{CF_{Masse}} + E_{Matrix_{Prod.}} * q_{Matrix_{Masse}} + E_{Imp.} \tag{2.1}$$

Um die entstehenden Treibhausgasemissionen möglichst genau abschätzen zu können, wird im Folgenden für die Kohlenstofffaserherstellung zwischen Erdgas und Strom als Energieträger unterschieden, vergleiche Tabelle 2.9. Für die Polymerherstellung und die Imprägnierung werden in der Literatur keine Angaben gemacht, die eine Aufteilung auf verschiedene Energieträger ermöglicht. Daher wird für die nachfolgende Abschätzung der Treibhausgasemissionen der Deutsche Strommix 2022 als Energieträger herangezogen.

Tabelle 2.9: Energieträgerbezogene Emissionsfaktoren
Energy source-related emission factors

Energieträger	Emissionsfaktor (f_{Erdgas} bzw. f_{Strom})	Quelle
Deutscher Strommix 2022	0,1192 kg CO_{2e}/MJ	[UMWE24, S. 25]
Erdgas	0,0558 kg CO_{2e}/MJ	[UMWE22, S. 51]

Das während der Herstellung freigesetzte Kohlenstoffdioxid-Äquivalent (CO_{2e}) lässt sich berechnen, indem die Emissionsfaktoren für den Strommix in Deutschland (f_{Strom}) und Erdgas (f_{Erdgas}) anteilig mitberücksichtigt werden. Es ergibt sich der folgende Zusammenhang:

$$CO_{2e_{gesamt}} = E_{CF_{Prod}} * q_{CF_{Masse}} * e_{Erdgas} * f_{Erdgas} + (E_{CF_{Prod}} * q_{CF_{Masse}} * e_{Strom} + E_{Matrix_{Prod}} * q_{Matrix_{Masse}} + E_{Imp.}) * f_{Strom} \tag{2.2}$$

Die Literaturrecherche hat gezeigt, dass es herausfordernd ist belastbare Daten zu den kumulierten Energieverbräuchen zu finden, die für die Herstellung bestimmter Produkte anfallen. Insbesondere die Herstellung von Kohlenstofffasern und Polyamid 12 sind bisher wenig untersucht. Für die nachfolgend durchgeführten Berechnungen auf Grundlage dieser Werte bedeutet dies, dass diese mit einer Unsicherheit behaftet sind und nur als Schätzwerte für den tatsächlichen kumulierten Energieverbrauch des jeweiligen UD-Tapes dienen können.

Die Tapes haben eine geschätzte Energieintensität von 405 MJ/kg beziehungsweise 304 MJ/kg, vergleiche Bild 2.4. Der Treibhausgasausstoß beträgt 39 kg CO_{2e}/kg PA12-CF Tape und 27 kg CO2e/kg PP-CF Tape. Zur Einordung wird die Energieintensität (*cradle-to-gate*) für die Produktion von einem Halbzeug aus Stahl (z.B. Warmgewalzte Lang- und Flachprodukte) herangezogen. Dies hat laut der Wirtschaftsvereinigung Stahl im Jahr 2020 eine Energieintensität von 19 MJ/kg und verursacht einen

Treibhausgasausstoß von 1,45 kg CO_{2e}/kg Stahl [WIRT20, S. 26]. Die Grafik verdeutlicht, dass für die Herstellung von 1 kg UD-Tape deutlich mehr Energie benötigt wird als für die Herstellung von 1 kg Stahlhalbzeug. Stahl ist ein im Maschinenbau häufig eingesetzter Werkstoff, der eine höhere Dichte und eine geringere spezifische Festigkeit als kohlenstofffaserverstärktes UD-Tape aufweist.

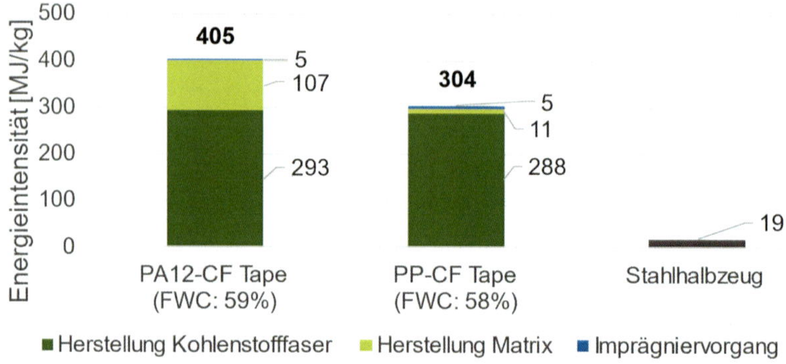

Bild 2.4: Abgeschätzte Energieintensität der in dieser Arbeit verwendeten UD-Tapes

Estimated energy intensity of the UD tapes used in this thesis

2.2.4 Verarbeitung von thermoplastischen UD-Tapes

Processing of thermoplastic UD-Tapes

Komponenten, die aus duroplastischen Prepregs (TS-Prepregs) gefertigt sind, erfordern einen Aushärtungsschritt nach der Formgebung, um ein porenfreies Bauteil zu erzeugen. Da für viele Prepregs zum porenfreien Aushärten ein erhöhter Druck erforderlich ist, impliziert dies einen zusätzlichen Prozessschritt in einem Autoklaven oder einer Presse. Diese Methoden führen zu hohen Investitions- und Betriebskosten, daher bevorzugt die Industrie *Out-of-Autoclave* Aushärtungstechnologien, bei denen die Komponenten ohne Autoklave porenfrei aushärten. Für duroplastische Prepregs wird dennoch ein Vakuumsack zum Aushärten benötigt. [LENG20, S. 30]

Thermoplastische Prepregs (TP-Prepregs) benötigen nach der Verarbeitung nicht zwingend einen zusätzlichen Prozessschritt im Autoklav. Als Beispiel ist hier ein bereits 2003 durch Airbus entwickelter Cockpitboden für den A400M zu nennen, der als Material das thermoplastische UD-Tape der Firma Cytec verwendet [GARD09]. Die grundlegende Technologie für die automatisierte Verarbeitung ist aus dem Bereich der TS-Prepregs bereits bekannt. Hierbei handelt es sich um automatisierte Ablegeverfahren: das Tapelegen (engl. *automated tape laying*, ATL) und die automatisierte Bandablage (engl. *automated fiber placement,* AFP [LENG20, S. 76-80; NEIT14, S. 349; BERE02, S. 11]. Diese Technologien wurden für die Verarbeitung von TP-Prepregs weiterentwickelt. Insbesondere die hohen Verarbeitungstemperaturen von TP-Prepregs stellen eine Herausforderung dar [NEIT14, S. 337]. Für eine in-situ Konsolidierung bei hohen Verarbeitungsgeschwindigkeiten werden daher in modernen

Anlagen leistungsstarke Laser eingesetzt [NEIT14, S. 331-334]. Die Konsolidierungsqualität bezeichnet die Qualität der durch den Prozess entstehenden Verbindung zwischen zwei Lagen. Die Entstehung dieser Verbindung kann in zwei Schritten beschrieben werden, vergleiche Bild 2.5. Durch den Prozessdruck entsteht ein Lagenkontakt. Dieser ist im Allgemeinen nicht vollständig und abhängig von Druck, Temperatur und Oberflächenbeschaffenheit (Rauheit und Welligkeit) der Kotaktpartner. In den Kontaktzonen kommt es zu einer Diffusion der Polymerketten (Autohäsion) über die Kontaktfläche. Dieser Prozess ist wärme-, druck- und zeitabhängig. [JANS20, S. 21-22]

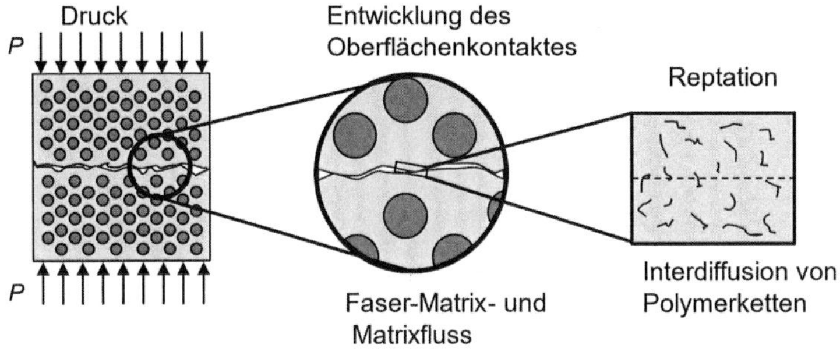

Bild 2.5: Konsolidierung von TP-Prepregs nach [WEIL19, S. 6]

Consolidation of TP prepregs according to [WEIL19, S. 6]

Die Nachteile einer benötigten höheren Verarbeitungstemperatur sowie einer komplexeren Prozessführung bei der TP-Verarbeitung werden laut NEITZEL et al. durch die Verkürzung der Prozesskette, da Autoklav und das Vakuumieren entfallen, sowie eine Möglichkeit zur Online-Prozessregelung überkompensiert, sodass die Vorteile überwiegen [NEIT14, S. 337].

Eine detaillierte Beschreibung der Verarbeitungsmethoden ATL und AFP kann in den Arbeiten von JANSSEN, NEITZEL et al., LENGSFELD et al. und BERESHEIM nachgeschlagen werden [JANS20, S. 20-23], [NEIT14, S. 267–270], [LENG20, S. 76–80], [BERE02, S. 4–10].

Die Verwendung von automatisierten Verfahren zur Verarbeitung von UD-Tapes bietet gegenüber dem Handlaminieren Vorteile hinsichtlich der Produktivität sowie der Produktqualität. Der Lagenaufbau eines komplexen Bauteils wird mit Hilfe von Computerprogrammen ausgelegt und hinsichtlich der Festigkeit analysiert. Anschließend werden die geplanten Pfaddaten in einen Maschinencode für die automatisierte Fertigung überführt. Die hohe Genauigkeit bei der automatisierten Lagenpositionierung auf dem Bauteil sowie die Reproduzierbarkeit über mehrere Bauteile hinweg bietet Vorteile für das Qualitätsmanagement [LENG20, S. 76-77]. Des Weiteren lassen sich im Vergleich zu einer händischen Produktion bei einer automatisierten Anlage weitaus höhere Ablegegeschwindigkeiten realisieren. [LENG20, S. 80]

Der Unterschied zwischen dem ATL- und dem AFP-Prozess liegt vor allem in der Breite der verarbeiteten Tapes und in der Anzahl der Schnitte [LENG20, S. 77] [BERE02, S. 11]. Mit einem AFP-Prozess werden schmale Tapes verarbeitet, die selten geschnitten werden. Standardbreiten hierfür liegen zwischen einem achtel und einem halben Zoll. Schmalere Tapes lassen sich besser drapieren, somit können komplexere Bauteile mit höheren Bauteilkrümmungen hergestellt werden. Beim ATL-Prozess werden breite Tapes verwendet, die deutlich öfter geschnitten und neu angesetzt werden. Die Standardbreiten hierfür liegen bei 6 bis 24 Zoll. Es lassen sich zwar nur weniger komplexe Bauteile mit einem so breiten Tape herstellen, dafür ist die Produktivität erhöht. Eine genaue Abgrenzung der beiden Technologien voneinander anhand der Tapebreiten ist in der Literatur noch nicht einheitlich definiert, derzeit besteht ein fließender Übergang in der Definition der Technologien. [LENG20, S. 78; BERE02, S. 11]

In der Luft- und Raumfahrtindustrie sind hohe reproduzierbare Genauigkeitsanforderungen aufgrund der hohen benötigten mechanischen Leistungsfähigkeit unerlässlich. Die gesamte volumetrische Positions- und Konturgenauigkeitsanforderung in dieser Branche liegt bei etwa ± 2,5 mm. Für Bauteile, die die Größe einer Flugzeugtragfläche haben, kann der Arbeitsbereich bis zu 8x30 Meter betragen. Die Größe dieses Arbeitsbereichs verdeutlicht die Komplexität und das Ausmaß der Konstruktionen in der Luft- und Raumfahrtindustrie. [LENG20, S. 79]

Ein Laminat aus mehreren schmalen Bändern aufzubauen, birgt einige Herausforderungen, die an dieser Stelle erläutert werden sollen. Die Möglichkeiten, thermoplastische Tapes abzulegen, sind aufgrund der Verschweißbarkeit und der Cut-and-Add-on-the-Fly Technologie vielfältiger als bei der Verarbeitung von duroplastischen FVK. Dennoch bleiben einige material- und prozessbedingte Einschränkungen bestehen. Die Tapes können nicht in beliebig stark gekrümmten Bahnen abgelegt werden, da sich ansonsten Falten auf der Innenseite des Tapes bilden, die wiederum Lufteinschlüsse im Laminat nach sich ziehen. Darüber hinaus ist es erforderlich, die Tapes auf dem Bauteil so zu positionieren, dass zwischen den Kanten zweier angrenzender Tapes weder Überlappungen noch Lücken entstehen. Dies stellt eine Herausforderung dar, da die Tapes einerseits Fertigungstoleranzen in der Breite aufweisen und andererseits durch die Belastung von Temperatur und Druck während des Verarbeitungsprozesses zusammengedrückt und dadurch aufgeweitet werden. [BERE02, S. 13-16]

Das Fraunhofer IPT verfügt über eine lasergestützte AFP-Anlage mit selbst entwickeltem Roboter Endeffektor für die Verarbeitung thermoplastischer UD-Tapes. Diese Anlage sowie typische am Fraunhofer IPT hergestellte thermoplastische Wickelbauteile sind in Bild 2.6 dargestellt. Die abgebildete AFP-Anlage wird für die Herstellung der Recyclingprüfkörper sowie der weiteren rotationssymmetrischen Prüfkörper verwendet, die in Kapitel 6 vorgestellt werden.

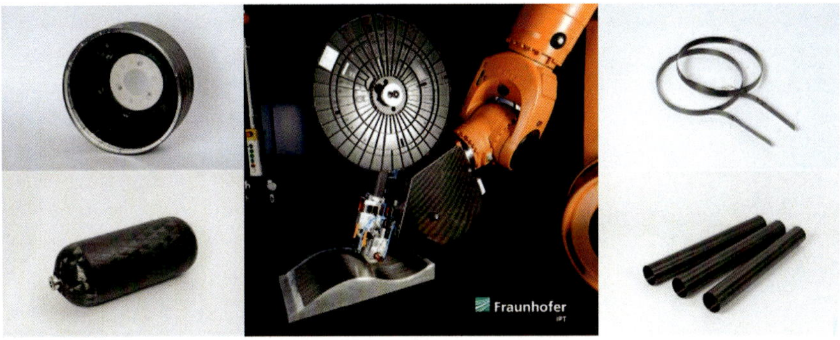

Bild 2.6: Rotor eines Elektromotors (oben links), Drucktank (unten links), AFP-Anlage (Mitte) [BREC14, S. 5], Ringprüfkörper (oben rechts), Rohre (unten rechts)

Rotor of an electric motor (top left), pressure tank (bottom left), AFP system (centre) [BREC14, S. 5], ring test specimen (top right), pipes (bottom right)

Damit recycelte UD-Tapes in Produkten mit derselben oder einer anderen Funktion wiederverwendet werden können, sollten diese in einer brauchbaren Länge vorliegen. Die für die Herstellung benötigte Länge ist stark vom Bauteil und dem Lagenaufbau abhängig. Aus diesem Grund werden im Folgenden einige Bauteile aus Forschungsprojekten des Fraunhofer IPT vorgestellt und die entsprechenden verwendeten Längen kontinuierlicher Tapeabschnitte benannt. UD-Tapes werden beispielsweise in AFP- und ATL-Prozessen zu lastoptimierten Laminaten verarbeitet. Anschließend kann in einem nachgelagerten Umformschritt, wie zum Beispiel durch Heißpressen, die Geometrie des Bauteils an die Endkontur angenähert werden. Der letzte Fertigungsschritt ist das Herauslösen des Bauteils aus dem umgeformten Laminat, beispielsweise durch Fräsen. Mit dieser Prozesskette wurden am Fraunhofer IPT beispielsweise Bauteile für ein Batteriegehäuse mit den Dimensionen 1010x750x160 mm³ im Forschungsprojekt »*LightMat Battery Housing*« hergestellt [FRAU19b]. Die Länge der für die Herstellung benötigten kontinuierlichen Tapeabschnitte beträgt etwa 1,2 m.

Des Weiteren wurde eine Turbinenschaufel (engl. *fan blade*) mit den Dimensionen 230x10x15 mm³ hergestellt [FRAU20b]. Für die Herstellung des lastoptimierten Laminats für die Turbinenschaufel werden kontinuierliche Tapeabschnitte von 450 mm benötigt.

Neben dem Tapelegen und anschließenden Umformen lassen sich auch rotationssymmetrische Bauteile im Wickelverfahren herstellen. Ein Beispiel hierfür ist ein Elektromotor mit den Dimensionen 391x391x146 mm³, der im Forschungsprojekt »fabulous« entwickelt wurde, vergleiche auch Bild 2.6 (oben links) [FRAU19c]. Für die dreilagige Umfangswicklung des zylindrischen Teils mit einer Breite von 134 mm werden bei der verwendeten Tapebreite von 25 mm kontinuierliche Tapeabschnitte mit einer Länge von etwa 20 m benötigt.

Ein weiteres Beispiel für gewickelte Bauteile sind Druckbehälter, siehe Bild 2.6 (unten links), wie sie beispielsweise in den Forschungsprojekten »DaQoTa« und »smartVessel« hergestellt wurden [FRAU19a; FRAU20a]. Die hergestellten Druckbehälter besitzen eine Größe von 800x314x314 mm³ (DaQoTa) und 540x170x170 mm³ (smartVessel). Die für die Herstellung benötigten kontinuierlichen Tapeabschnitte unterscheiden sich in ihrer Länge. Für eine Umfangslage auf dem zylindrischen Teil des Druckbehälters werden für den kleineren smartVessel-Tank14,9 m und für den größeren DaQoTa-Tank 41,1 m kontinuierliches Tape benötigt. Für die Wicklung einer Kreuzlage eines Drucktanks wird mehr Tape benötigt als für die Umfangslage. Für den smartVessel-Tank werden für die Kreuzlage 54,8 m und für den DaQoTa-Tank 137 m kontinuierliches Tape benötigt.

Als letztes Beispiel sind rohrförmige Bauteile zu nennen, wie sie beispielsweise in der Chemieindustrie und der Öl- und Gasindustrie eingesetzt werden. Die Dimensionen dieser Rohre können in industriellen Anwendungen bis zu 2 km betragen, entsprechend lang sind auch die kontinuierlichen Tapeabschnitte, die benötigt werden, um diese Rohre herzustellen [INDU13, S. 367].

2.2.5 Zwischenfazit

Interim conclusion

Die Prepreg-Technologie gewinnt in der FVK-Branche aufgrund der Vorteile, die sie den verarbeitenden Unternehmen bietet, zunehmend an Bedeutung. Während duroplastische Prepregs derzeit noch häufiger verwendet werden, sind thermoplastische Prepregs aufgrund ihrer Vorteile in Bezug auf Verarbeitung, Lagerung und Produktivität ein stark wachsendes Segment. Aus diesem Grund ist es sinnvoll, neue Recyclingprozesse, die die Vorteile der Wiederaufschmelzbarkeit von thermoplastischen Kunststoffen utilisieren, in die Industrie zu bringen, um die Rezyklierbarkeit frühzeitig bei der Bauteilentwicklung zu berücksichtigen und wirtschaftliche Chancen aufzuzeigen.

Es gibt derzeit keine einheitlichen Qualitätskriterien für UD-Tapes in der Industrie, jedes Unternehmen bewertet die Tapes intern nach Bedarf und einer eigenen Vorgehensweise. Das IVW hat jedoch eine Methodik zur einheitlichen Qualitätsbewertung von thermoplastischen Tapes entwickelt, die Methodik eine Grundlage für die Qualitätsbewertung recycelter Tapes bilden kann.

Die Herstellung von UD-Tapes mit Kohlenstofffaserverstärkung hat einen hohen Energiebedarf und führt somit zu hohen Treibhausgasemissionen. Aus ökologischer Sicht ist das Recycling von UD-Tapes sinnvoll, vorausgesetzt die Recyclingtechnologien besitzen eine geringere Energieintensität als die Herstellung von neuwertigen Tapes. Dies wird im nachfolgenden Kapitel 2.3 untersucht.

Die Verarbeitung von UD-Tapes erfolgt durch automatisierte Tapelegeprozesse. Die Pfaddaten, auf denen die Tapes abgelegt werden, sind aus der Fertigungsplanung bekannt. Dies ist ein Vorteil für einen späteren Recyclingschritt. Die Länge eines Tapes, welches für die Herstellung eines Bauteils benötigt wird, ist stark vom jeweiligen

Bauteil abhängig und kann zwischen wenigen Metern bis hin zu mehreren Kilometern betragen. Für den Recyclingprozess bedeutet dies, dass die zurückgewonnenen Tapes bereits ab einer Länge von wenigen Metern theoretisch für die Herstellung von Bauteilen wiederverwertet werden können.

2.3 Recyclingtechnologien für Faserverbundkunststoffe

Recycling technologies for fiber reinforced plastics

In diesem Kapitel wird ein Überblick über die bestehenden Verwertungs- und Recyclingtechnologien in der Industrie und der Forschung vermittelt. Der Fokus liegt auf Recyclingprozessen, die bereits in industriellen Umgebungen eingesetzt werden, sowie auf Recyclingprozessen, die, obwohl sie derzeit im industriellen Sektor nicht weit verbreitet sind, das Potenzial haben, in absehbarer Zeit in die industrielle Nutzung überzugehen. Zunächst wird auf die notwendigen Prozessschritte vor dem Recycling eingegangen. Anschließend werden verschiedene Strategien für das Produktlebensende (engl. *End-of-Life*, EoL) diskutiert. Darauffolgend wird ein Überblick über bestehende Recyclingverfahren gegeben. Zu jedem Recyclingverfahren wird anschließend eine Kurzübersicht vorgestellt, die den Prozess beschreibt, Vor- und Nachteile aufführt, den derzeitigen Technologiereifegrad (engl. *technology readiness level*, TRL) benennt und eine Einschätzung zum Energieverbrauch, der Qualität sowie den Festigkeiten der recycelten Fasern enthält.

2.3.1 Prozessschritte vor dem Recycling

Process steps before recycling

Aufgrund der Verbindung von Faser und Polymermatrix sind faserverstärkte Kunststoffe kein leicht zu recycelndes Material. Oftmals sind weitere Materialen wie Metalle, Schaumstoffe oder Keramiken in einem FVK-Produkt enthalten, die eine sortenreine Trennung weiter erschweren [JULI22, S. 6]. Aus industrieller Sicht besteht ein Anreiz für Recycling in der Möglichkeit, wirtschaftliche Vorteile zu erzielen. Besonders die Kohlenstofffasern stellen einen wertvollen Werkstoff mit einem Restwert dar, der ohne ein Recycling nach Ende des Produktlebenszyklus verloren geht. Die umhüllende Matrix stellt vor allem als Brennstoff ein wirtschaftliches Potenzial dar. Der Brennwert vieler als Matrix verwendeter Kunststoffe liegt in derselben Größenordnung wie der von Holz, Kohle, Öl und Gas [BERN21, S. 5; ASMA14, S. 599].

Bevor das Recycling oder der Verwertungsprozess stattfinden kann, müssen einige vorgelagerte Prozessschritte durchgeführt werden. Eine generalisierte Prozesskette, die dieses Vorgehen beschreibt, ist in Bild 2.7 dargestellt.

Im Allgemeinen ist anzunehmen, dass ein FVK-Produkt Bestandteil einer größeren Baugruppe ist, aus der dieses ausgebaut werden muss. Anschließend wird eine werkstoffliche Charakterisierung durchgeführt, damit das FVK-Produkt in eine geeignete Recyclinganlage transportiert werden kann. Des Weiteren müssen die FVK-Produkte zerkleinert werden, bevor sie einem Recyclingprozess zugeführt werden können. Hierzu wird das FVK-Produkt beispielsweise in industriellen Zerkleinerungsanlagen geschreddert oder gemahlen. Anschließend folgt ein Säuberungs- und Sortierprozess. Erst dann kann der Recyclingprozess gestartet werden. Im Allgemeinen wird ein Recyclingprozess das zugeführte Material nicht vollständig zurückgewinnen können. Ein Teil des zugeführten Materials ist Ausschuss, da es bestimmte Qualitätskriterien nicht erfüllt oder als nicht weiter verwendbares Material wie beispielsweise Asche vorliegt.

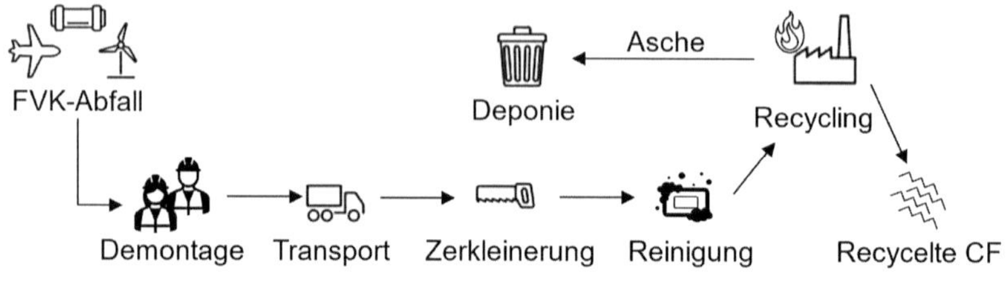

Bild 2.7: Generalisierter Ablauf zum EoL von FVK-Produkten [MEII21, S. 167]
Generalized process for the EoL of FRP products [MEII21, S. 167]

2.3.2 End-of-Life Strategien für FVK-Produkte
End-of-life strategies for FRP products

Die derzeit verbreiteten Abfallrouten für FVK-Produkte lassen sich unter den Oberbegriffen Beseitigung, Verwertung und Recycling zusammenfassen. Eine Einteilung der Verfahren ist in Bild 2.8 dargestellt. Die Beseitigungs- und Verwertungsverfahren sind in der Abfallrahmenrichtlinie der europäischen Union aufgelistet und kategorisiert [EURO08, S. 21; EURO08, S. 22]. Eine ausführlichere Beschreibung der allgemeinen politischen Rahmenbedingungen ist in Kapitel 2.4.2 sowie Anhang A.2 zu finden.

Bei der Beseitigung geht der Wert des FVK-Produkts vollständig verloren, während in einem Verwertungsverfahren ein Teil des Wertes, z.B. die darin enthaltene Energie, zurückgewonnen wird. Für die Beseitigung von FVK-Abfällen eignen sich die Lagerung auf Deponien und die Verbrennung der Abfälle ohne energetische Rückgewinnung, wobei die Verbrennungsrückstände deponiert werden. Eine weitere Praxis stellt der Export der Abfälle in ärmere Länder dar, in denen der Abfall oft nicht fachgerecht entsorgt werden kann [JEDE22; EURO24, S. 1]. Bei den Verwertungsverfahren kommen die Hauptverwendung als Ersatzbrennstoff (EBS) zur Energierückgewinnung sowie das Recycling von Material in Frage. Die industriell verbreiteten Recyclingtechnologien lassen sich auf Grundlage des Trennmechanismus in mechanische, thermische und chemische Recyclingtechnologien unterteilen.

Neben den in Bild 2.8 aufgeführten Prozessen gibt es weitere Prozesse wie beispielsweise die elektro-dynamische Fragmentierung (*High-Voltage-Pulse Fragmentation*) [OSHI20, S. 4] oder das direkte strukturelle Recycling [ASMA14, S. 605], die vereinzelt in der Wissenschaft diskutiert und erprobt werden. Für einen ausführlicheren Überblick empfehlen sich die Übersichtsbeiträge von Fazio et al., Quicker et al. und Arif et al. [FAZI23; QUIC21; ARIF22].

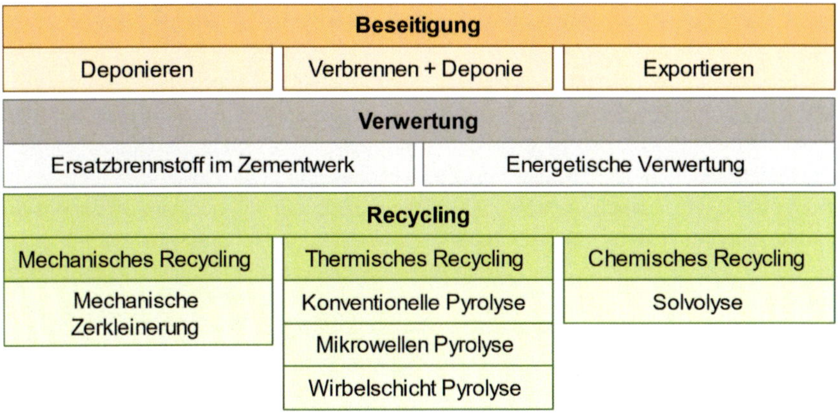

Bild 2.8: End-of-Life Strategien für FVK-Produkte

End-of-life strategies for FRP products

2.3.3 Recyclingtechnologien

Recycling technologies

Auf den nachfolgenden Seiten werden die in Bild 2.8 aufgeführten Verwertungs- und Recyclingtechnologien erläutert. Der jeweilige Recyclingprozess wird anhand eines vereinfachten Prozessschaubilds beschrieben und eine Einschätzung zum Technologiereifegrad abgegeben. Die angegebenen TRL basieren auf den Experteneinschätzungen von WindEurope, einer Vereinigung von Partnern aus der Windenergiebranche [WIND20b, S. 30], und SusChem, einer europäischen Technologieplattform für nachhaltige Chemie [SUSC18, S. 18].

Es ist anzumerken, dass nicht jeder Recyclingprozess für jede Kombination aus Faser und Matrix geeignet ist. Der Technologiereifegrad wird daher für die Behandlung von Glas- und Kohlenstofffasern unterschieden. Hintergrund ist, dass die Verbrennung von CFK in herkömmlichen Verbrennungsanlagen beispielsweise dazu führt, dass Filter schneller als üblich zugesetzt werden, wodurch sich die Wartungsintervalle verkürzen und die Betriebskosten steigen [ENDR23, S. 46]. In mechanischen Recyclingprozessen führt die abrasive Kohlenstofffaser zu einem erhöhten Verschleiß der Mahlwerke und sorgt für höhere Betriebskosten [JULI22, S. 8; QUIC21, S. 15]. Weiterhin sind Kohlenstofffasern elektrisch leitend und können Anlagen, die nicht entsprechend ausgerüstet sind, durch Kurzschlüsse beschädigen [QUIC21, S. 15]. Glasfasern stellen anders als Kohlenstofffasern kein Risiko für den Betrieb der Anlagen dar. Da Glasfasern allerdings im Vergleich zu Kohlenstofffasern einen niedrigeren Schmelzpunkt besitzen, sind sie aufgrund des damit einhergehenden Festigkeitsverlustes im Allgemeinen nicht für ein Recycling mit hohen Prozesstemperaturen geeignet.

Neben der Funktionsweise und dem TRL eines Prozesses ist für industrielle Unternehmen von besonderem Interesse, wie hoch die Energieintensität des Prozesses ist und in welcher Qualität das Produkt aus dem Prozess hervorgeht. TRL und Energieintensität erlauben eine Abschätzung der zu erwartenden Kosten und Treibhausgasemissionen, während die Qualität des Produktes eine Abschätzung des Materialwertes und damit der potenziellen Einnahmen ermöglicht. Die Qualität der Fasern setzt sich vereinfacht aus den folgenden Merkmalen zusammen: der Faserlänge (Kurz-, Lang- & Endlosfasern), der Faserorientierung (unidirektional oder ungeordnet), der Verschmutzung der Faseroberfläche (sauber oder verschmutzt) und der erhaltenen Faserfestigkeit bezogen auf die neuwertige Faser. Die recycelten Fasern müssen für die Wiederverwertung in einem neuen Produkt im Allgemeinen erneut mit einem Matrixwerkstoff imprägniert werden. Eine verschmutzte Faseroberfläche bewirkt, dass die Fasermatrixanbindung negativ beeinträchtigt wird und dadurch die Performance des neuen Verbundwerkstoffes reduziert wird. Die erhaltene Faserfestigkeit in Prozent beschreibt die nach dem Recycling gemessene Zugfestigkeit in Bezug auf die Zugfestigkeit der Originalfaser. In den meisten wissenschaftlichen Untersuchungen wird hierzu die Zugfestigkeit der Einzelfaser bestimmt. Es finden sich aber auch Untersuchungen, bei denen aus dem recycelten Material ein Laminat für Zugversuche hergestellt wird, um die Wiederverwertbarkeit der recycelten Fasern mitzuberücksichtigen.

Die Energieintensität der verschiedenen Recyclingprozesse ist bisher kaum wissenschaftlich untersucht worden. Die in der Literatur angegebenen Energieintensitäten wurden meist durch die Autoren abgeschätzt oder lassen sich aus den dokumentierten Versuchsparametern ableiten. In keiner der betrachteten Veröffentlichungen wurde die Energieintensität tatsächlich mit der dazugehörigen Peripherie messtechnisch erfasst. Neuere Untersuchungen, die eine Energiebilanzierung auf theoretischer Grundlage durchführen, liegen oft weit über den in der Literatur genannten Werten.

Für die Bestimmung der nachfolgend aufgeführten Werte wurde eine umfassende Literaturrecherche durchgeführt. Für jeden Prozess wurden Veröffentlichungen recherchiert, die sich mit der Festigkeit der recycelten Fasern beziehungsweise der Energieintensität der Prozesse beschäftigt haben. Die ermittelten Werte wurden anschließend für jeden Recyclingprozess zusammengefasst und statistisch ausgewertet. Die in den Tabellen angegebene Spanne entspricht dabei dem Abstand vom unteren Quartil bis zum oberen Quartil der zusammengefassten Daten.

2.3.4 Abfallmitverbrennung im Zementwerk

Co-incineration in the cement factory

Bei der Abfallmitverbrennung im Zementwerk wird die Glasfaser als Bestandteil der Zementmischung recycelt, vergleiche Bild 2.9. Die Polymermatrix dient als Brennstoff für den Prozess, was den CO_2-Fußabdruck der Zementherstellung um bis zu 16% reduziert. Die Glasfaser bleibt in ihrer Form als Faser nicht bestehen und steht somit nicht mehr für weitere Faserverbundwerkstoffanwendungen zur Verfügung. Die Abfallmitverbrennung ist ein robuster, kosteneffizienter und skalierbarer Prozess, der nicht für die Verwertung von CFK-Abfällen geeignet ist. Als Abfallprodukte entstehen Feinstäube und Schadstoffe, die jedoch mit modernen Filteranlagen aufgefangen werden können. Der Technologiereifegrad wird mit TRL 9 für Glasfasern angegeben. [WIND20b, S. 25; SUSC18, S. 17; VODO18, S. 68]

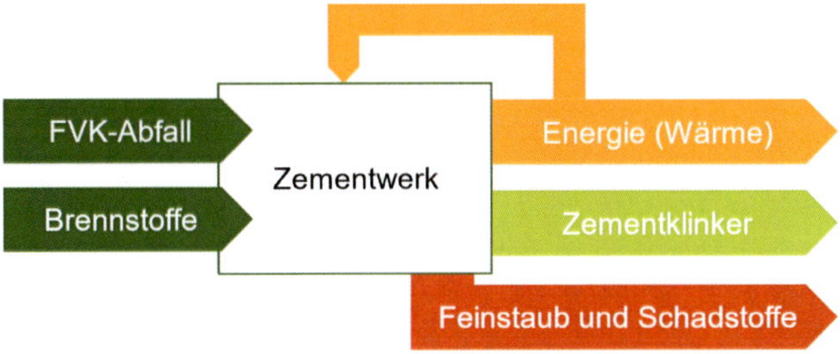

Bild 2.9: Schematisches Prozessschaubild Abfallmitverbrennung in Anlehnung an [WIND20b, S. 25]

Schematic process diagram of waste co-incineration based on [WIND20b, S. 25]

2.3.5 Energetische Verwertung

Energy recovery

Bei der energetischen Verwertung wird die Wärmeenergie, die bei der Verbrennung des Abfalls freigesetzt wird, entweder direkt genutzt oder in elektrische Energie gewandelt, vergleiche Bild 2.10. Für die Verbrennung relevant sind vor allem die organischen Bestandteile des Abfallstoffes. Bei FVK beschränkt sich dies meist auf die Matrix. Typische Matrixgewichtanteile liegen bei mindestens 35% des Gesamtgewichts [PALM09, S. 43-44]. Nach der Verbrennung zurückbleibende Reststoffe (Asche) eignen sich nicht als Füllstoffe und müssen auf Deponien entsorgt werden. Die energetische Verwertung ist kosteneffizient und skalierbar. Außerdem zeichnet diese sich durch einen hohen Durchsatz aus. Die Fasern gehen als Rohstoff in der Asche verloren. Aufgrund der zuvor beschriebenen Herausforderungen bei der Behandlung von Kohlenstofffasern wird für CFK ein TRL von 6 und für GFK ein TRL von 9 angegeben. Für die Energierückgewinnung wird geschätzt, dass 30-32 MJ Wärme pro Kilogramm FVK-Abfall beziehungsweise 6,7-11,2 MJ elektrische Energie pro kg FVK-Abfall zurückgewonnen werden können [MENG18, S. 8; VODO18, S. 67-68; PALM09, S. 43]. [SUSC18, S. 17; PALM09, S. 43-44]

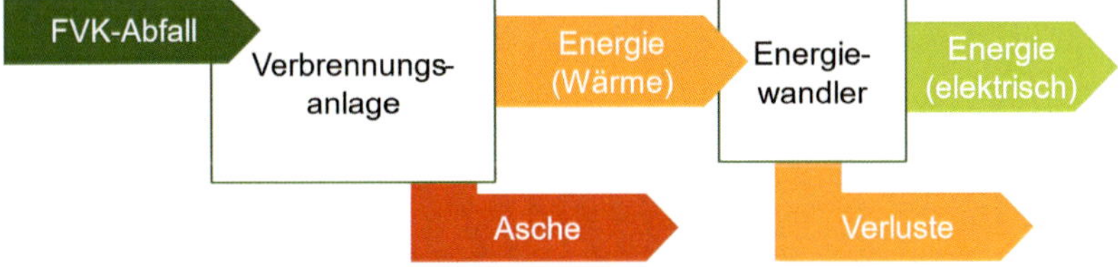

Bild 2.10: Schematisches Prozessschaubild der energetischen Verwertung

Schematic process diagram of energy recovery

2.3.6 Mechanische Zerkleinerung

Mechanical shredding

Der FVK-Abfall wird in ein mechanisches Zerkleinerungswerk gegeben und dort zu Pulver zermahlen, vergleiche hierzu Bild 2.11. Durch Trennverfahren lässt sich das Pulver in faserreiches und matrixreiches Pulver auftrennen. Die Technologie ist aufgrund der niedrigen Kosten und hohen Zweckmäßigkeit weit verbreitet. Jedoch nimmt der Wert der recycelten Materialien (Kurzfasern und Matrixpulver) stark ab. Diese können als Verstärkung beziehungsweise als Füllstoffe verwendet werden. Die Beimischung von Füllstoffen ist jedoch bei duroplastischen Materialien aufgrund der Verschlechterung der mechanischen Eigenschaften nicht verbreitet. Die recycelten Kurzfasern lassen sich als Verstärkung in thermoplastischen Anwendungen verwenden. Jedoch wirken sich die unterschiedlichen Faserlängen und die Verunreinigung mit Harzpartikeln negativ auf die Wiederverarbeitung und die resultierende Produktqualität aus. Das mechanische Recycling zeichnet sich durch einen hohen Durchsatz, einen geringen Energiebedarf und somit geringe Kosten aus. Demgegenüber stehen ein hoher Verschleiß der Mahlwerke beim Recycling von Kohlenstofffasern sowie ein starkes Downcycling der Fasern. Das TRL wird für GFK-Recycling mit 9 und für CFK-Recycling mit 6-7 angegeben. [WIND20b, S. 26; SUSC18, S. 17; JULI22, S. 8; ARIF22, S. 765-768; FAZI23, S. 18-23; QUIC21, S. 15; ENDR23, S. 108]

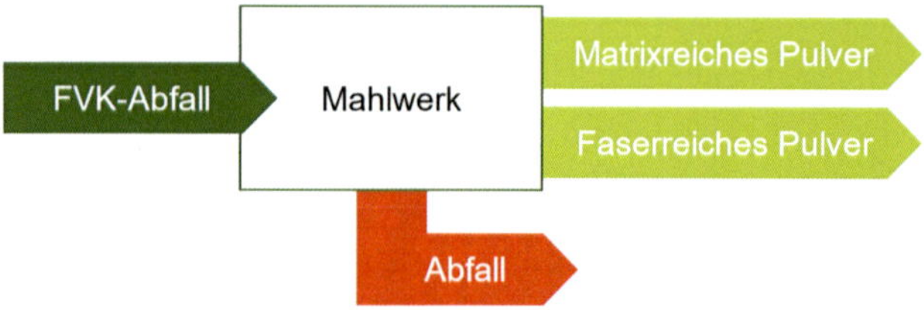

Bild 2.11: Schematisches Prozessschaubild der mechanischen Zerkleinerung nach [WIND20b, S. 26]

Schematic process diagram of mechanical shredding based on [WIND20b, S. 26]

In der Literatur wird beschrieben, dass durch den Zerkleinerungsprozess vorwiegend ungeordnet vorliegende Kurzfasern und nur in geringen Mengen Langfasern zurückgewonnen werden können [PALM09, S. 49; WEI22, S. 4]. Die Oberfläche der Fasern ist mit Matrixrückständen verschmutzt [PALM09, S. 103]. Die Autoren PIETROLUONGO et al., KURAM et al., PALMER et al. und ASMATULU et al. dokumentieren Festigkeiten von mechanisch recycelten Fasern [PIET20, S. 5; KURA13, S. 145; PALM09, S. 111; ASMA14, S. 604]. Eine Auswertung der Ergebnisse liefert eine Gesamtspanne von 60-90% erhaltener Festigkeit bezogen auf die neuwertige Faser. Wird nur die Spanne zwischen oberem und unterem Quartil betrachtet, ergibt sich eine erhaltene Festigkeit von 70-83%. Die Autoren HEDLUND-ÅSTRÖM, HOWARTH et al., MENG et al. und AMAECHI et al. dokumentieren Daten zur Energieintensität des Prozesses [HEDL05, S. 33; HOWA14, S. 49; MENG18; MENG18, S. 32; AMAE20, S. 388-389]. Eine Analyse der

Daten führt zu einer Gesamtspanne von 0,14-4,75 MJ/kg. Wird nur die Spanne zwischen oberem und unterem Quartil betrachtet, verbleiben 0,2-0,5 MJ/kg. Eine Übersicht der Auswertung ist in Bild 2.12 zu sehen.

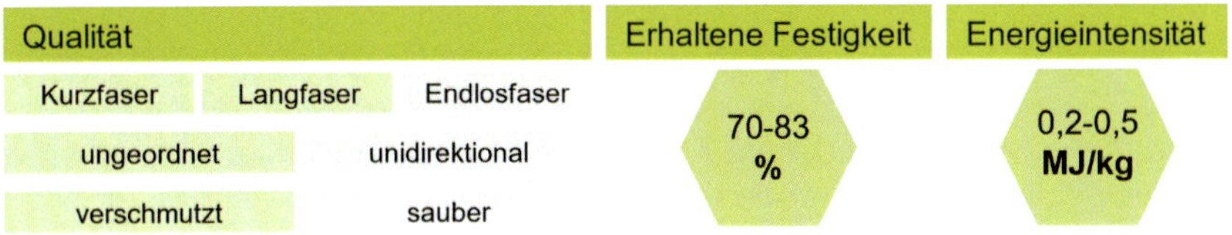

Bild 2.12: Übersicht der Auswertung der Literaturrecherche zur mechanischen Zerkleinerung

Overview of the evaluation of the literature research on mechanical shredding

2.3.7 Konventionelle Pyrolyse

Conventional pyrolysis

Bei der Pyrolyse handelt es sich nicht um eine Verbrennung, sondern um ein thermisch induziertes Zersetzungsverfahren, welches die Rückgewinnung der Fasern sowie der Matrix in Form von Ölen oder Pulvern ermöglicht, vergleiche hierzu Bild 2.13.

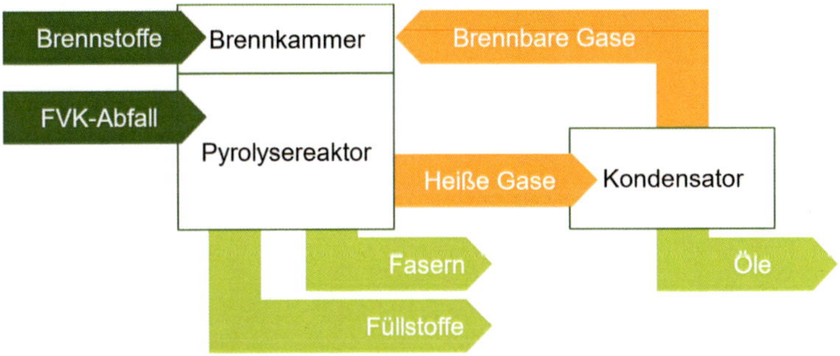

Bild 2.13: Schematisches Prozessschaubild der konventionellen Pyrolyse in Anlehnung an [WIND20b, S. 27]

Schematic process diagram of conventional pyrolysis based on [WIND20b, S. 27]

Diese können als Zusatz- oder Füllstoffe wiederverwendet werden. Die zurückgewonnenen Fasern werden durch die hohen Temperaturen häufig geschädigt, was zu einer Verminderung der mechanischen Eigenschaften und somit zu einem Wertverlust führt. Die Pyrolyse erfordert hohe Investitions- und Betriebskosten. Derzeit ist die Pyrolyse nur für die Verwertung von Kohlenstofffasern rentabel. Der Technologiereifegrad wird für CFK mit 9 angegeben. [WIND20b, S. 27; SUSC18, S. 16; JULI22, S. 9; WEI22, S. 4]

Die Länge der zurückgewonnenen Fasern ist maßgeblich von der notwendigen Zerkleinerung vor der eigentlichen Pyrolyse abhängig. In den meisten Fällen werden Kurz- und Langfasern zurückgewonnen [WEI22, S. 4]. Es wird berichtet, dass die

Fasern nach einer Pyrolyse häufig durch Oxidations- und Verbrennungsrückstände verschmutzt sind [JULI22, S. 9]. Die Festigkeit der zurückgewonnenen Fasern wurde von den Autoren MEYER et al., AKONDA et al., NAHIL et al., GRECO et al., PIMENTA et al., YANG et al., KIM et al. und ASMATULU et al. untersucht [MEYE09, S. 1131; AKON12, S. 81; NAHI11, S. 67; GREC13, S. 373; PIME12, S. 3675; YANG15, S. 253; KIM17, S. 876; ASMA14, S. 604]. Die Analyse der dokumentierten Ergebnisse führt zu einer Gesamtspanne von 15-98% erhaltene Festigkeit bezogen auf die neuwertige Faser. Die Spanne zwischen dem unteren und dem oberen Quartil liegt bei 34-84% und ist somit sehr breit. Es wird berichtet, dass die resultierende Festigkeit bei der Pyrolyse sensitiv auf eine Abweichung von den optimalen Prozessparametern reagiert [WEI22, S. 4]. Die Energieintensität einer Pyrolyse wird von den Autoren CARBERRY, SONG et al., WITIK et al., MENG et al., AMAECHI et al. und KOODUVALLI et al. dokumentiert [CARB08, S. 9; SONG09, S. 1262; WITI13, S. 93; MENG18, S. 32; AMAE20, S. 393; KOOD22, S. 7]. Die Auswertung der dokumentierten Daten führt zu einer Gesamtspanne von 2,8-126 MJ/kg, die Spanne zwischen dem unteren und dem oberen Quartil beträgt 17-67 MJ/kg. Eine Übersicht der Auswertung ist in Bild 2.14 zu sehen.

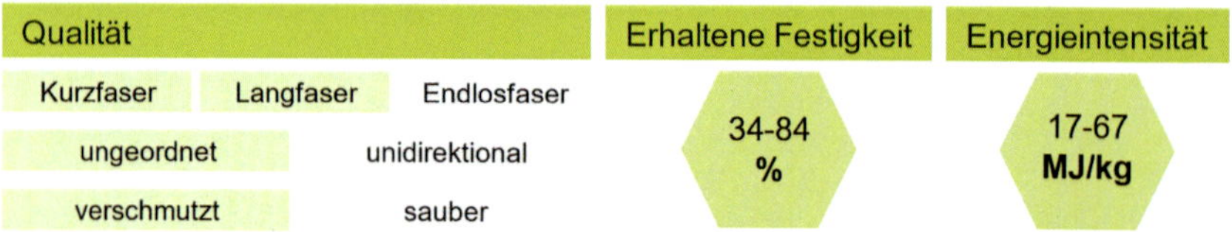

Bild 2.14: Übersicht der Auswertung der Literaturrecherche zur konventionellen Pyrolyse

Overview of the evaluation of the literature research on conventional pyrolysis

2.3.8 Mikrowellenpyrolyse

Microwave pyrolysis

Die Mikrowellenpyrolyse ist ein Pyrolyseverfahren, welches Mikrowellen einsetzt, um die zugeführten Abfallstoffe zu zersetzen, vergleiche Bild 2.15. Durch den Einsatz von Mikrowellen findet die Erwärmung direkt im Material statt. Nicht jedes Material kann mit Mikrowellen erwärmt werden. Materialien lassen sich abhängig von ihrem Verhalten bei Mikrowellenbestrahlung in drei Gruppen unterteilen: absorbierend, transmissiv und reflektiv. FVK-Materialien bestehen hauptsächlich aus absorbierenden Materialien und sind für diese Erwärmungsart geeignet. Der Prozess lässt sich nach Einschätzung von JULIAN et al. besser kontrollieren und läuft bei geringeren Temperaturen ab als eine konventionelle Pyrolyse, wodurch die Faserschädigung reduziert wird [JULI22, S. 2]. Zurückgewonnen werden, genau wie bei der konventionellen Pyrolyse, die Fasern und die Matrix in Form von Pulvern und Ölen. Der Technologiereifegrad wird derzeit auf TRL 4-5 eingestuft. [SUSC18, S. 16; JULI22, S. 9-10; VODO18, S. 69; WIND20b, S. 27]

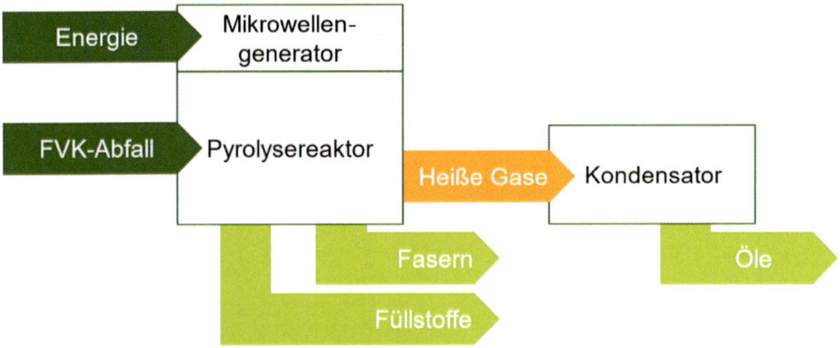

Bild 2.15: Schematisches Prozessschaubild der Mikrowellenpyrolyse

Schematic process diagram of microwave pyrolysis

Da die Mikrowellenpyrolyse ein noch junges Verfahren ist, liegen bisher nur wenige Veröffentlichungen vor. Die zu recycelnden FVK-Bauteile werden vor dem Prozessbeginn zerkleinert und es können ungeordnete Langfasern zurückgewonnen werden. Genau wie bei der Pyrolyse können die Fasern Verschmutzungen in Form von Oxidations- und Verbrennungsrückständen aufweisen. Die Festigkeit der recycelten Fasern wird von den Autoren Åkesson et al., Lester et al. und Hyde et al. dokumentiert [ÅKES12, S. 1139; LEST04, S. 1555; HYDE06, S. 2173]. Eine Analyse der dokumentierten Werte führt zu einer Gesamtspanne von 72-80% erhaltener Festigkeit gegenüber der neuwertigen Faser. Wird nur die Spanne zwischen dem unteren und dem oberen Quartil betrachtet, führt dies zu 72-79% erhaltener Faserfestigkeit gegenüber der neuwertigen Faser. Die Energieintensität der Mikrowellenpyrolyse wird von den Autoren Amaechi et al., Åkesson et al. und Lester et al. dokumentiert [AMAE20, S. 393; ÅKES12, S. 1137] [LEST04, S. 1551]. Die Analyse der Daten ergibt eine Gesamtspanne von 2-10 MJ/kg, die Spanne zwischen dem unteren und dem oberen Quartil beträgt 3-9 MJ/kg. Eine Übersicht der Auswertung ist in Bild 2.16 zu sehen.

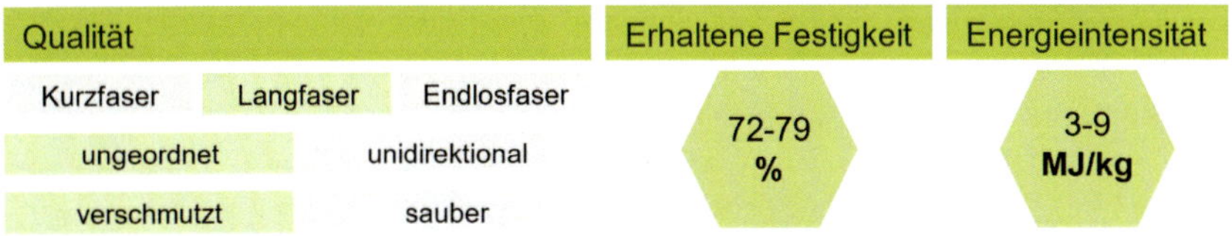

Bild 2.16: Übersicht der Auswertung der Literaturrecherche zur Mikrowellenpyrolyse

Overview of the evaluation of the literature research on microwave pyrolysis

2.3.9 Wirbelschichtpyrolyse

Fluidised bed pyrolysis

Bei der Wirbelschichtpyrolyse wird ein Wirbelgut (z.B. Quarzsand) durch Einblasen eines Wirbelgases (z.B. Stickstoff oder Pyrolysegas) fluidisiert, vergleiche Bild 2.17. Der FVK-Abfall wird zur heißen Wirbelschicht hinzugegeben und dort pyrolysiert. Die

Beheizung der Wirbelschicht erfolgt indirekt entweder durch Verbrennung in einer Nebenkammer oder durch eine elektrische Erwärmung. Ein Vorteil dieses Verfahrens ist, dass der Prozess sehr robust gegenüber verschmutzten beziehungsweise schlecht sortierten Abfällen (z.B. lackierte Oberflächen oder Schaumkerne) ist. Dem gegenüber steht, dass die Faseroberflächen durch den Prozess stärker beschädigt werden als in der konventionellen Pyrolyse und dass sich die Faserlänge nicht einstellen lässt. Der Technologiereifegrad wird derzeit als TRL 5-6 eingestuft. [WIND20b, S. 30; SUSC18, S. 17; JULI22, S. 9; PALM09, S. 44; ARIF22, S. 769-770; FAZI23, S. 16-18; WEI22, S. 5]

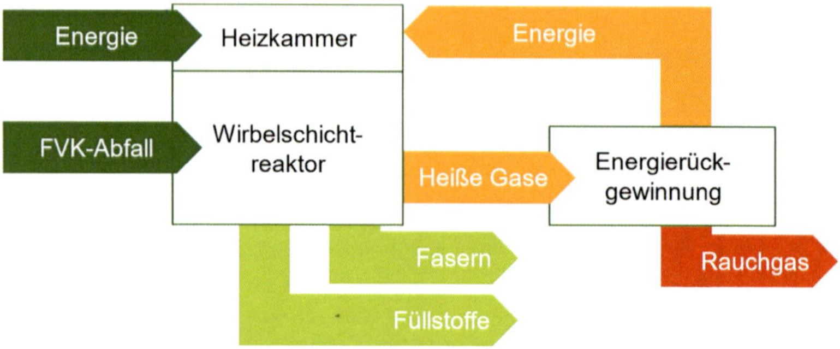

Bild 2.17: Schematisches Prozessschaubild der Wirbelschichtpyrolyse in Anlehnung an [WIND20b, S. 30]

Schematic process diagram of fluidised bed pyrolysis based on [WIND20b, S. 30]

Die bei der Wirbelschichtpyrolyse zurückgewonnenen Faserlängen liegen nach dem Prozess ungeordnet vor und die Längen liegen im Bereich der Kurz- und Langfasern. Der Verschmutzungsgrad der Fasern nach dem Prozess wird in der Literatur nicht dokumentiert. Die Autoren LESTER et al., HYDE et al., WONG et al. und PICKERING et al. haben die Festigkeit der zurückgewonnenen Fasern dokumentiert [LEST04, S. 1555; HYDE06, S. 2173; WONG14, S. 2; PICK15, S. 2392]. Eine Analyse der veröffentlichten Daten führt zu einer Gesamtspanne der erhaltenen Festigkeit von 67-82% gegenüber der neuwertigen Faser. Wird nur die Spanne zwischen dem unteren und dem oberen Quartil betrachtet, so ergibt sich eine Festigkeit von 68-81% gegenüber der neuwertigen Faser. Die Energieintensität der Wirbelschichtpyrolyse wird von den Autoren MENG et al. (2017), MENG et al. (2018) und PICKERING et al. angegeben [MENG17, S. 210; MENG18; PICK15, S. 2391]. Die Auswertung der Daten führt zu einer Gesamtspanne von 5,2-40 MJ/kg, wird nur die Spanne zwischen dem unterem und dem oberen Quartil betrachtet, verbleiben 6-25 MJ/kg. Es ist festzustellen, dass alle hier aufgeführten Daten von Forschern der Universität Nottingham veröffentlicht wurden, die derzeit über die einzige Wirbelschichtpyrolyseanlage im Forschungsbetrieb verfügen. Eine Übersicht der Auswertung ist in Bild 2.18 zu sehen.

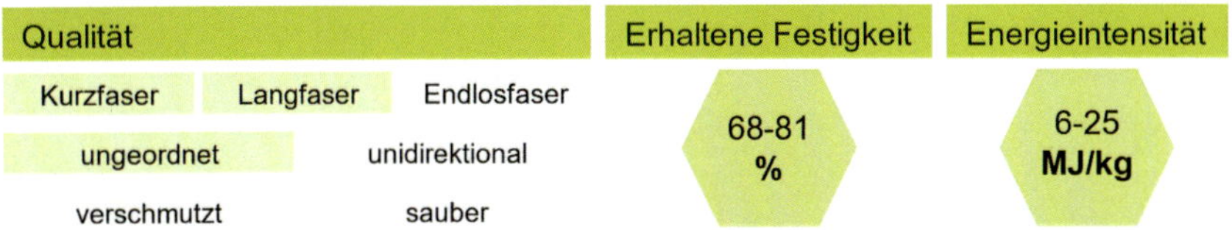

Bild 2.18: Übersicht der Auswertung der Literaturrecherche zur Wirbelschichtpyrolyse

Overview of the evaluation of the literature research on fluidised bed pyrolysis

2.3.10 Solvolyse

Solvolysis

Die Solvolyse ist eine chemische Behandlung, vergleiche Bild 2.19. Durch die Anpassung von Lösungsmittel, Temperatur und Druck lässt sich die Solvolyse auf verschiedene Abfallprodukte anpassen. Bei der herkömmlichen Solvolyse werden Salze, Säuren oder Basen verwendet, diese schädigen die Fasern und belasten die Umwelt. Für FVK-Abfall scheint die Solvolyse mit überkritischem Wasser eine geeignete Technologie zu sein, da sowohl Fasern als auch Harze ohne größere Beeinträchtigung ihrer mechanischen Eigenschaften zurückgewonnen werden können. Die Solvolyse ist leicht skalierbar, bedarf aber, aufgrund der hohen benötigten Temperatur und des hohen Betriebsdrucks, großer Investitions- und Betriebskosten. Der derzeitige Technologiereifegrad wird auf TRL 5-6 eingestuft. [WIND20b, S. 29; SUSC18, S. 16; JULI22, S. 9; PALM09, S. 46; VODO18, S. 69; FAZI23, S. 6-7; WEI22, S. 5]

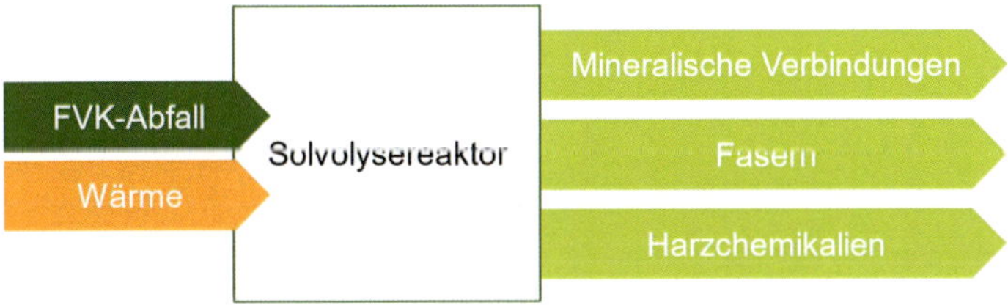

Bild 2.19: Schematisches Prozessschaubild der Solvolyse in Anlehnung an [WIND20b, S. 29]

Schematic process diagram of solvolysis based on [WIND20b, S. 29]

Die zurückgewonnenen Fasern liegen ungeordnet als Langfasern in einem sauberen Zustand vor. Die Autoren OLIVEUX et al., HYDE et al., ZABIHI et al., PIÑERO-HERNANZ et al., LIU et al., ZHU et al., KIM et al., RANI et al., XU et al. und ASMATULU et al. haben die erhaltene Festigkeit der durch Solvolyse recycelten Fasern dokumentiert [OLIV12, S. 1815; HYDE06, S. 2173; ZABI20b, S. 6; ZABI20a, S. 5; PIÑE08, S. 90; LIU12, S. 220; ZHU19, S. 1640; KIM19, S. 70; RANI22, S. 6; XU13, S. 58; ASMA14, S. 604]. Die Analyse der dokumentierten Daten führt zu einer Gesamtspanne von 32-100% erhaltener Festigkeit verglichen mit der neuwertigen Faser. Wird nur die Spanne zwischen dem unteren und dem oberen Quartil betrachtet, verbleibt eine Festigkeit von 62-89% verglichen mit der neuwertigen Faser. Die Energieintensität der Solvolyse unterscheidet sich stark in Abhängigkeit des Lösungsmittels und der Prozessparameter. Die Autoren SHIBATA et al., MENG et al., KEITH et al. und KOODUVALLI et al. haben Energieintensitäten für Solvolyseverfahren dokumentiert [SHIB14, S. 10; MENG18, S. 32; KEIT16, S. 6; KOOD22, S. 9]. Eine Analyse der Daten führt zu einer Gesamtspanne von 19,2-278 MJ/kg, wird die Spanne zwischen unterem und oberem Quartil betrachtet, verbleiben 44-266 MJ/kg. Eine Übersicht der Auswertung ist in Bild 2.20 zu sehen.

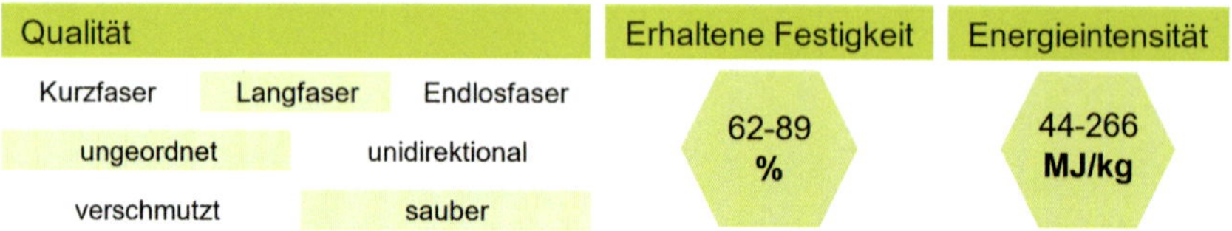

Bild 2.20: Übersicht der Auswertung der Literaturrecherche zur Solvolyse

Overview of the evaluation of the literature research on solvolysis

2.3.11 Recyclingansätze aus der Forschung

Recycling concepts from research

Ein bekanntes Problem der etablierten Recyclingansätze besteht darin, dass die Fasern in den Prozessen verkürzt werden und ihre Orientierung verloren geht. Nach dem Recyclingprozess liegen die Fasern ungeordnet als Kurz- oder Langfasern vor, vergleiche Bild 2.21. In der Literatur werden verschiedene Verwertungsmöglichkeiten diskutiert: Beispielsweise kann das Material als Kurzfaser oder Langfaser in Spritzgussprozesse oder ähnliche Verfahren beigemischt werden. Aus Langfasern lassen sich mit industriell etablierten Prozessen, wie zum Beispiel Formpressen, Fließpressen, Spritzgießen und Extrusionspressen, langfaserverstärkte Thermoplaste (LFT) herstellen [INDU13, S. 429]. Anstelle von neuwertigen Fasern können recycelte Fasern für die Herstellung von Bauteilen aus LFT verwendet werden [MASO20]. Eine alternative Anwendungsmöglichkeit in der Bauindustrie ist die Beimischung in Beton [MEII21, S. 170].

Bild 2.21: Solvolyse Rezyklat aus [PIME11] (links), Pyrolyse Rezyklat aus [CARB24] (rechts)

Solvolysis recyclate from [PIME11] (left), pyrolysis recyclate from [CARB24] (right)

Da die Fasern nur in Längsrichtung und nur bei Zugbelastungen ihr volles Verstärkungspotenzial entfalten können, ist der Verlust der Orientierung ein Nachteil, der die Wiederverwertung für viele Anwendungen unattraktiv macht. Es werden zwei Ansätze verfolgt, um orientierte recycelte Fasern zu erlangen: Der erste Ansatz ist die Aufbereitung der in etablierten Recyclingprozessen zurückgewonnenen nicht orientierten Kurz- und Langfasern durch Ausrichtungstechnologien (engl. *re-alignment technology*). Der zweite Ansatz ist es, neue Recyclingtechnologien zu entwickeln, bei denen die Ausrichtung und Länge der Fasern erhalten bleiben.

R-Alignement:

Die Autoren AKONDA et al. beschreiben ein Verfahren, mit dem aus ungeordneten recycelten Langfasern ein FVK-Garn mit einem Faservolumengehalt von bis zu 28% gesponnen werden kann, in dem die Fasern größtenteils orientiert vorliegen. [AKON12]

Ein ähnliches Vorgehen wird durch das StartUp LINEAT betrieben. Anstelle eines Garns stellt das Unternehmen mit ihrer patentierten *Aligned Formable Fibre Technology* (AFFT™) ein unidirektionales AFFT-Tape her. Hierzu nutzt das Unternehmen recycelte Kurzfasern. Die so hergestellten Tapes aus recyceltem Material besitzen nach Aussage des Unternehmens mehr als 75% der Festigkeit und mehr als 85% der Steifigkeit eines vergleichbaren unidirektionalen Endlosfaser verstärkten Tapes. Das so hergestellte AFFT-Tape wird vom Unternehmen als Substitutionsprodukt für eben diese Endlosfaser verstärkten UD-Tapes angeboten. [LINE22]

Die Autoren TEICHMANN et al. nutzen Kohlenstofffasern mit einer Länge von 60-100 mm, die durch eine Pyrolyse zurückgewonnen wurden. Aus diesen recycelten Fasern stellen die Autoren mit einer Re-Alignment Technologie ein Tape her, in dem die Fasern orientiert vorliegen. Die vorgestellte Technologie ist geeignet, um thermoplastisches und duroplastisches Tape herzustellen. Ein Vergleich der Festigkeit des aufbereiteten recycelten Tapes mit einem neuwertigen Tape wird von den Autoren nicht durchgeführt. [TEIC24]

Neue Recyclingansätze:

Ein Team aus Forschern der beteiligten Unternehmen des National Composite Center, Cygnet Texkimp Limited und Longworth B&M Limited ist es gelungen, Endloskohlenstofffasern aus einem Drucktank zurückzugewinnen. Verwendet wurde hierzu der patentierte DEECOM® Prozess, der ursprünglich für die Reinigung von durch Kunststoffe verschmutze Filter entwickelt worden ist. Der Drucktank wird hierfür in eine Druckkammer gegeben und anschließend mit heißem Gas unter hohem Druck zyklisch beansprucht. Die Kunststoffe werden aufgebrochen und die Faser kann in endloser Form zurückgewonnen werden. Die spezifischen Methoden zur Rückgewinnung der Faser sowie die mechanischen Eigenschaften der recycelten Faser sind bisher noch nicht durch das Forschungsteam verbreitet worden. [NATI24]

Das Recycling von thermoplastischen unidirektional faserverstärkten Tapes durch Abschälen (engl. *Peeling*) wird nicht ausschließlich am Fraunhofer IPT, sondern auch an der Universität Nottingham durch Parson et al. [PARS22, S. 147] sowie am Fraunhofer-Institut für Kurzzeitdynamik EMI durch Imbert et al. und Grenier et al. [IMBE21; GREN23] untersucht. Die Recyclingversuche an der Universität Nottingham sowie am Fraunhofer EMI finden derzeit anhand von zweischichtigen Laminaten als Prüfkörper mit einer kurzen Recyclinglänge von 12-80 mm [PARS22, S. 147], 150 mm [IMBE21] und 120 mm [GREN23] statt. Der Fokus der Untersuchungen liegt auf dem Machbarkeitsnachweis für kurze Tapeabschnitte sowie der Ermittlung des Einflusses der Prozesstemperatur. Beide Forschergruppen kommen zu dem Schluss, dass durch Abschälen hochwertige Tapeabschnitte zurückgewonnen werden können, und empfehlen die Weiterentwicklung des Abschälens hin zu einem Recyclingverfahren. Die Erkenntnisse zum Einfluss der Prozesstemperatur werden in Kapitel 4.5 und 4.6 erläutert. [PARS22, S. 149; IMBE21; GREN23]

Die Abgrenzung der Forschungsschwerpunkte zu den Untersuchungen Parson et al., Imbert et al. und Grenier et al. findet in Kapitel 3 statt.

2.3.12 Zwischenfazit

Interim conclusion

In den etablierten Recyclingprozessen, die in Kapitel 2.3.6 - 2.3.10 erläutert werden, wird als Hauptprodukt die Kohlenstofffaser zurückgewonnen. Die Festigkeit der recycelten Fasern wird vornehmlich in Zugversuchen an der Einzelfaser bestimmt. Die vorgestellten Recyclingprozesse sind grundsätzlich in der Lage, die hohen Festigkeiten der Fasern zu erhalten. Die Ergebnisse der Literaturrecherche sind in Bild 2.22 zusammengefasst. Der Recyclingerfolg ist von Prozess zu Prozess unterschiedlich und hängt neben den Prozessparametern von der Qualität des zugeführten Abfallstroms ab. Es ist zu erwarten, dass Abfallströme in realen Szenarien trotz Vorsortierung größere Inhomogenitäten aufweisen als die derzeit im Labor untersuchten FVK-Abfälle, wodurch es schwieriger wird, die Prozesse einzustellen und hohe Faserqualitäten zurückzugewinnen.

Eine Analyse der in der Literatur dokumentierten Daten zeigt, dass die etablierten Recyclingverfahren die Fasern nur ungeordnet und in verkürzter Form als Kurz- oder Langfasern zurückgewinnen können. Aufgrund dieses Downcyclings lassen sich ohne weitere Maßnahmen, wie beispielsweise Re-Alignment Technologien, keine Bauteile in annähernd derselben Qualität wieder aus den recycelten Fasern herstellen. Hieraus lässt sich ableiten, dass es an einem Recyclingprozess fehlt, der in der Lage ist, die Fasern unidirektional als Endlosfaser zurückzugewinnen. Dieses Forschungsdefizit wurde auch von anderen Forschern und Unternehmern identifiziert, die beginnen, diese Forschungslücke zu schließen, vergleiche Kapitel 2.3.11.

Ein Vergleich der aus der Literatur ermittelten Energieintensitäten der Recyclingprozesse mit den in Kapitel 2.2.3 abgeschätzten Energieintensitäten neuwertiger kohlenstofffaserverstärkter UD-Tapes zeigt, dass ein Recycling aus energetischer Sicht sinnvoll ist. Die Ergebnisse sind in Bild 2.23 zusammengefasst.

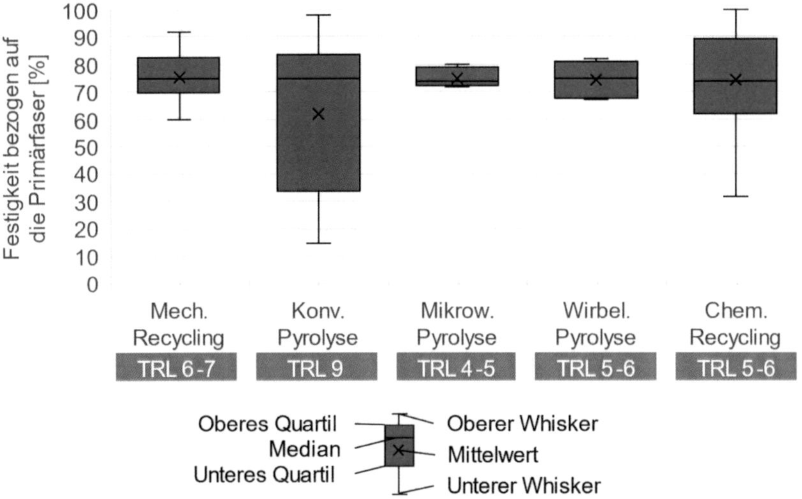

Bild 2.22: Vergleich der erhaltenen Faserfestigkeit für verschiedene Recyclingtechnologien

Comparison of the fibre strength obtained for different recycling technologies

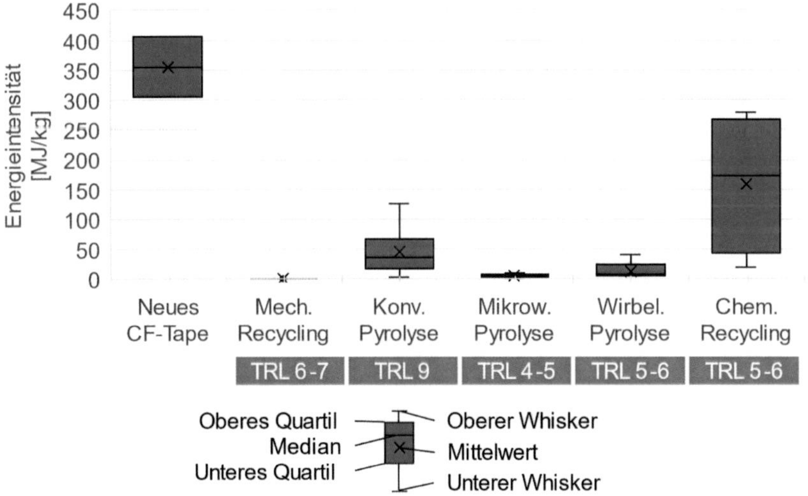

Bild 2.23: Vergleich der Energieintensität eines neuen kohlenstofffaserverstärkten Tapes mit der Energieintensität verschiedener Recyclingtechnologien

Comparison of the energy intensity of a new carbon fibre reinforced tape with the energy intensity of various recycling technologies

2.4 Chancen und Herausforderungen für die FVK-Recyclingindustrie

Opportunities and challenges for the FRP recycling industry

Die Kommission der Europäischen Union (EU) hat im März 2020 einen Aktionsplan beschlossen, der die derzeitige lineare Wirtschaft in eine Kreislaufwirtschaft umwandeln und somit für ein saubereres und wettbewerbsfähigeres Europa sorgen soll [EURO20]. Auf diese Weise setzt die EU die Ziele zur nachhaltigen Entwicklung (*sustainable development goals*, SDG) der Vereinten Nationen (*United Nations*, UN) um [UNIT24]. Die Herausforderungen und Chancen für die Recyclingindustrie, die sich aus diesem angestrebten Wandel ergeben, sind vielfältig. Ein Ansatz zur Transition der linearen Wirtschaft hin zu einer Kreislaufwirtschaft ist die Umsetzung der R-Strategien von POTTING et al. und KIRCHHERR et al., siehe Bild 2.24 [KIRC17, S. 225] [POTT17]. Diese werden von verschiedenen Organisationen wie dem Deutschen Institut für Normung e.V. und politischen Programmen wie dem Umweltprogramm der Vereinten Nationen herangezogen [ENGE22].

Kreislauf-wirtschaft (↑ ***Erhöhung der Zirkularität*** — ***lineare Wirtschaft***)

Intelligente Produktnutzung und -herstellung	R0 Verweigern *(Refuse)*	Das Produkt überflüssig machen, indem seine Funktion aufgegeben wird oder die gleiche Funktion mit einem gänzlich anderen Produkt angeboten wird.
	R1 Überdenken *(Rethink)*	Die Produktnutzung intensiver gestalten (z. B. durch Teilen des Produkts)
	R2 Reduzieren *(Reduce)*	Die Effizienz bei der Herstellung oder Nutzung des Produkts steigern, indem weniger natürliche Ressourcen und Materialien verbraucht werden.
Lebensdauer des Produkts und seiner Teile verlängern	R3 Wiederverwenden *(Reuse)*	Wiederverwendung durch einen anderen Verbraucher eines ausrangierten Produkts, das sich noch in gutem Zustand befindet und seine ursprüngliche Funktion erfüllt.
	R4 Reparieren *(Repair)*	Reparatur und Wartung eines defekten Produkts, damit es wieder mit seiner ursprünglichen Funktion verwendet werden kann.
	R5 Restaurieren *(Refurbish)*	Ein altes Produkt restaurieren und auf den neuesten Stand bringen
	R6 Wiederaufarbeiten *(Remanufacture)*	Teile eines ausrangierten Produkts in einem neuen Produkt mit derselben Funktion verwenden.
	R7 Wiederverwenden *(Repurpose)*	Das ausrangierte Produkt oder seine Teile in einem neuen Produkt mit einer anderen Funktion verwenden.
Nützliche Anwendung von Materialien	R8 Recyceln *(Recycle)*	Materialien verarbeiten, um die gleiche (hochwertige) oder eine niedrigere (geringwertige) Qualität zu erzielen.
	R9 Zurückgewinnen *(Recover)*	Verbrennung von Material mit Energierückgewinnung.

Bild 2.24: Die 9-R Strategien nach [POTT17] und [KIRC17, S. 225]

The 9-R strategies described in [POTT17] and [KIRC17, S. 225]

Das Recycling stellt die vorletzte Strategie dar, darunter folgt lediglich die energetische Verwertung. Entgegen der vorherrschenden Meinung ist die Verfolgung einer Recyclingstrategie nicht das beste Mittel zur Förderung der Kreislaufwirtschaft, sondern eine der letzten Möglichkeiten, den vollständigen Wert- und Ressourcenverlust eines Produktes zu verhindern. Ziel sollte es sein, eine der höheren R-Strategien anzustreben. Die Aufbereitung der recycelten Fasern durch Re-Alignment Technologien zu Garnen oder Tapes ermöglicht die Wiederverwendung in Produkten mit einer anderen Funktion (R7) oder sogar in Produkten mit derselben Funktion (R6). Diese Fragestellung ist derzeit forschungsseitig noch nicht abschließend geklärt. Die Rückgewinnung von unidirektionalen thermoplastischen Tapes hat den Vorteil, dass das zurückgewonnene Halbzeug dem neuwertigen Halbzeug bereits ohne Aufbereitung ähnlich ist. Eine Wiederverwendung im Sinne der Strategie R6 und R7 ist daher denkbar. Dies ist eine der zentralen Fragestellungen, die in Kapitel 6 dieser Forschungsarbeit untersucht wird.

Die FVK-Recyclingbranche unterliegt verschiedenen Einflussfaktoren. In den nachfolgenden Abschnitten dieses Kapitels werden spezifische Einflüsse wie Abfallmengen und die daraus resultierende Zuverlässigkeit der Lieferkette, politische Vorschriften sowie wirtschaftliche Faktoren zusammengefasst. Eine ausführlichere Darstellung ist im Anhang A.1-A.5 gegeben. Als weiterführende Literatur können die wissenschaftlichen Arbeiten von MEIIRBEKOV et al. und ENDRES et al. herangezogen werden [ENDR23, S. 2; MEII21, S. 167].

2.4.1 Abfallmengen und Versorgungssicherheit

Waste volumes and security of supply

Die anfallende Abfallmenge an FVK-Produkten ist ein entscheidender Faktor für die Recyclingbrache, da diese den eingehenden Wertstoffstrom für die Recyclingtechnologien darstellt. Es ist wichtig, die Verbundkunststoff-Abfallmengen nach thermoplastischer und duroplastischer Matrix sowie nach Kurz-, Lang-, oder Endlosfaserverstärkung zu unterscheiden [ENDR23, S. 2]. Hinzu kommt, dass FVK-Produkte in den meisten Fällen in Kombination mit weiteren Materialien wie beispielsweise Waben, Schaumstoffkernen, Metall- und Keramikteilen, polymeren Barrierefolien und Deckschichten hergestellt werden [ASMA14, S. 594]. Daher ist es besonders wichtig, dass Informationen über die Zusammensetzung der FVK-Abfälle nicht während der Nutzungsphase verloren gehen. Nicht jedes Abfallprodukt ist für jeden Recyclingprozess als Eingangswerkstoff geeignet und der jeweils geeignete Recyclingprozess muss auf die Zusammensetzung des zugeführten FVK-Abfallstroms eingestellt werden, um hohe Festigkeiten bei den recycelten Fasern zu erhalten. Ein kontinuierlicher Wertstoffstrom aus geeigneten FVK-Produkten ist eine Grundvoraussetzung für langfristige Investitionen.

Die Produkte, die der in dieser Arbeit entwickelte Recyclingprozess adressiert, sind aus thermoplastischem endlosfaserverstärktem Material hergestellt. Diese Produktgruppe hat derzeit noch einen kleinen Marktanteil, zeigt jedoch eine positive Wachstumstendenz [ENDR23, S. 30].

Ein ausführlicherer Überblick über die prognostizierten Abfallmengen ist in Anhang A.1 gegeben. Zusammenfassend lässt sich feststellen, dass die Vereinigungen WINDEUROPE [WIND20b, S. 16] und COMPOSITESWORLD [GARD21; SLOA23] sowie die Autoren LEFEUVRE et al. [LEFE17, S. 271] und WEI et al. [WEI22, S. 1] mittelfristig von einer stark ansteigenden Abfallmenge an FVK-Bauteilen ausgehen. WEI et al. prognostizieren, dass kohlenstofffaserverstärkte Materialien in Zukunft (2050) zu einem der größten Abfallströme weltweit anwachsen werden [WEI22, S. 1].

2.4.2 Allgemeine politische Rahmenbedingungen

General political framework

Die Förderung einer nachhaltigen Kreislaufwirtschaft ist sowohl auf EU-Ebene als auch in Deutschland ein zentrales Anliegen. Um dieses Ziel zu erreichen, wurden umfangreiche Regulierungen und Vorschriften entwickelt, die verschiedene Aspekte der Kreislaufwirtschaft adressieren. Diese Vorschriften enthalten keine spezifischen Anforderungen für faserverstärkte Kunststoffe, sondern beziehen sich vorwiegend auf breitere Themen- und Anwendungsgebiete. Die Regulierungen sind so gestaltet, dass sie den Umgang mit FVK-Abfällen einschließen. In Anhang A.2 und A.3 werden die allgemeinen und branchenspezifischen rechtlichen Rahmenbedingungen vorgestellt. [ENDR23, S. 37]

Eine allgemeine Tendenz ist die Verschärfung der Regulierungen im Bereich der Kreislaufwirtschaft [ENDR23, S. 37]. Für Unternehmen besteht somit ein Regulierungsdruck, aus dem die Notwendigkeit folgt, die bestehenden Regelungen zu kennen und die Strategie der EU und der UN zu verfolgen, um die eigene Existenz am Markt langfristig zu sichern.

Zusammenfassend ist vor allem die europäische Abfallrahmenrichtlinie relevant, die in Deutschland durch das Kreislaufwirtschaftsgesetz (KrWG) in nationales Recht überführt wird [EURO08; BUND12]. In diesem wird festlegt, dass hochwertige Verwertungsverfahren gegenüber minderwertigen zu bevorzugen sind. Zudem wird Herstellern eine Produktverantwortung auferlegt, die sie verpflichtet, Produkte im Sinne einer hochwertigen Wiederverwertung zu konzipieren. Der in dieser Arbeit betrachtete Recyclingansatz stellt im Vergleich zu etablierten Verfahren einen hochwertigeren Verwertungsprozess dar. Für Unternehmen impliziert dies die Notwendigkeit, die Eignung ihrer Produkte für diese Recyclingroute zu prüfen, beziehungsweise die Entwicklung zukünftiger Produkte im Sinne der Produktverantwortung so zu steuern, dass eine hochwertige Verwertungsroute zur Anwendung kommen kann (*Design for Recycling*).

Die Windenergiebrache ist als eine der ersten Branchen mit der Entsorgung und Verwertung von großen Mengen an Faserverbundkunststoffen konfrontiert. Die Vereinigung WINDEUROPE hat die europäische Kommission auf die Entsorgungsproblematik aufmerksam gemacht und fordert die Einführung eines Deponierverbots für Bauteile aus Faserverbundkunststoffen ab 2025.

Bisher adressiert die Windenergiebranche als einzige Branche speziell das Recycling von FVK-Abfällen, und zwar durch die DIN SPEC 4866 [DEUT20]. Hier wird die stoffliche oder energetische Verwertung von GFK-Abfällen als Stand der Technik betrachtet [DEUT20, S. 18], während für CFK-Abfälle die Pyrolyse mit anschließender Wiederverwertung der Kurzfasern als Stand der Technik gilt [DEUT20, S. 19]. Für den in dieser Arbeit entwickelten Recyclingprozess ergibt sich daraus, dass er sich primär gegenüber der konventionellen Pyrolyse behaupten muss. In Kapitel 2.3.7 wurde die konventionelle Pyrolyse vorgestellt. Als Vergleichsmaßstab für einen neuen Recyclingprozess für Kohlenstofffasern kann die erzielbare Qualität der Fasern sowie die Energieintensität eines Pyrolyseprozesses herangezogen werden. Ein neuer Recyclingprozess sollte also in der Lage sein, Fasern mit einer Festigkeit von mehr als 84% der Primärfaserfestigkeit zurückzugewinnen und dabei eine Energieintensität von weniger als 17-67 MJ/kg aufweisen, vergleiche Bild 2.14 aus Kapitel 2.3.7.

2.4.3 Wirtschaftliche Faktoren

Economic factors

Es gibt mehrere wirtschaftliche Faktoren, die ein Recycling von Kohlenstofffasern für Unternehmen attraktiv machen. Diese sind: die Vermeidung von EoL-Kosten, die Rückgewinnung des investierten Materialwertes, die Sicherung einer strategischen Ressource, das Einhalten von zukünftigen politischen Vorgaben und die Steigerung des eigenen Markenwertes. In den nachfolgenden Abschnitten werden diese Punkte nacheinander beleuchtet.

In Europa gilt durch die Abfallrahmenrichtlinie das Verursacherprinzip, das besagt, dass die Abfallbeseitigungskosten durch den Abfallerzeuger, den Abfallbesitzer oder den früheren Abfallbesitzer getragen werden müssen [EURO08, S. 12]. Die jeweiligen Verursacher haben ein Interesse daran, dass die Kosten, die durch die Entsorgung entstehen, so niedrig wie möglich sind. In den meisten Fällen wird ein Dienstleister beauftragt, der sich um die Entsorgung beziehungsweise die Verwertung des Abfalls kümmert. Der Verursacher muss die Kosten für den Transport zum Dienstleister sowie die eventuell notwendige Demontage oder Zerkleinerungsschritte tragen, bevor die eigentlichen Entsorgungskosten anfallen. Bild 2.25 gibt eine Übersicht über die Kosten, die laut den Recherchen von WINDEUROPE, WEI et al. und VODONG et al. derzeit für die verschiedenen *End-of-Life* Lösungen anfallen [WIND20b, S. 31; WEI22, S. 8; VODO18, S. 69].

Für die Rückgewinnung des investierten Materialwertes ist es in erster Linie wichtig zu erkennen, dass noch ein Wert in dem als Abfall deklarierten Material steckt. Dieser Materialwert bezieht sich zum einen auf die Fasern und zum anderen auf die Matrix. Die Matrix hat vor allem einen Wert als Brennstoff [BERN21, S. 5; ASMA14, S. 599]. Kohlenstofffasern weisen einen hohen materiellen Wert auf, vergleiche Kapitel 2.1.1. Unternehmen erzielen bereits heute Gewinne durch die Rückgewinnung und den Verkauf von Kohlenstofffasern, obwohl es sich um verkürzte und ungeordnete Fasern handelt [WIND20b, S. 31; ASMA14, S. 602]. Aus wirtschaftlicher Sicht besteht daher ein

Anreiz für Unternehmen, diese Wertstoffe nicht einfach zu entsorgen, sondern einen Teil ihres Wertes zurückzugewinnen.

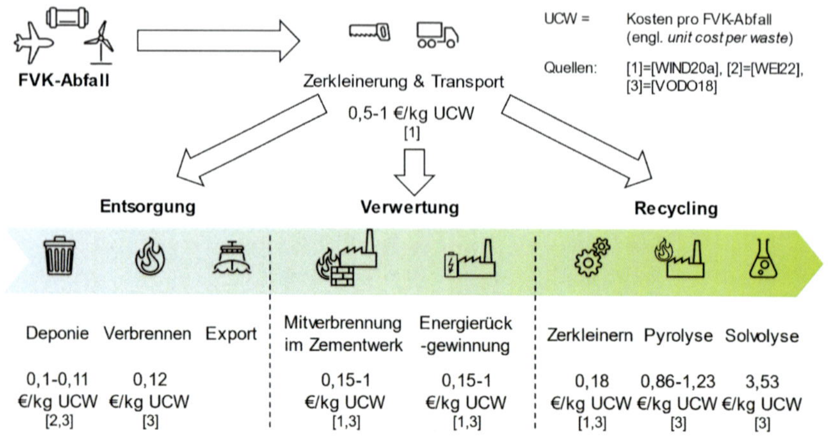

Bild 2.25: End of Life Kosten für die Abfallbesitzer

End-of-life costs for waste owners

VoDong et al. gibt für seine wirtschaftliche Bewertung drei Preisspannen für recycelte Kohlenstofffasern an: die erste von 0-4,5 €/kg kann aus Sicht der Autoren als die wettbewerbsfähigste Verkaufsspanne betrachtet werden, die zweite Verkaufsspanne 4,5-5,9 €/kg kann als Spanne angesehen werden, zu der neuwertige Fasern durch recycelte Fasern ersetzt werden könnten, die dritte Verkaufsspanne mit einem Preis von mehr als 5,9 €/kg könnte aus Sicht der Autoren Schwierigkeiten haben sich durchzusetzen [VODO18, S. 72-73]. Oliveux et al. kommen bei Ihren Recherchen zu Verkaufspreisen von 12-17 €/kg für pyrolytisch recycelte Kohlenstofffasern, 3,36 €/kg für gemahlene recycelte Kohlenstofffasern und 11-18 €/kg für gemahlene und zufällig geschnittene recycelte Kohlenstofffasern der Firma ELG Carbon Fiber [OLIV15, S. 91]. Die Verkaufspreise von Oliveux et al. liegen teilweise deutlich über denen, die VoDong et al. für die Wirtschaftlichkeitsbetrachtung annehmen. Dies kann verschiedene Gründe haben, zum Beispiel, dass die Nachfrage höher ist als von VoDong et al. erwartet und daher auch höhere Preise als prognostiziert auf dem Markt abgerufen werden können oder dass eine gute Dokumentation zu den recycelten Produkten vorliegt, sodass Kunden bereit sind, mehr für die recycelten Fasern zu zahlen.

Suzuki et al. haben für Bauteile aus der Automobilindustrie die Anwendungsmöglichkeiten von recycelten Kohlenstofffasern mit thermoplastischer und duroplastischer Matrix untersucht und mit Stahl als Referenzwerkstoff verglichen. Sie postulieren die Annahme, dass die Kosten für das Rohmaterial proportional zu der für die Herstellung benötigten Energieintensität sind [SUZU05, S. 14]. Auf dieser Grundlage bestimmen sie die Energieintensität von Stahl, neuwertigem duroplastischen und thermoplastischen FVK sowie recyceltem duroplastischen und thermoplastischen FVK. Die

Autoren kommen zu dem Ergebnis, dass die Verwendung von neuwertigem FVK um den Faktor 3,2-4,7 energieintensiver ist als die Verwendung von Stahl, wohingegen die Verwendung von recyceltem FVK Energieeinsparungen von 33-70 % ermöglicht [SUZU05, S. 19]. Somit stellt die Verwendung von recyceltem FVK in der Automobilbrache eine Möglichkeit zur Kosteneinsparung dar, bei der durch die Ausschöpfung des Leichtbaupotenzials gleichzeitig die Performance des Fahrzeugs verbessert wird.

Der Bedarf an Kohlenstofffasern hat sich von 2010 bis 2018 mehr als verdoppelt [WITT18, S. 32]. Die Autoren WITTEN et al. haben bei ihrer Analyse des CF-Marktes bereits 2018 eine Verknappung der Kohlenstofffasern in der Region Europa festgestellt, die nur durch Importe ausgeglichen werden kann [WITT18, S. 39]. Dies wird durch die Marktanalyse von SLOAN bekräftigt, der eine globale Verknappung von Kohlenstofffasern prognostiziert [SLOA22; SLOA23]. Dies liegt insbesondere an den jungen und schnell wachsenden, aber unsicheren Märkten für Drucktanks und Lufttransportsysteme (*advanced air mobility*) [SLOA22]. Der Aufbau neuer Produktionskapazitäten für die Herstellung von Kohlenstofffasern ist mit erheblichen Kosten verbunden, die zwischen 50 und 100 Millionen US-Dollar liegen. Der Aufbau dieser Kapazitäten ist zeitaufwändig und dauert bis zur Fertigstellung oft bis zu zwei Jahre. Anschließend ist die Produktionslinie ausschließlich für die Herstellung eines bestimmten Fasertyps optimiert [SLOA22; SLOA23].

Das Recycling von Kohlenstofffasern könnte eine Chance sein, dieser Verknappung in Europa entgegenzuwirken. Für Unternehmen, die Kohlenstofffasern verarbeiten, kann es aus strategischer Sicht sinnvoll sein, in das Recycling von ihren eigenen Produkten zu investieren, um sich auf diese Weise die Kohlenstofffasern zu sichern, die das Ausgangsmaterial für die eigenen Produkte darstellen. Hierdurch könnten Unternehmen ihren Bedarf an neuen Kohlenstofffasern senken, Kosten einsparen und die strategische Planungssicherheit erhöhen, da die Abhängigkeit von einer zunehmend begrenzten Ressource abnimmt. Bei den Herstellern von Kohlenstofffasern ist ein solcher Trend hin zu einer vertikalen Marktintegration zu erkennen [WITT18, S. 54].

Eine Investition in die Entwicklung von recyclingfähigen Produkten kann zu einem Wettbewerbsvorteil führen. Nachhaltigkeitsziele und ein grünes Image gewinnen in verschiedenen Branchen zunehmend an Bedeutung, um die Endkunden zu erreichen. Es ist also möglich, dass ein gut durchdachtes und recyclingfähiges Produkt beispielsweise zu einem höheren Preis oder in höherer Stückzahl am Markt verkauft werden kann. Durch eine frühzeitige Entwicklung und Investition in recyclingfähige Produkte können Unternehmen einen entscheidenden Vorsprung gegenüber Mitbewerbern erlangen. Dies wird insbesondere dann zum Vorteil, wenn die gesetzlichen Rahmenbedingungen strenger werden und die Industrie gezwungen ist, ihre Produkte nachhaltiger zu gestalten. Durch einen frühen Einstieg in die Entwicklung in Recyclingtechnologien für die eigenen Produkte können beispielsweise EU-Fördermittel beantragt werden und Forschungskooperationen eingegangen werden, die einen Wissens- und Technologietransfer ermöglichen. Auf diese Weise können Entwicklungskosten eingespart werden.

3 Zielsetzung, Aufgabenstellung und Vorgehensweise

Objectives, tasks and modus operandi

Derzeit angewandte Recyclingtechnologien wie Solvolyse, Pyrolyse oder mechanisches Recycling gewinnen die Kohlenstofffasern in gekürzter Länge und ungeordnet zurück. Durch diese beiden Einschränkungen lassen sich aus dem Rezyklat nur Produkte herstellen, die geringere mechanische Eigenschaften als ein endlosfaserverstärktes Produkt aufweisen. Nachfolgend werden Forschungsfragen und Hypothesen aufgestellt, deren Beantwortung darauf hinarbeitet, das Forschungsdefizit aufzulösen.

3.1 Forschungsdefizit

Research gap

Derzeit existiert kein Recyclingverfahren für FVK welches geordnete, unidirektionale Endlosfasern zurückgewinnen kann. Aus wirtschaftlicher und umwelttechnischer Sicht ist insbesondere das Recycling der energie- und kostenintensiven Kohlenstofffasern interessant. Das Recycling von unidirektionalen Endlosfasern kann einen Beitrag dazu leisten, den steigenden Bedarf an Kohlenstofffasern zu decken und die Transformation hin zu einer Kreislaufwirtschaft für die FVK-Branche zu ermöglichen. Durch einen Prozess, der es ermöglicht, unidirektionale Kohlenstofffasern zurückzugewinnen, ergeben sich neue Geschäftsmodelle für die verarbeitenden Unternehmen. Diese erhalten durch einen solchen Recyclingprozess die Möglichkeit, den Wertstoff zurückzugewinnen und als Eingangsmaterial für ihre Produktion wiederzuverwenden. Dies birgt die Chance, Kosten einzusparen, vorausgesetzt die recycelte Faser ist preiswerter als eine neuwertige Faser. Des Weiteren können Unternehmen mehr Kontrolle über den Ausgangswertstoff ihrer Produkte erhalten und werden damit unabhängiger von Zulieferern und Importen aus dem Ausland. Daher bedarf es der Erforschung von neuen Recyclingansätzen, bei denen die Kohlenstofffaser in geordneter Form und ohne eine Verkürzung aus komplexen endlosfaserverstärken Bauteilen zurückgewonnen werden kann.

Das Fraunhofer Institut für Produktionstechnik (Fraunhofer IPT) hält das Patent zu einem Recyclingprozess (Tape-REx® Prozess, Tape Rezyklat Extraktionsprozess, engl.: *tape recyclate extraction process*) für faserverstärkte Kunststoffe [JANS18], bei dem das Tape wieder vom Bauteil abgezogen wird. Die Funktion des Prozesses kann den schematischen Darstellungen in Bild 3.1 entnommen werden.

Der Hauptanspruch wird wie folgt beschrieben:

Es handelt sich um ein *„Verfahren für das Recycling von thermoplastischem Faserverbundmaterial, welches in mindestens einer Ablage-Schicht in einem Bauteil (1) angeordnet ist, bei dem in Richtung einer Hauptfaserrichtung das Faserverbundmaterial in mindestens einer Fasern und Matrixmaterial umfassenden Abzieh-Schicht (10) vom restlichen Bauteil (1) abgezogen wird.“* – Anspruch 1 aus [JANS18].

Die Besonderheit bei diesem Prozess ist, dass das faserverstärkte Kunststoffmaterial ohne eine Verkürzung zurückgewonnen wird. Gleichzeitig wird die schützende Matrix nicht von den Fasern entfernt, wodurch zusätzlich die Orientierung der Fasern erhalten bleibt.

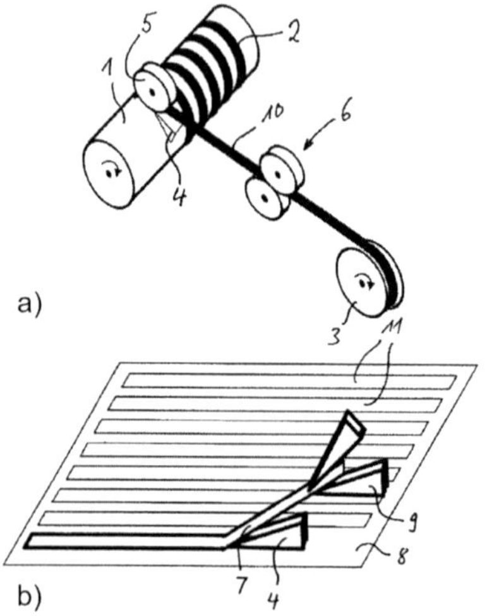

Nr.	Bezeichnung
1	Bauteil
2	Band
3	Vorratsrolle
4	Trennwerkzeug
5	Führungsrolle
6	Rollenpaar
7	Streifen
8	Plattenförmiges Bauteil
9	Greifeinheit
10	Abzieh-Schicht
11	Streifen

Bild 3.1: Schematische Darstellung des patentierten Recyclingprozesses aus [JANS18]: a) recycling gewickelter Bauteile, b) recycling plattenförmiger Bauteile

Schematic representation of the patented recycling process from [JANS18]: a) recycling of wound componente, b) recycling of plate stahed components

Im Sinne der Definition des Technology Readiness Level lässt sich die in der Patentschrift formulierte Idee für einen Recyclingprozess auf ein niedriges TRL einstufen. Bisher ist der Prozess unzureichend erforscht und technisch nicht umgesetzt worden. Ziel des Promotionsvorhabens ist es, den Recyclingprozess zu entwickeln, eine Stabilität für große Abschnitte von UD-Tapes aus verschiedenen Materialen zu erreichen und die Wiederverwertbarkeit des recycelten thermoplastischen unidirektionalen kohlenstofffaserverstärkten Tapes wissenschaftlich zu bewerten.

Die bisherigen Forschungsvorhaben, vergleiche Kapitel 2.3.11, konzentrieren sich bislang auf kurze Tapeabschnitte zwischen 12-120 mm. In Kapitel 2.2.4 wurden typische Bauteile aus UD-Tape vorgestellt. Die kontinuierliche Länge der für die Herstellung der Bauteile benötigten Tapes liegt zwischen 0,5-2000 m. Ziel ist es, recycelte kontinuierliche Tapeabschnitte von mindestens 0,5 m prozesssicher und in hoher Qualität zurückzugewinnen. Als weiteres ambitioniertes Forschungsziel soll untersucht werden, ob ein kontinuierlicher Tapeabschnitt mit einer Länge von 100 m zurückgewonnen werden kann. Hierzu wird ein Prüfstand für das Abwickeln von gewickelten, konsolidierten Bauteilen aus thermoplastischen, unidirektionalen faserverstärkten Kunststofftapes entwickelt und die Funktion des Prüfstands demonstriert. Bei erfolgreicher Demonstration wird durch dieses Vorgehen der Technologiereifegrad von TRL 1 auf TRL 4 angehoben.

3.2 Forschungsfragen und Zielsetzung

Research questions and objectives

Zur Strukturierung des Forschungsvorhabens werden drei Forschungsfragen aufgestellt, die sich mit verschiedenen Aspekten der Forschungshypothese beschäftigen.

Die Forschungshypothese lautet:

»Der Tape-REx® Prozess ist geeignet, um thermoplastisches unidirektionales FVK-Tape zurückzugewinnen. Dieses recycelte Tape lässt sich anschließend mit bestehenden Fertigungsprozessen wieder verarbeiten«

Die nachfolgenden drei Forschungsfragen bauen aufeinander auf und werden im folgenden Teil der Arbeit nacheinander abgearbeitet. Die erste Forschungsfrage hat einen theoretischen Schwerpunkt und zielt darauf ab, den Recyclingprozess auf einer theoretischen Grundlage zu beschreiben, mögliche Faktoren, die den Prozess beeinflussen, zu identifizieren und eine Prozessstrategie herzuleiten, die eine robuste Prozessführung ermöglicht.

Das gesammelte Wissen bildet die Grundlage für die zweite Forschungsfrage, die sich mit der Entwicklung und Validierung der Anlagentechnologie beschäftigt, die benötigt wird, um den Recyclingprozess durchzuführen. Diese Anlage wird anschließend verwendet, um recyceltes Tape zu produzieren.

Die dritte Forschungsfrage beschäftigt sich mit der Widerverwertung des recycelten Materials. Ziel ist es zu untersuchen, ob das recycelte Material in herkömmlichen Produktionsverfahren verarbeitet werden kann. Des Weiteren soll untersucht werden, welche mechanischen Eigenschaften das recycelte Material besitzt.

Forschungsfrage 1:

»Welche Faktoren beeinflussen den Recyclingprozess und wie kann eine geeignete Prozessstrategie aussehen?«

Zielsetzung: Beschreiben des Rissfortschritts während des Recyclingprozesses. Betrachtung und Analyse von Schältests (engl. *peel tests*), die einen dem Recyclingprozess ähnlichen Prozess darstellen. Zusammentragen möglicher Faktoren, die den Recyclingprozess beeinflussen. Herleitung einer Prozessstrategie, die einen robusten Prozess begünstigen.

Forschungsfrage 2:

»Lässt sich die entwickelte Prozessstrategie in einer Recyclinganlage technisch umsetzen und ist der Recyclingprozess robust genug, um einen kontinuierlichen Tapeabschnitt mit einer Länge von mindestens 0,5 m zurückzugewinnen?«

Zielsetzung: Entwicklung und Validierung einer funktionstüchtigen Maschine, die es ermöglicht, den Recyclingprozess durchzuführen. Nachweis der Funktionstüchtigkeit durch die Demonstration der entwickelten Maschine an Prüfbauteilen.

- Minimalziel: Recycling von 0,5 m langen kontinuierlichen Tapeabschnitten
- Ambitioniertes Ziel: Recycling von 100 m langen kontinuierlichen Tapeabschnitten

Forschungsfrage 3:

»Welche mechanische Leistungsfähigkeit besitzt das durch den Recyclingprozess zurückgewonnene Material und ist das Rezyklat für die Verarbeitung mit herkömmlichen Produktionsmaschinen geeignet?«

Zielsetzung: Nachweis der Verarbeitbarkeit des Rezyklats mit herkömmlichen Produktionsmaschinen und Charakterisierung des Rezyklats:

1. Verarbeitung des recycelten Tapes mit vorhandenen Produktionsmaschinen am Fraunhofer IPT: AFP-Prozess und Heißpressen
2. Herstellung von Prüfkörpern aus recyceltem und neuwertigem Tape. Erprobung der Prüfkörper und Bestimmung der mechanischen Eigenschaften.

3.3 Methodisches Vorgehen

Methodical approach

Der Vorteil des neuen Recyclingprozesses ist es, dass das thermoplastische UD-Tape in möglichst hoher Qualität wieder vom Bauteil abgezogen wird, sodass es für die Wiederverarbeitung geeignet ist. Modellhafte Beschreibung des Verfahrens: Der Abziehprozess folgt einem bruchmechanischen Ablauf. Damit nur eine Schicht abgezogen wird, muss der Bruch zwischen dem abzuziehenden Tape und dem Substrat stattfinden. Die Fasern dürfen während des Abziehens nicht abknicken oder brechen, dies würde zu einer reduzierten Tapequalität führen. Weiterhin soll der Prozess robust ablaufen und ein stetiges Risswachstum aufweisen. Schlussendlich muss die Qualität des recycelten Tapes bewertet werden, um Rückschlüsse auf die Prozessparameter des Recyclingprozesses ziehen zu können und um die Eignung für eine Wiederverwendung zu bewerten. Weiterhin muss die Wiederverarbeitbarkeit des Materials demonstriert werden, indem das recycelte Tape mit einer AFP-Anlage und durch Heißpressen verarbeitet wird.

Als erstes wird der Recyclingprozess theoretisch betrachtet und eine Prozessstrategie hergeleitet. Die theoretische Betrachtung wird in Kapitel 4 behandelt und beantwortet die erste Forschungsfrage. Aus den theoretischen Betrachtungen werden Anforderungen für einen Prüfstand abgeleitet. Da der Recyclingprozess einen neuartigen Ansatz darstellt und bisher wenig Wissen zum Prozess, beispielsweise hinsichtlich der optimalen Maschinengestaltung und der materialabhängigen Prozessparameter, existiert, wird ein iteratives Vorgehen für die Maschinen- und Prozessentwicklung gewählt. Mit

Hilfe eines Prüfstandes kann der Recyclingprozess für verschiedene Materialien untersucht werden. Der Prüfstand wird modular aufgebaut. Dies ermöglicht es, den Prozess zu untersuchen, aus den gewonnenen Erkenntnissen Optimierungspotenziale abzuleiten und diese nachträglich umzusetzen. In Kapitel 5 wird die Prüfstandsentwicklung und -validierung erläutert. Das gesammelte Wissen wird eingesetzt, um den Prototypen eines Recyclingendeffektors für die Roboterzelle am Fraunhofer IPT zu entwickeln, der es ermöglichen soll, komplexere Bauteile zu recyclen.

In Kapitel 6 wird die Wiederverwendbarkeit des recycelten Materials untersucht. Eine erfolgreiche Wiederverarbeitung mit herkömmlichen Produktionsmaschinen und die Eignung zur Herstellung von hochwertigen Bauteilen aus recyceltem Material stellt eine Grundvoraussetzung für eine Fortführung der Forschungs- und Entwicklungsarbeiten zu diesem Recyclingprozess dar. Hierzu werden Verarbeitungsversuche mit recyceltem und neuwertigem Material mit herkömmlichen Produktionsmaschinen am Fraunhofer IPT durchgeführt. Das neuwertige Material dient als Vergleichsmaßstab (engl. *benchmark*) für die Bewertung des recycelten Materials.

4 Theoretische Prozessbetrachtung

Theoretical process analysis

In diesem Kapitel wird der neue Recyclingansatz erläutert und aus einem theoretischen Blickwinkel betrachtet. Zunächst erfolgt die Erklärung des Recyclingprozesses und die Definition einer Zielstellung für einen erfolgreich durchgeführten Recyclingprozess. Anschließend leitet sich aus der energetischen Betrachtungsweise der Bruchmechanik das Kriterium für stabiles Risswachstum ab, wobei die Bedeutung der Zusammenhänge für den Recyclingprozess erläutert wird. Daraufhin werden die Einflüsse des zu recycelnden Bauteils und die daraus resultierenden Herausforderungen beschrieben. Es folgt die Diskussion über den Einfluss der Prozesstemperatur sowie des Belastungszustands in der Prozesszone. Ziel dieses Kapitels ist es, die vielen verschiedenen Einflussfaktoren, die auf den Recyclingprozess einwirken, zu strukturieren und deren Auswirkung auf den Prozessablauf zu verstehen. Das Kapitel bildet die Grundlage für die Entwicklung der in Kapitel 5 beschriebenen Recyclingmaschine.

4.1 Zielsetzung des Recyclingprozesses

Objectives of the recycling process

Der Recyclingprozess sieht vor, die thermoplastischen Tapes unter Zuführung von Kraft und Variation der Bauteiltemperatur wieder vom Bauteil abzuziehen. Es wird sowohl eine Erhöhung als auch eine Verringerung der Bauteiltemperatur gegenüber der Umgebungstemperatur diskutiert. Die Art der Wärmezufuhr, der Temperaturbereich und die Gestaltung der Prozesszone werden in den Kapiteln 4.1 bis 4.5 hergeleitet und sind in der Prozessstrategie (Kapitel 4.6) zusammengefasst, vergleiche hierzu Bild 4.20 in Kapitel 4.6.

Der neue Recyclingprozess unterscheidet sich in mehreren Punkten von den etablierten Recyclingprozessen für FVK. Anders als bei etablierten Prozessen wird die Faser nicht verkürzt, sondern als UD-Tape mitsamt der Kunststoffmatrix zurückgewonnen. Der Recyclingprozess findet also auf Halbzeug-Ebene statt. Dies hat mehrere Vorteile:

- Die Temperaturen, unter denen der Prozess abläuft, sind geringer als beispielsweise bei einer Pyrolyse, wodurch die Matrix erhalten bleibt und die Fasern sowie die Schlichte nicht thermisch beschädigt werden. Außerdem wird je nach Effizienz der Energiezuführung weniger Energie benötigt.
- Da die Matrix erhalten bleibt, müssen die Fasern nach dem Recycling nicht neu mit Matrixmaterial imprägniert werden. Dies spart einen nachgelagerten Imprägnierschritt mitsamt den hierfür benötigten Anlagen und Ressourcen ein.
- Die Matrix sorgt dafür, dass die abgezogenen Fasern in ihrer Orientierung erhalten bleiben, somit können unidirektionale Endlosfasern zurückgewonnen werden.
- Das Rezyklat liegt als ein hochwertiges Halbzeug vor, für dessen Weiterverarbeitung es bereits etablierte Prozesse gibt.

In Bild 4.1 ist der Prozessablauf vereinfacht in drei Schritten am Beispiel eines Drucktanks abgebildet. Zuerst wird das freiliegende Ende eines Tapes für den Recyclingprozess vorbereitet. Beispielsweise kann das Tapeende unter Zuführung von Wärme abgelöst werden, sodass ein loses Tapeende entsteht, welches als Ansatzpunkt für den Recyclingprozess dient. Für zukünftige Produkte, bei denen das Prinzip "*Design for Recycling*" in der Produktentwicklung implementiert wurde, sind fortschrittlichere Lösungen vorstellbar, die ein manuelles Ablösen des Tapeendes überflüssig machen. Ein entsprechender Patentantrag wurde bereits eingereicht, befindet sich derzeit aber noch in der Prüfung, weswegen in dieser Arbeit nicht näher auf dieses Thema eingegangen wird.

Nach dem Vorbereitungsschritt findet der kontinuierliche Recyclingprozess statt. Damit dieser durchgeführt werden kann, muss das Ablagemuster bekannt sein. Dieses kann für zukünftige Produkte beispielsweise im digitalen Produktdatenpass gespeichert werden. Die Recyclingvorrichtung wird mit dem losen Tapeende verbunden. Anschließend wird Wärme und Kraft in die Prozesszone eingebracht und das Tape über ein Werkzeug abgeschält. Das recycelte Tape liegt dann als Ergebnis des Prozesses aufgerollt auf einer Spule vor und kann weiterverarbeitet werden.

Bild 4.1: Ablauf des Recyclingprozesses

Workflow of the recycling process

Für den Recyclingprozess werden die folgenden Prozessziele in absteigender Priorität definiert. In den nachfolgenden Kapiteln wird auf die hier definierten Ziele Z1-Z4 Bezug genommen.

Ziel 1 (Z1): Die Faserschädigung durch den Recyclingprozess minimieren: Die Fasern sollen nach Möglichkeit nicht zusätzlich durch den Recyclingprozess beschädigt werden, um so eine möglichst hochwertige Wiederverwertung zu ermöglichen.

Ziel 2 (Z2): Möglichst lange, kontinuierliche Tapeabschnitte zurückgewinnen: Die Fasern sollen nach Möglichkeit nicht verkürzt werden und weiterhin als Endlosfaser vorliegen. Die Anzahl an theoretisch herstellbaren Bauteilen steigt mit zunehmender Länge des zurückgewonnenen Tapeabschnitts.

Ziel 3 (Z3): Die Matrix soll erhalten bleiben und die Fasern umschließen: Die Matrix hält die Fasern in Position, sodass unidirektionale Fasern zurückgewonnen werden können. Des Weiteren schützt die Matrix die Fasern vor Umwelteinflüssen.

Ziel 4 (Z4): Die geometrische Form des recycelten Tapes soll möglichst konstant sein und im Idealfall der Form eines neuwertigen Tapes entsprechen: Das recycelte Tape soll mit industriellen Anlagen möglichst ohne einen Aufbereitungsschritt wieder verarbeitet werden können. Hierzu muss das recycelte Material durch die Führungselemente der Anlagen geleitet werden, ohne diese zu verstopfen. Des Weiteren hat die geometrische Form des Tapes einen Einfluss auf die Bauteilqualität, vergleiche Kapitel 2.2.2.

Der Recyclingprozess selbst ist ein kontinuierlich ablaufender Prozess, bei dem die oberste Tapeschicht mit Hilfe eines Schälwerkzeugs vom Substrat abgelöst wird. In den im Patent [JANS18] beschriebenen Darstellungen ist ein Keil als Schälwerkzeug abgebildet, vergleiche Bild 3.1. In dieser Arbeit wird allerdings eine Rolle als Schälwerkzeug verwendet. Diese bietet gegenüber dem Keil einige Vorteile: Ein Keil muss sehr präzise positioniert werden, damit die Ecken und die Kante das zu recycelnde Tape und das Substrat nicht ungewollt beschädigen. Eine Rolle kann, wenn diese breiter als das zu recycelnde Tape ausgeführt ist, vergleichsweise frei, vorzugsweise mittig über dem Tape positioniert werden. Zusätzlich wird der Krümmungsradius des Tapes durch die Rolle begrenzt, solange das Tape eng an der Rolle anliegt. Somit wird das recycelte Tape vor der Unterschreitung des kritischen Krümmungsradius und damit vor einer Beschädigung der wertvollen Fasern geschützt. Dies trägt dazu bei, das wichtigste Prozessziel Z1 zu erreichen. Die Prozesszone des Recyclingprozesses ist vereinfacht (ohne Wärmezufuhr) in Bild 4.2 dargestellt.

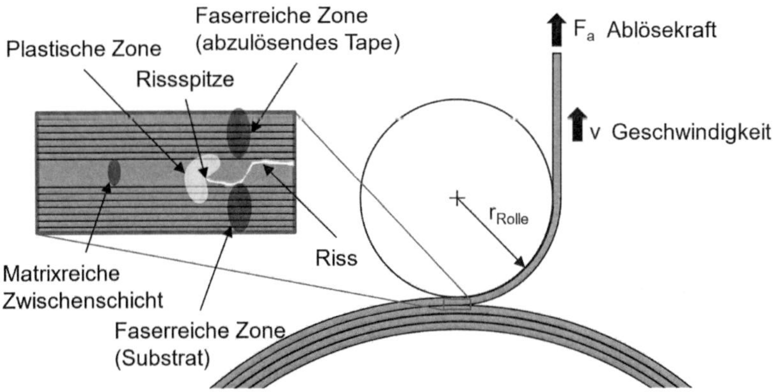

Bild 4.2: Prozesszone des Ablösevorgangs

Process zone of the detachment process

Der Ablösevorgang kann durch die Bruchmechanik beschrieben werden. In der Bruchmechanik wird zwischen verschiedenen Beanspruchungszuständen (Modus I, Modus II und Modus III) unterschieden: Normalspannungen (I), Schubspannungen rechtwinklig zur Rissspitze (II) und Schubspannungen parallel zur Rissspitze (III). Diese resultieren in verschiedenen Rissöffnungsarten, vergleiche hierzu Bild 4.3. Die

Beanspruchungsart hat einen Einfluss auf die Rissausbreitung. Dieser Einfluss wird im nachfolgenden Kapitel 4.4 diskutiert. Hinter der Rissspitze in Rissausbreitungsrichtung befindet sich die plastische Zone. Damit ein Risswachstum stattfinden kann, muss dem Riss über die äußeren Kräfte Energie zugeführt werden. Im Recyclingprozess geschieht dies, indem mit einer äußeren Kraft F_a am abgelösten Tape gezogen wird. Die äußere Kraft erzeugt ein elastisches Spannungsfeld, das sich im Material aufbaut. An der Rissspitze entsteht ein komplexer Spannungszustand, der nicht mehr durch ein elastisches Spannungsfeld beschrieben werden kann. An dieser Stelle bildet sich die plastische Zone.

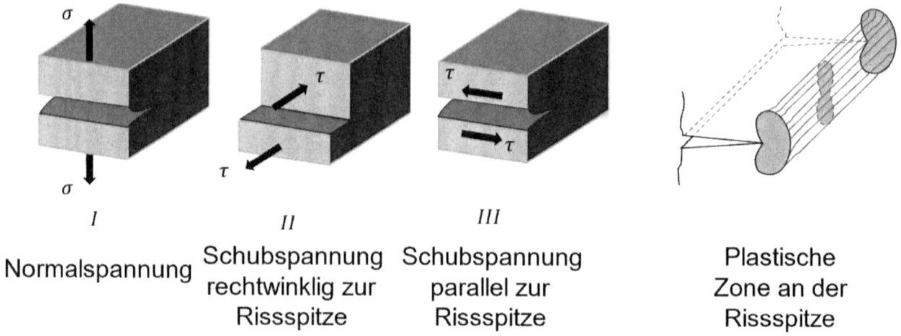

Bild 4.3: Rissöffnungsarten unter verschiedenen Belastungszuständen (links), Schematische Darstellung der plastischen Zone vor der Rissspitze (rechts) nach [BARG18, S. 157]

Crack opening types under different loading conditions (left), schematic representation of the plastic zone in front of the crack tip (right) based on [BARG18, p. 157].

Der Prozess ist für Bauteile geeignet, die vollständig oder zum Teil aus thermoplastischem Faserverbundkunststoff bestehen, wie zum Beispiel Rohre für Pipelines, Drucktanks oder Laminate. Das Recyclingverfahren ist nur dann geeignet, wenn das Bauteil aus thermoplastischen UD-Tapes gefertigt wurde. Besonders geeignet sind voraussichtlich Bauteile, in denen die Tapes in langen Bahnen vorliegen. Hintergrund ist, dass bei Bauteilen, bei denen das Tape nur in kurzen, wenige Meter langen Bahnen vorliegt, der Prozess für das Abziehen dieser Bahnen jedes Mal neu angesetzt werden muss. Aus diesen kurzen Stücken lässt sich nicht jedes beliebige Bauteil wiederherstellen, da beispielsweise längere Tapeabschnitte benötigt werden, vergleiche Kapitel 2.2.4. In einem nachgelagerten Prozessschritt könnten kurze zurückgewonnenen Tapeabschitte wieder zu einem langen Tape zusammengefügt werden, indem die Enden übereinandergelegt und verschweißt werden, dieser Vorgang wird als *Splicing* bezeichnet. Allerdings muss bei dieser Art der Wiederaufbereitung hingenommen werden, dass die Fasern an den zusammengefügten Stellen unterbrochen sind. Ein langes kontinuierliches recyceltes Tape lässt sich nur von Bauteilen zurückgewinnen, die aus langen endlosen Abschnitten bestehen wie beispielsweise Drucktanks oder Rohre.

4.2 Energetische Betrachtung des Bruchvorgangs

Energetic view of the fracture mechanism

Im Allgemeinen ist das Bruchverhalten von thermoplastischen Kunststoffen unterhalb der Glasübergangstemperatur spröde [SCHÜ07, S. 100; INDU13, S. 100]. Die Bruchmechanik für Risse zwischen den Lagen von Verbundwerkstoffen wird in der Literatur bevorzugt mit dem energetischen Bruchkriterium beschrieben [GROS07, S. 100], welches auf GRIFFITH zurückgeht [GRIF21, S. 169]. Dieses ist für spröde Festkörper zulässig und basiert auf einer energetischen Betrachtung des Bruchvorgangs.

In den nachfolgenden Kapiteln (4.3 - 4.5) werden die Bauteil- und Prozesseinflüsse auf den Rissfortschritt diskutiert. Hierzu werden in der Literatur beschriebene experimentelle Untersuchung und deren Ergebnisse vorgestellt. Bis auf wenige Ausnahmen finden die in den nachfolgenden Kapiteln vorgestellten Experimente bei Raumtemperatur statt und untersuchen ein sprödes Bruchverhalten.

In Kapitel 4.6 wird anhand der zuvor vorgestellten Erkenntnisse eine Temperaturführungsstrategie hergeleitet. Zur Diskussion steht ein Recycling bei tiefen und bei hohen Temperaturen, herbeigeführt durch aktives Kühlen beziehungsweise Erwärmen. Vorausgreifend sei an dieser Stelle angemerkt, dass ein Erwärmen von thermoplastischen Kunststoffen ein entropieelastisches Bruchverhalten begünstigt (vgl. Kapitel 4.5), weshalb das Bruchkriterium nach GRIFFITH für diesen Fall nicht zutreffend ist. Dennoch bietet dies einen anschaulichen Zugang für das Verständnis von Bauteil- und Prozesseinflüssen auf den Rissfortschritt, insbesondere für die in den folgenden Kapiteln vorgestellten experimentellen Untersuchungen. Aus diesem Grund wird nachfolgend das energetische Bruchkriterium nach GRIFFITH als Einstieg in die Thematik vorgestellt.

Für einen Körper gilt, dass die Änderung der Formänderungsenergie $\dot{\Pi}^i$ durch die inneren Kräfte, sowie die Änderung der kinetischen Energie $\dot{K}$ eines Körpers, dem Energietransport, durch äußere Einflüsse in den Körper entsprechen muss. Der Energietransport in den Körper kann durch die Änderung der äußeren Potenziale $\dot{\Pi}^a$ auf Grundlage der Wirkung der äußeren Kräfte sowie dem Wärmefluss $\dot{Q}$ in den Körper beschrieben werden. [GROS07, S. 29-30]

Ein Bruchprozess ist ein irreversibler Prozess, für dessen Fortschreiten Energie umgewandelt werden muss. Beispielsweise müssen chemische und elektrostatische Bindungskräfte überwunden werden. Weiterhin entsteht eine neue Oberfläche, die durch Deformationen auf Mikroebene gekennzeichnet ist und für deren Entstehung die entsprechende Oberflächenenergie aufgebracht werden muss. Die für den Bruch benötigte Energie Γ fasst diese Einflüsse zusammen und wird als eigener Term in der Energiebilanz berücksichtigt. [GROS07, S. 97-102]

$$\dot{\Pi}^i + \dot{K} + \dot{\Gamma} = \dot{\Pi}^a + \dot{Q} \tag{4.1}$$

Im Folgenden wird ein quasistatischer Fall betrachtet, bei dem die Änderung der kinetischen sowie der thermischen Energie gleich null ist. Somit vereinfacht sich der zuvor aufgestellte Zusammenhang zu nachfolgendem Ausdruck. [GROS07, S. 97-102]

$$\dot{\Pi}^i + \dot{\Gamma} = \dot{\Pi}^a \quad (4.2)$$

Da die Bruchzone im Vergleich zum Körper vernachlässigbar klein ist, kann die Energiebilanz in einen Teil für die Bruchzone und einen Teil für die Prozesszone aufgespalten werden. Hierfür wird ein Term P^* eingeführt, der den Energietransport in die Bruchzone hinein beschreibt. [GROS07, S. 97-102]

$$\begin{aligned} &\text{Prozesszone:} && \dot{\Gamma} = -P^* \\ &\text{Körper:} && \dot{\Pi}^i = \dot{\Pi}^a + P^* \end{aligned} \quad (4.3)$$

Die in der Zeitspanne dt infinitesimal geleistete Arbeit durch die inneren und äußeren Kräfte sowie $\dot{\Gamma}$ lassen sich wie folgt beschreiben. [GROS07, S. 97-102]

$$\begin{aligned} d\Pi^i &= \dot{\Pi}^i dt \\ -d\Pi^a &= \dot{\Pi}^a dt \\ d\Gamma &= \dot{\Gamma} dt \end{aligned} \quad (4.4)$$

Daraus folgt durch Einsetzen in 4.2 das Bruchkriterium nach GRIFFITH. [GRIF21, S. 169], [GROS07, S. 97-102]

$$\begin{aligned} d\Pi^i + d\Pi^a + d\Gamma &= 0 \\ d(\Pi + \Gamma) &= 0 \end{aligned} \quad (4.5)$$

Dieses besagt, dass die Änderung der Summe aus dem Potenzial der inneren und äußeren Kräfte zusammen mit der Änderung der Bruchenergie gleich Null ist. [GROS07, S. 97-102]

Einen anschaulicheren Zugang zur energetischen Beschreibung des Bruchvorgangs bietet die Energiefreisetzungsrate G. Diese ist definiert als die Energie, die für eine Rissausbreitung um eine infinitesimale Fläche dA benötigt wird. Im ebenen Fall wird die für die Rissausbreitung um die Länge da benötige Energie auf die Einheitsdicke bezogen. [GROS07, S. 93-95]

Die Energiefreisetzungsrate kann für den ebenen Fall als eine auf die Einheitsdicke bezogene Rissausbreitungskraft interpretiert werden, die den Riss durch den Körper treibt. Demgegenüber steht eine auf die Einheitsdicke bezogene Risswiderstandskraft R. Die kritische Energiefreisetzungsrate G_c beschreibt in dieser Analogie die „Kraft pro Einheitsdicke", die das Material aufbringt, um den Rissfortschritt aufzuhalten. Bei einem quasistatischen Rissfortschritt stellt sich ein Gleichgewicht zwischen Rissausbreitungskraft und Risswiderstandkraft ein. Dieses Gleichgewicht lässt sich als Bruchkriterium interpretieren. [GROS07, S. 101-102]

$$G = G_c \quad (4.6)$$

Mit Hilfe des Prinzips der virtuellen Verrückungen lässt sich dieses Kräftegleichgewicht in das Bruchkriterium nach GRIFFITH überführen [GRIF21, S. 169]. Eine virtuelle

Verrückung um den Bruchfortschritt δA bewirkt eine virtuelle Arbeit der Rissausbreitungskraft $G * \delta A = -\delta\Pi$ und der Risswiderstandskraft $G_c \delta A = \delta\Gamma$. [GROS07, S. 102]

$$\delta(\Pi + \Gamma) = 0 \tag{4.7}$$

Nach der Herleitung des Bruchkriteriums aus einer energetischen Betrachtungsweise des Bruchvorgangs wird nun die Bedingung für ein stabiles Risswachstum hergeleitet. Zuvor sei jedoch angemerkt, dass eine stabile Rissausbreitung im Allgemeinen mit größeren plastischen Verformungen auf der Mikroebene einhergeht als eine instabile Rissausbreitung. Die plastischen Verformungen bedeuten eine Formänderungsarbeit, die sich in einem höheren Energiebedarf bei der Bildung neuer Bruchoberflächen und damit einem höheren Energiebedarf für die Rissausbreitung widerspiegelt. [BARG18, S. 159]

Die Risswiderstandskraft ist ein materialabhängiger Kennwert, der über den Rissfortschritt im Allgemeinen nicht konstant ist, sondern monoton ansteigt [GROS07, S. 113]. Die plastische Zone bewegt sich während des Rissfortschritts durch das Material und ist dabei unterschiedlichen lokalen Spannungszuständen ausgesetzt, die beispielsweise durch Inhomogenitäten im Material hervorgerufen werden. Hierbei ändert sich auch die Größe, Form und Ausrichtung der plastischen Zone. Dies wiederum bedeutet, dass die Rissausbreitungskraft abhängig von der Position der Rissspitze im Material ist. Vereinfacht bedeutet dies, dass die Rissausbreitungskraft nicht nur abhängig von der äußeren Kraft F, sondern zusätzlich abhängig von der Bruchstrecke a ist, sprich $G(F, a)$. Zur Charakterisierung des quasistatischen Risswachstums wird die Risswiderstandskurve (R-Kurve) experimentell bestimmt. Aufgrund der Gleichgewichtsbedingung zwischen Rissausbreitungskraft und Risswiderstandskraft entspricht die Risswiderstandskurve $R(a)$ der Kurve der Rissausbreitungskraft $G(F, a)$, aufgetragen über die Bruchstrecke. [GROS07, S. 113-116]

$$G(F, a) = R(a) \tag{4.8}$$

Bei der Rissausbreitung wird zwischen stabilem und instabilem Risswachstum unterschieden. Die Rissausbreitung ist stabil, wenn für die Rissvergrößerung eine Erhöhung der äußeren Belastung notwendig ist. Dementsprechend ist das Risswachstum instabil, wenn die Rissausbreitung ab einem bestimmten Punkt ohne weitere Erhöhung der äußeren Kraft spontan fortschreitet. Die Art der Rissausbreitung ist nicht allein von den Werkstoffeigenschaften, sondern auch von der Geometrie und der Art der Belastung des Körpers abhängig. [GROS07, S. 57]

Die Rissausbreitung ist also stabil, wenn die Änderung der Risswiderstandskraft über die infinitesimale Risslänge da größer ist als die Änderung der Rissausbreitungskraft über dieselbe infinitesimale Risslänge bei konstanter äußerer Kraft. Dies bedeutet, dass die äußere Last erhöht werden muss, um den Riss voranzutreiben. Somit lässt sich die Rissausbreitung gezielt durch eine Erhöhung der Rissausbreitungskraft vorantreiben. Hieraus folgt die Bedingung für ein stabiles Risswachstum, wobei die Gleichgewichtslage der beiden Terme den Grenzfall des Bruchkriteriums darstellt. [GROS07, S. 113-116]

$$\left.\frac{\delta G}{\delta a}\right|_{F=const} \leq \frac{dR}{da} \tag{4.9}$$

Das Bruchkriterium lässt sich wie folgt formulieren:

$$\left.\frac{\delta G}{\delta F}\right|_{a=const} + \left.\frac{\delta G}{\delta a}\right|_{F=const} = \frac{dR}{da} \tag{4.10}$$

Es ist anzumerken, dass ein lokales Abfallen der Risswiderstandskraft, beispielsweise durch einen Defekt im Laminat, zu einem instabilen Risswachstum führt, bei dem der Riss fortschreitet, ohne dass eine Erhöhung der äußeren Belastung erforderlich ist. Nachfolgend sollen das energetische Bruchkriterium sowie die Bedingung für ein stabiles Risswachstum im Kontext des Recyclingprozesses betrachtet werden. Hierfür werden die Terme aus Formel 4.10 einzeln betrachtet und deren Bedeutung für den Recyclingprozess dargestellt:

Term $\left.\frac{\delta G}{\delta F}\right|_{a=const}$: Die Änderung der Rissausbreitungskraft aufgrund der äußeren Kraft bei konstanter Bruchstrecke lässt sich durch die Modulation der Prozesskraft während des Recyclingprozesses steuern.

Term $\left.\frac{\delta G}{\delta a}\right|_{F=const}$: Die Änderung der Rissausbreitungskraft aufgrund des quasistatischen Rissfortschritts bei konstanter äußerer Kraft ist beispielsweise abhängig von der Rissöffnungsart und damit von der Geometrie der Bruchzone. Diese lässt sich durch den Aufbau der Recyclingmaschine und die Prozessführung beeinflussen und wird in Kapitel 4.4 beschrieben. Bei einer reinen Modus II Belastung findet keine Rissöffnung statt. Dies führt dazu, dass sich die rauen Bruchoberflächen verhaken, wodurch die Rissausbreitungskraft in der Rissspitze reduziert wird [GROS07, S. 120].

Term $\frac{dR}{da}$: Die Änderung der Risswiderstandskraft aufgrund des quasistatischen Rissfortschritts beschreibt den lokalen materialspezifischen Einfluss auf den Bruchprozess und ist damit abhängig von dem zu recycelnden Bauteil. Insbesondere ein lokaler Abfall der Risswiderstandskraft kann zu einem ungewollten, instabilen Risswachstum führen.

- Während des Recyclingprozesses lässt sich der materialspezifische Einfluss beispielsweise durch die Prozesstemperatur beeinflussen, da die Materialkennwerte im Allgemeinen temperaturabhängig sind, dieser Einfluss wird in Kapitel 4.5 beschrieben.
- Festgelegt wird der Bauteileinfluss maßgeblich bei der Produktentwicklung, beispielsweise durch die Materialauswahl und die Wickelstrategie, aber auch während der Fertigung durch die Prozessführung, diese Einflüsse werden in Kapitel 4.3 diskutiert.

Während des Recyclings lassen sich die Bauteileinflüsse nicht steuern und werden daher als Störgrößen betrachtet.

- Perspektivisch besteht die Möglichkeit, durch die Erstellung eines Konstruktionsleitfadens, der während der Produkt- und Prozessentwicklung genutzt werden kann, die Bauteileigenschaften von zukünftigen Produkten für ein Recycling mit dem in dieser Arbeit behandelten Recyclingprozess zu optimieren, letztendlich immer unter dem Vorbehalt, dass das Bauteil seine funktionalen Anforderungen weiterhin erfüllen muss.

4.3 Bauteilspezifische Einflüsse auf die Risswiderstandskraft

Component-specific influences on the crack resistance force

Im Folgenden werden die materialspezifischen beziehungsweise bauteilspezifischen Einflüsse auf die Risswiderstandskraft beschrieben. Die Ausprägung dieser Einflüsse findet während der Bauteilherstellung statt. Während des Recyclingprozesses stellen Schwankungen in der Ausprägung Störgrößen dar, die die Risswiderstandskraft beeinflussen. Nachfolgend werden die Einflüsse einzeln vorgestellt und anschließend in Kapitel 4.3.6 in Tabelle 4.1 zusammengefasst.

4.3.1 Konsolidierungsqualität

Consolidation quality

Die Konsolidierungsqualität bei der FVK-Verarbeitung mit einem AFP-Prozess beschreibt die Qualität der Verbindung zwischen zwei Lagen. Die Ausbildung dieser Verbindung geschieht in zwei Schritten, der Kontaktzonenbildung und der Polymerkettendiffusion, vergleiche hierzu Kapitel 2.2.4.

Die Qualität der entstehenden Verbindung hängt davon ab, ob die beteiligten Prozesse unter idealen Bedingungen ablaufen können. Die Kontaktzonenbildung beschreibt, wie die Oberflächen der beiden Kontaktpartner miteinander in Verbindung kommen, siehe Bild 4.4. Da keine Oberfläche ideal glatt ist, kann der Prozess auf mikroskopischer Ebene wie folgt beschrieben werden: Die Rauheitsspitzen der Oberflächen berühren sich zuerst, sodass viele Zwischenräume bleiben, die noch mit Luft gefüllt sind. Durch die Konsolidierungskraft werden die Rauheitsspitzen der Oberflächen plastisch verformt, bis die Oberflächen im Idealfall komplett aneinander anliegen. Dieser Vorgang wird durch eine Prozesstemperatur oberhalb der Schmelztemperatur, die das Material fließfähiger macht, begünstig. Das zu verarbeitende Tape wird durch die Konsolidierungskraft in seiner Dicke reduziert und somit unter Erhalt seiner Gesamtmasse aufgeweitet. Die Parameter Oberflächenrauheit der Kontaktpartner, Prozesskraft und Prozesstemperatur beeinflussen also die Qualität der sich bildenden Kontaktzone. In der Literatur wird beschrieben, dass sich ein hoher Faservolumengehalt des Tapes negativ auf die Qualität der ausgebildeten Kontaktzone auswirkt, da wenig fließfähige Matrix zur Verfügung steht, um die Lücken zu füllen, und dies somit zu einer schlechten Konsolidierungsqualität führen kann [SACC17, S. 48].

Sobald der Kontakt hergestellt ist, findet eine Diffusion der Polymerketten über die Kontaktfläche hinweg statt. Dieser Prozess ist abhängig von der Zeit und der Temperatur, welche die Beweglichkeit der Polymerketten erhöht.

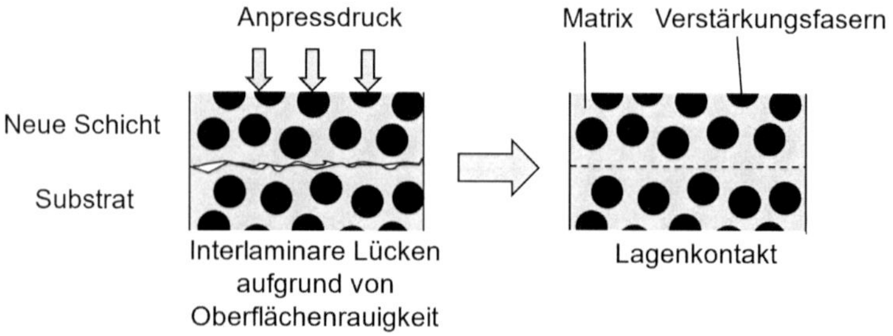

Bild 4.4: Schematische Darstellung der Ausbildung eines Lagenkontaktes nach [DIB21, S. 9]
Schematic representation of the formation of a layer contact based on [DIB21, S. 9]

Die Parameter, mit denen der AFP-Prozess durchgeführt wird, haben also einen direkten Einfluss auf die Qualität der Verbindung zwischen den Lagen. Je nach Geometrie des herzustellenden Bauteils müssen diese lokal an die Bauteilgeometrie angepasst werden. Für den Recyclingprozess bedeutet dies, dass zwei Lagen, die mit ungeeigneten Prozessparametern konsolidiert wurden, leichter zu trennen sind als zwei Lagen, die mit geeigneten Prozessparametern gefügt wurden.

Bevor der Recyclingprozess an Prüfkörpern getestet wird, muss sichergestellt werden, dass die Konsolidierungsqualität dieser Prüfkörper hoch ist. Hierzu eignen sich Vorversuche, bei denen aus den zu recycelnden Tapes Prüfkörper hergestellt werden. Anschließend kann die Konsolidierungsqualität anhand von Schliffbildern und Peeltests bewertet werden.

Weiterhin haben auch Verschmutzungen einen Einfluss auf die lokale Konsolidierungsqualität zweier Lagen. Diesen Effekt konnte SACCHETTI experimentell nachweisen. Die von SACCHETTI durchgeführten Versuche zeigen, dass eine lokale Verschmutzung der Tapeoberfläche zu einer verminderten Festigkeit in der Kontaktzone führt, die sich in einer verringerten Risswiderstandskraft widerspiegelt [SACC17, S. 25]. Für den Recyclingprozess bedeutet dies, dass die für die Herstellung der Recyclingproben verwendeten Tapes beispielsweise durch Sichtprüfung auf eine Verschmutzung untersucht werden müssen. Weiterhin muss darauf geachtet werden, eine Verschmutzung während der Handhabung und im Prozess zu vermeiden.

4.3.2 Fehlstellen

Defects

Während der Bauteilherstellung kann es zu Fehlstellen wie der Faltenbildung beim Ablegen von gekrümmten Bahnen sowie zu einer Überlappung von zwei benachbarten

Tapes oder zu Lücken zwischen zwei benachbarten Tapes kommen, vergleiche Bild 4.5. Diese Fehlstellen können durch eine unpräzise Prozessführung verursacht werden beziehungsweise aus einer unzureichenden Prozessplanung oder aus einer minderwertigen Qualität des Halbzeugs (Schwankung der Halbzeugbreite) resultieren.

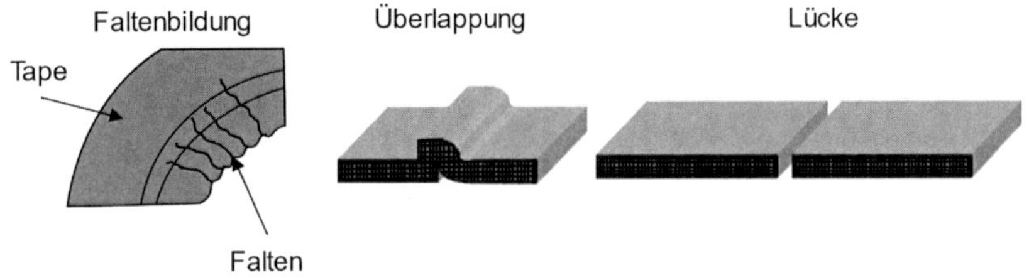

Bild 4.5: Schematische Darstellung einer Faltenbildung (links), einer Überlappung (mittig) und einer Lücke (rechts) nach [BERE02, S. 13-16]

Schematic representation of a wrinkle formation (left), an overlap (centre) and a gap (right) based on [BERE02, S. 13-16]

BERESHEIM hat intensiv den Einfluss der Halbzeugqualität und der Verarbeitung auf die Laminatqualität untersucht. Die von BERESHEIM erstellten Schliffbilder zeigen, wie diese Fehlstellen zu einer verminderten Konsolidierungsqualität führen, siehe Bild 4.6. [BERE02, S. 67-69]

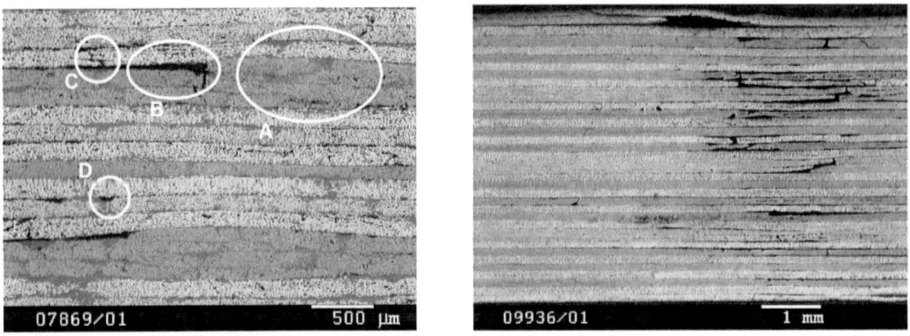

Bild 4.6: Schliffbilder von FVK-Laminaten mit Fehlstellen, die Bilder stammen aus [BERE02, S. 67-69]

Micrographs of FRP laminates with defects, the images are from [BERE02, S. 67-69]

In der Zone A ist eine Überlappung zu erkennen, die zu dem Folgefehler B, einem keilförmigen Lunker in der interlaminaren Zone, und Folgefehler C, einem vertikalen Bruch durch die faserreiche Zone eines Tapes, führt. In der Zone D ist ein Lunker in der interlaminaren Zone zu sehen, der beispielsweise aus einer lokalen Dickenschwankung des Tapes resultieren kann. Im rechten Bild ist auf der linken Seite eine Zone mit guter Konsolidierung zu erkennen, wohingegen auf der rechten Bildseite deutliche Fehlstellen zu sehen sind. Die rechte Bildseite zeigt eine Zone, in der die Tapeenden von nebeneinander abgelegten Tapes aufeinanderstoßen. Die Geometrie der Tapeenden war nicht ideal rechteckig und führte zu einer Zone im Laminat mit verstärkt auftretenden Fehlstellen. Eine ausführlichere Beschreibung kann der Arbeit von BERESHEIM entnommen werden [BERE02, S. 67-70].

Eine schematische Darstellung von typischen Fehlstellen ist im nachfolgenden Bild 4.7 gegeben. Neben den bereits aufgeführten Fehlstellen zählen hierzu gebrochene Fasern, lokale Delamination, größere abgelöste Bereiche (engl.: *Debonding*), Risse in der Matrix, Falten, matrixreiche Zonen, Fremdkörper, größere Lufteinschlüsse im Laminat (Lunker), kleinere Lufteinschlüsse im Laminat (Poren) sowie größere Lufteinschlüsse an der Oberfläche des Laminats (Blasen).

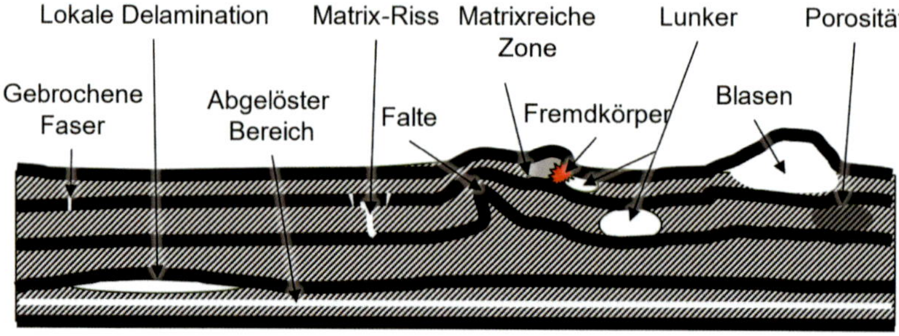

Bild 4.7: Schematische Darstellung von typischen Fehlstellen in FVK-Laminaten nach [BOWK17, S. 170]

Schematic representation of typical defects in FRP laminates based on [BOWK17, S. 170]

Diese Fehlstellen haben einen Einfluss auf die Spannungsverteilung im Material und damit auf die Rissausbreitung durch das Material. Beispielsweise wird die Risswiderstandskraft in einer Zone, die bereits abgelöst ist oder über viele Poren verfügt, geringer sein als in einer Zone ohne Fehlstellen.

Für den Recyclingprüfkörper bedeutet dies, genau wie auch für potenziell zu recycelnde Primärbauteile, dass die Anzahl der Fehlstellen so gering wie möglich gehalten werden sollte. Zum einen, um einen Prüfkörper mit einer hohen Qualität zu erhalten, und zum anderen, um eine Schwankung, insbesondere einen starken Abfall der Risswiderstandskraft zu vermeiden, da diese zu einem instabilen Risswachstum führen kann. Die Ausprägung der Fehlstellen in einem Recyclingprüfkörper kann mit Hilfe von Schliffbildern überprüft werden.

4.3.3 Ausprägung der matrixreichen interlaminaren Zone

Characterization of the matrix-rich interlaminar zone

Der Einfluss der Dicke der interlaminaren Zone auf die Rissbildung in Bauteilen aus UD-Tapes mit thermoplastischer Matrix wurde von SACCHETTI und mit duroplastischer Matrix von HOJO et al. untersucht. Thermoplastische Kunststoffe zeigen überwiegend ein duktiles Bruchverhalten, bei tiefen Temperaturen tritt eine Versprödung ein und die thermoplastischen Kunststoffe verhalten sich ähnlich wie duroplastische Kunststoffe [SCHÜ07, S. 108].

Es ist zwischen einem kohäsiven und einem adhäsiven Versagensmechanismus in der interlaminaren Zone zu unterscheiden. Bei einem adhäsiven Versagen liegt die Bruchfläche zwischen Faser und Matrix, was bedeutet, dass die Anbindung zwischen Faser und Matrix versagt und die Faser an der Bruchfläche freigelegt wird. Bei einem kohäsiven Versagen liegt die Bruchfläche in der matrixreichen Zone, dies bedeutet, dass die Bindungskräfte zwischen den Kunststoffmolekülen versagen und der Riss durch die Kunststoffschicht propagiert. Für diesen Fall werden die Fasern weiterhin von der Matrix bedeckt, durch diese in Position gehalten und geschützt. Im Sinne der in Kapitel 4.1 definierten Ziele für den Recyclingprozess sollte, um das Ziel Z3 zu erfüllen, ein kohäsives Versagen innerhalb der Matrix angestrebt werden.

HOJO et al. unterscheiden bei der Versuchsdurchführung zwischen dem Bruchmodus I & II, den die Autoren durch verschiedene Versuchsaufbauten induzieren. Die Autoren kommen zu dem Schluss, dass die Dicke der interlaminaren Zone für den Bruchmodus I kaum einen Einfluss auf die Risswiderstandskraft hat [HOJO06, S. 1160], während für den Bruchmodus II eine deutliche Erhöhung der Risswiderstandskraft zu messen ist [HOJO06, S. 1162]. Für den Bruchmodus I konnten die Autoren feststellen, dass eine dünne Zwischenschicht zu einem adhäsiven Versagen an der Faser-Matrix-Grenzfläche führt, während eine dicke Zwischenschicht zu einem kohäsiven Versagen in der Matrixreichenzone führt, vergleiche Bild 4.8 [HOJO06, S. 1159].

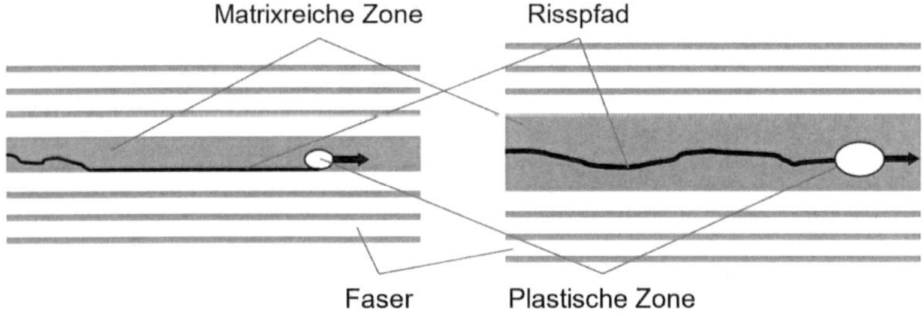

Bild 4.8: Schematische Darstellung der Rissausbreitung unter Bruchmodus I in duroplastischen Laminaten mit dünnen interlaminaren Schichten (links) und dicken interlaminaren Schichten (rechts) nach [HOJO06, S. 1164]

Schematic representation of crack propagation under fracture mode I in thermoset laminates with thin interlaminar layers (left) and thick interlaminar layers (right) based on [HOJO06, S. 1164]

Das Bruchverhalten für den Modus II wird von den Autoren als ein adhäsiver Bruch an der Faser-Matrix-Grenzfläche beschrieben, der mit kohäsiven Mikrorissen durch die matrixreiche Zwischenschicht einhergeht [HOJO06, S. 1164]. Die Erhöhung der Risswiderstandskraft unter Modus II scheint für den untersuchten Bereich linear mit der Dicke der interlaminaren Schicht zu korrelieren [HOJO06, S. 1163] und wird von den

Autoren auf die erhöhte plastische Verformung aufgrund des größeren Wegs der Mikrorisse durch die matrixreiche Schicht zurückgeführt [HOJO06, S. 1162]. Die plastische Zone weitet sich in diesem Fall über die gesamte interlaminare Zone aus, vergleiche hierzu Bild 4.9.

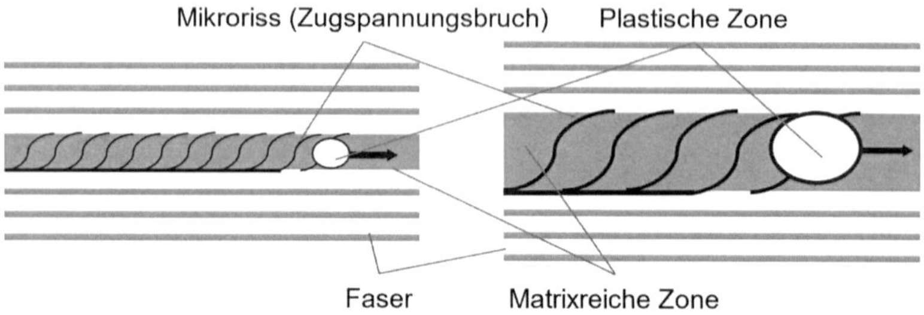

Bild 4.9: Schematische Darstellung der Rissausbreitung unter Bruchmodus II in duroplastischen Laminaten mit dünnen interlaminaren Schichten (links) und dicken interlaminaren Schichten (rechts) nach [HOJO06, S. 1164]

Schematic representation of crack propagation under fracture mode II in thermoset laminates with thin interlaminar layers (left) and thick interlaminar layers (right) based on [HOJO06, S. 1164]

Der Versuchsaufbau, der von SACCHETTI für die Durchführung der Versuchsreihe gewählt wurde, induziert den Bruchmodus I. SACCHETTI konnte feststellen, dass die Risswiderstandskraft mit steigender Dicke der interlaminaren Schicht bei thermoplastischen FVK zunimmt [SACC17, S. 63]. Auf Grundlage einer Analyse der Bruchflächen kommt SACCHETTI zu dem Schluss, dass eine dickere matrixreiche interlaminare Zone plastische Verformungen an der Bruchfläche begünstigt, die wiederum zu einer höheren benötigten Bruchenergie führen, siehe Bild 4.10 [SACC17, S. 62; SACC17, S. 64]. Die plastischen Verformungen der Bruchflächen zeichnen sich durch eine weiße Verfärbung der Oberfläche aus, die mit bloßem Auge zu erkennen ist [SACC17, S. 62].

Eine Analyse des Rissverlaufes auf der Grundlage von Schliffbildern durch SACCHETTI zeigt, dass der Riss entlang der Grenzfläche zwischen matrixreicher Zone und faserreicher Zone des oberen beziehungsweise des unteren Tapes verläuft (obere und untere Grenzfläche) [SACC17, S. 60]. Während des Rissfortschritts propagiert der Riss mehrmals durch die matrixreiche Zone und wechselt dabei zwischen der oberen und unteren Grenzfläche, siehe Bild 4.11 [SACC17, S. 62]. Diese Risswanderung zwischen der oberen und unteren Grenzfläche wird von SACCHETTI als ein weiterer Faktor für einen ansteigende Risswiderstandskraft genannt. Gründe hierfür sind, dass die Bruchfläche vergrößert wird und eine größere Rissfortschrittskraft aufgewendet werden muss, um den Rissfortschrittswinkel zu verändern [SACC17, S. 98].

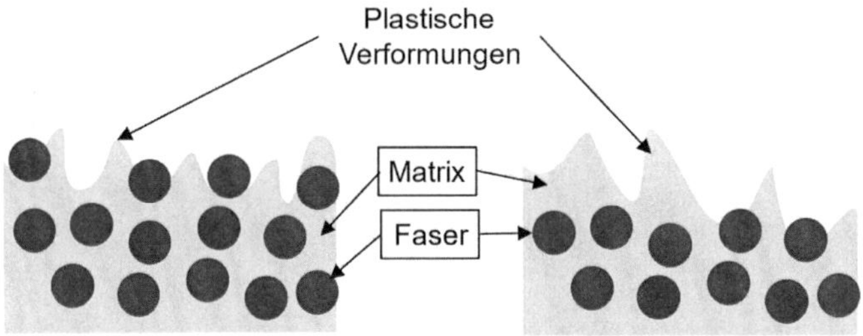

Bild 4.10: Schematische Darstellung der Bruchfläche von thermoplastischen UD-Laminaten mit einer dünnen interlaminaren Schicht (links) und einer dicken interlaminaren Schicht (rechts) nach [SACC17, S. 62]

Schematic representation of the fracture surface of thermoplastic UD laminates with a thin interlaminar layer (left) and a thick interlaminar layer (right) based on [SACC17, S. 62]

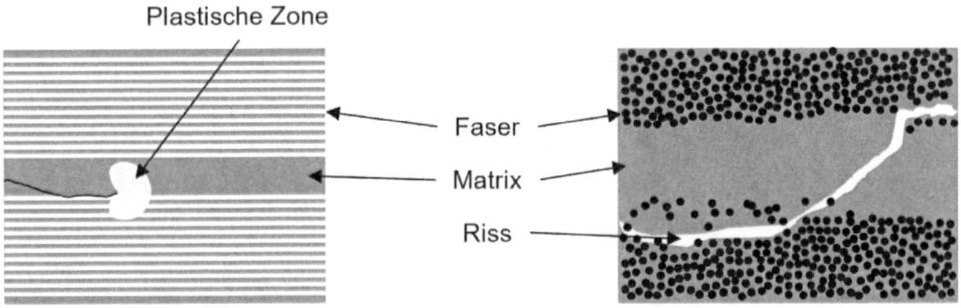

Bild 4.11: Schematische Darstellung der plastischen Zone im Verhältnis zur Dicke der matrixreichen interlaminaren Zwischenschicht (links), schematische Darstellung des Rissverlaufs durch die interlaminare Zwischenschicht (rechts) nach [SACC17, S. 64]

Schematic representation of the plastic zone in relation to the thickness of the matrix-rich interlaminar layer (left), schematic representation of the crack propagation through the interlaminar layer (right) based on [SACC17, S. 64]

SACCHETTI formuliert die Annahme, dass die Rissspitze in Richtung der schwächsten Stelle innerhalb der plastischen Zone wandert. In den von HOJO et al und SACCHETTI untersuchten Laminaten scheint dies die Faser-Matrix-Grenzfläche zu sein, sodass der Bruch entlang dieser propagiert und gelegentlich zwischen der oberen und der unteren Grenzfläche wechselt.

Eine Ausnahme bildet der von HOJO et al. durchgeführte Versuch, bei dem der Bruch mittig durch die matrixreiche Schicht wandert und nicht zur Faser-Matrix-Grenzfläche abwandert. Dieses Verhalten erklärt SACCHETTI mit folgender Theorie:

Wenn die plastische Zone vor der Rissspitze eine kleinere Ausdehnung als die Dicke der matrixreichen interlaminaren Zwischenschicht (ILZ) besitzt, der Riss in der ILZ startet und während dem Verlauf nicht durch Fehlstellen abgelenkt wird, dann ist eine

Ausbreitung in der ILZ möglich. Da der Rissstartpunkt in den Versuchen von HOJO et al. künstlich in der matrixreichen Zwischenschicht erzeugt wurde und die Ausdehnung der plastischen Zone kleiner als die Dicke der Zwischenschicht ist, verbleibt dieser auch in der matrixreichen Zwischenschicht. [SACC17, S. 63-64]

In spröden Werkstoffen, wie beispielsweise duroplastischen Harzen, ist die plastische Zone klein, wodurch eine Risswanderung innerhalb der interlaminaren matrixreichen Zwischenschicht möglich ist. In Bild 4.12 ist die von SACCHETTI vorgestellte Theorie grafisch aufbereitet.

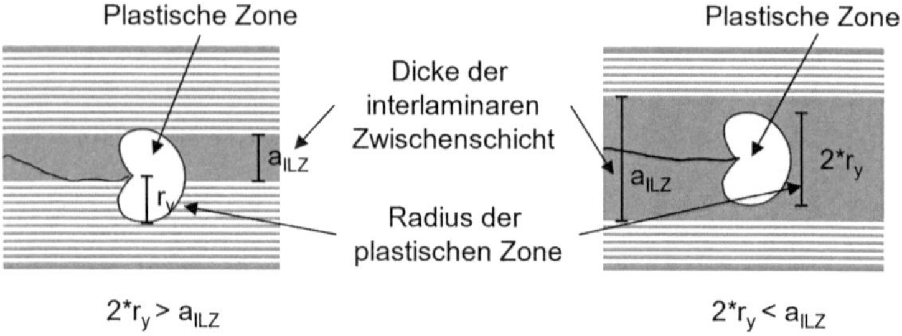

Bild 4.12: Theorie zur Rissausbreitung nach SACCHETTI: Bruch an der Faser-Matrix-Grenzfläche zur ILZ (links), Bruch in der ILZ (rechts) [SACC17, S. 64]

Theory of crack propagation according to SACCHETTI: Fracture at the fiber-matrix-interface to the ILZ (left), fracture in the ILZ (right) [SACC17, S. 64]

Bei einen Bruch bei Raumtemperatur, ist zu erwarten, dass ein thermoplastischer Kunststoff eine plastische Zone mit einer größeren Ausdehnung als ein duroplastischer Kunststoff bei gleichen Belastungsverhältnissen besitzt. Des Weiteren deuten die Ergebnisse darauf hin, dass die Risswiderstandskraft mit steigender Dicke der matrixreichen Zwischenschicht zunimmt. SACCHETTI hat berechnet, dass der Radius der plastischen Zone in einer Matrix aus PEEK 0,3 mm beträgt [SACC17, S. 65]. Dies ist deutlich dicker als die üblichen Tapedicken vorimprägnierter UD-Tapes, vergleiche Kapitel 2.2. Unter der Annahme, dass die Theorie von SACCHETTI korrekt ist, ist zu erwarten, dass die Rissausbreitung im Recyclingprozess ohne weitere Maßnahmen als adhäsiver Bruch an der Grenzfläche zwischen der faserreichen Zone und der matrixreichen interlaminaren Zwischenschicht stattfinden wird und gegebenenfalls zwischen der oberen und der unteren Grenzfläche hin und her wandert.

Ein adhäsives Versagen an der Faser-Matrix-Grenzfläche trägt nicht zum Erfüllen der Zielstellung 3 (Z3) des Recyclingprozesses bei, da die Fasern durch ein solches Versagen an der Bruchfläche freigelegt werden würden. Durch die Erhöhung der Recyclingtemperatur lässt sich ein kohäsives Versagen begünstigen [CHEN20, S. 968]. Der Einfluss der Recyclingtemperatur wird in Kapitel 4.5 diskutiert.

4.3.4 Fasermigration

Fiber migration

Während des Herstellungsprozesses kann es bei faserverstärkten Kunststoffen zu einer Wanderung der Fasern durch die Matrix, kurz Fasermigration (engl. *fiber migration*), kommen [KHAN19, S. 2]. Dabei handelt es sich um eine Bewegung der Faser innerhalb der näheren Umgebung der Ursprungslage der Faser. SACCHETTI konnte bei seinen Versuchen eine Fasermigration in die interlaminare matrixreiche Zwischenschicht feststellen, die mit zunehmender Prozesszeit eine stärkere Ausprägung zeigt [SACC17, S. 55-56]. Für zwei unidirektionale FVK-Tapes, die in einer Nullgradlage gefügt werden, können Fasern aus dem oberen Tape in das untere Tape und umgekehrt wandern. Dieser Vorgang wird in der Literatur als Faserverschachtelung (engl. *fiber nesting*) bezeichnet [KHAN19, S. 2]. Wird ein solches Laminat mit verschachtelten Fasern im Bruchmodus I belastet, sind in der Rissöffnungszone Fasern zu sehen, die den Spalt zwischen der oberen und der unteren Bruchfläche überbrücken. In der Literatur wird dies als *fiber bridging* bezeichnet. Dieser Effekt konnte auch während der Recyclingversuche mit ringförmigen Prüfkörpern beobachtet werden, vergleiche Bild 4.13, und wird auch von GROUVE et al. bei der Durchführung von Schältests beobachtet. Die Fasern übertragen Kräfte zwischen der abzuziehenden Schicht und dem Substrat und sorgen somit für eine Steigerung der Risswiderstandskraft.

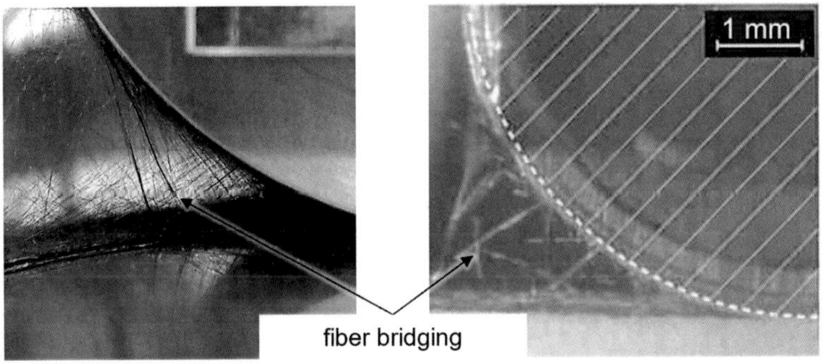

Bild 4.13: Fiber bridging: IPT-Recyclingprozess (links), Mandrel peel test aus [GROU13, S. 103] (rechts)

Fiber bridging: IPT recycling process (left), Mandrel peel test from [GROU13, S. 103] (right)

Für den Recyclingprozess stellt *fiber bridging* einen Schädigungsmechanismus dar, der Fasern aus dem recycelten Tape herauslöst. Die herausgelösten Fasern brechen während des Recyclingprozesses entweder durch die Biegebelastung oder durch eine die Festigkeit überschreitende Normalspannung. Bei einer starken Ausprägung kann *fiber bridging* gegebenenfalls dazu führen, dass nicht mehr genügend Fasern im Tape für die Kraftübertragung in die Bruchzone zur Verfügung stehen und das Tape im schlimmsten Fall reißt. Somit stellt *fiber bridging* einen Effekt dar, der das Erreichen der Recyclingziele 1 bis 4 erschwert. Ein weiterer Einflussfaktor, der das *fiber nesting* beeinflusst, sind die Lagenwinkel. Es ist anzunehmen, dass Bauteile, in denen Nullgradlagen vermieden werden, besser für das Recycling geeignet sind.

4.3.5 Kristallinität

Crystallinity

Der Einfluss der Kristallinität von teilkristallinen thermoplastischen faserverstärkten Kunststoffen wurde durch SACCHETTI untersucht. Hierzu hat SACCHETTI kohlenstofffaserverstärkte UD-Laminate mit einer PPS-Matrix untersucht. Die Kristallinität der Proben hat SACCHETTI durch eine Differential-Scanning-Kalorimetrie (engl. *differential scanning calorimetry*, DSC) bestimmt. Die Versuchsergebnisse von SACCHETTI zeigen, dass die Kristallinität in einer reziproken Proportionalität zur Risswiderstandskraft steht [SACC17, S. 100]. SACCHETTI konnte beobachten, dass die plastische Deformation der Bruchflächen mit sinkender Kristallinität zunimmt [SACC17, S. 40]. Bei der Analyse der Bruchflächen konnte SACCHETTI freiliegende matrixfreie Fasern mit einer glatten Oberfläche erkennen [SACC17, S. 41]. Hieraus schließt SACCHETTI, dass eine steigende Kristallinität einen schwächenden Effekt auf die Faser-Matrix-Anbindung haben könnte.

Für den Recyclingprozess bedeutet dies, dass die Kristallinität von teilkristallinen Kunststoffen je nach Prozesstemperatur eine Auswirkung auf die Risswiderstandskraft haben kann. Recyclingprüfkörper mit einer geringeren Kristallinität sollten ein duktileres Bruchverhalten zeigen als Prüfkörper mit einer höheren Kristallinität [SACC17, S. 40]. Für den Rissfortschritt wird bei einem duktilen Bruchverhalten mehr Energie benötigt, um den Riss voranzutreiben. Die Kristallinität kann durch die Abkühlrate beeinflusst werden [SACC17, S. 40]. In AFP-Prozessen ist eine gezielte Steuerung der Abkühlrate derzeit nicht Stand der Technik, sodass sich die Kristallinität infolge der Bauteilgeometrie und der Fertigungsstrategie einstellt.

4.3.6 Übersicht der bauteilspezifischen Einflüsse

Overview of component-specific effects

Die zuvor vorgestellten Einflüsse stellen die Störgrößen für den Recyclingprozess dar und sind in der nachfolgenden Tabelle 4.1 zusammengefasst.

Tabelle 4.1: Übersicht der bauteilspezifischen Einflüsse auf die Risswiderstandskraft
Overview of component-specific effects on the crack resistance force

Bezeichnung	**Einfluss auf die Risswiderstandskraft**	**Anmerkung**
Konsolidierungsqualität	Eine hohe Konsolidierungsqualität führt zu einer höheren Risswiderstandskraft. Lokale Schwankungen der Konsolidierungsqualität können zu einem instabilen Risswachstum führen.	Lokale Schwankungen der Konsolidierungsqualität sind beispielsweise bei geometrisch komplexen Bauteilen wie Drucktanks zu erwarten, da es aufgrund der Geometrie schwierig ist, optimale Konsolidierungsbedingungen aufrechtzuerhalten.
Fehlstellen	Fehlstellen können zu einem instabilen Risswachstum durch einen lokalen Abfall der Risswiderstandskraft führen.	Fehlstellen sind im Allgemeinen in jedem Bauteil zu erwarten.
Ausprägung der matrixreichen interlaminaren Zone	Eine dicke matrixreiche interlaminare Zone führt zu einem Alternieren der Rissspitze zwischen der oberen und der unteren Faser-Matrix-Grenzfläche, wodurch die Risswiderstandskraft lokal ansteigt.	
Fasermigration	Fasermigration führt zu einem Anstieg der Risswiderstandskraft und zum *fiber bridging* während des Recyclings. Die Fasern werden durch diesen Effekt beschädigt.	Faserverschachtelung führt zu *fiber bridging* und sollte unbedingt vermieden werden. Denkbar sind beispielsweise Designrichtlinien, die einen minimalen Lagenwinkel empfehlen.
Kristallinität	Hohe Kristallinität führt zu einem spröderen Bruchverhalten und somit zu einer Verringerung der Risswiderstandskraft. Lokale Schwankungen in der Kristallinität des Bauteils wirken sich auf die lokale Risswiderstandskraft aus.	

4.4 Belastungszustand in der Prozesszone

Load condition in the process zone

Der Belastungszustand in der Prozesszone beim Recycling hat einen Einfluss auf die Stabilität beziehungsweise Instabilität der Rissausbreitung und wird daher im Folgenden diskutiert [GROS07, S. 57]. Ziel dieses Kapitels ist es, darzulegen, welcher Belastungszustand (Modus I oder Modus II) für die Durchführung des Recyclingprozesses mit stabilem Risswachstum geeignet ist. Des Weiteren wird auf Grundlage des modellbasierten und experimentellen Wissens diskutiert, wie der vorherrschende Belastungsmodus I beziehungsweise II induziert werden kann.

Die Prozesszone des Recyclingprozesses wurde bereits beschrieben und ist in Bild 4.2 dargestellt. Das Tape wird über eine Rolle vom Bauteil abgezogen. Hinsichtlich des geometrischen Aufbaus ist eine deutliche Ähnlichkeit der Prozesszone des Recyclingprozesses und der Prozesszone eines Rollenschäl-Testaufbaus (MP-Test, engl. *mandrel peel test*) zu erkennen. Der Aufbau eines MP-Tests kann der schematischen Darstellung in Bild 4.14 entnommen werden. Das Laminat wird auf einem Gleittisch befestigt und die abzulösende Tapelage wird um die Rolle herumgeführt. Der Gleittisch wird mit einer Rückstellkraft $F_{Rück}$ und das abzulösende Tape mit einer äußeren Kraft F_a beaufschlagt. Der Versuch wird bei konstanter Temperatur (T) mit einer konstanten Prüfgeschwindigkeit gefahren. Dies bedeutet, dass das abzulösende Tape mit konstanter Geschwindigkeit nach oben bewegt wird. Der Belastungszustand, der sich in der Bruchzone für ein Tape einstellt, welches über eine Rolle abgezogen wird, ist nicht eindeutig dem Modus I beziehungsweise dem Modus II zuzuordnen [WEID23, S. 2662; SACC17, S. 71]. In der Literatur wird dies als eine Überlagerung der beiden Belastungszustände (engl. *mixed mode*) bezeichnet [WEID23, S. 2647].

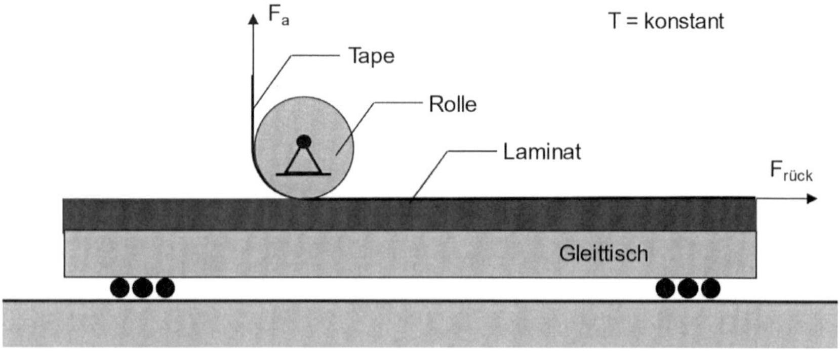

Bild 4.14: Schematische Darstellung des MP-Tests (*mandrel peel tests*) nach [SACC17, S. 76]

Schematic representation of the MP test (mandrel peel tests) based on [SACC17, S. 76]

Ein Ansatz, das Mischungsverhältnis der Belastungszustände in der Bruchzone zu untersuchen, ist eine theoretische Betrachtung der Prozesszone auf der Basis eines Prozessmodells. Für Schälversuche (engl. *peel tests*) existieren bereits Modelle, diese werden in Kapitel 4.4.1 vorgestellt. Allerdings modellieren diese das Abziehen einer dünnen Schicht von einem Substrat, wobei die Verformung der dünnen Schicht nicht durch eine Rolle begrenzt wird. Die Modelle lassen sich also nicht ohne Anpassung auf den Recyclingprozess beziehungsweise den MP-Test übertragen.

Derzeit existiert kaum Literatur, in der das Mischungsverhältnis der Belastungszustände im MP-Test experimentell untersucht wurde [WEID23, S. 2662]. Der Arbeit von WEIDMANN et al. kann entnommen werden, dass der vorherrschende Belastungsmodus im MP-Test der Modus I zu sein scheint [WEID23, S. 2662-2663]. Vor diesem Hintergrund wird der MP-Test von WEIDMANN et al. als vielversprechender Test zur Bestimmung der kritischen Energiefreisetzungsrate unter dem Belastungsmodus I benannt [WEID23, S. 2662-2663]. Die Ergebnisse der experimentellen Untersuchungen werden in Kapitel 4.4.2 kurz vorgestellt und anschließend vor dem Hintergrund der theoretischen Modelle diskutiert. Eine ausführlichere Beschreibung und Analyse der experimentellen Untersuchungen sind in Anhang A.6 zu finden. Die in der Diskussion in Anhang A.6 herausgearbeiteten Punkte schränken die Aussage, dass Modus I der vorherrschende Belastungsmodus im MP-Test zu sein scheint, ein und deuten darauf hin, dass die Rückstellkraft einen Einfluss auf den vorherrschenden Belastungsmodus hat. Vor diesem Hintergrund sollte die Eignung des MP-Test zur Bestimmung der kritischen Energiefreisetzungsrate unter dem Belastungsmodus I weiter untersucht werden.

4.4.1 Modellierungsansätze für Schälbelastung

Modelling approaches for peel load

Nachfolgend werden zwei Modellierungsansätze für die Beschreibung des Verhaltens eines Tapes unter Schälbelastung vorgestellt.

Modellierungsansatz nach YIN et al.:

Ein aktueller Modellierungsansatz zur Beschreibung der Grenzflächeneigenschaften in einem System, bestehend aus einer dünnen Schicht auf einem Substrat mittels einer kohäsiven Zone, wird durch die Autoren YIN et al. aufgestellt [YIN20]. Die dünne Schicht auf dem Substrat wird mit einer externen vertikal wirkenden Kraft F belastet. Die Autoren YIN et al. führen drei Zonen ein, auf deren Grundlage sich das Abschälen beschreiben lässt. In der Haftungszone ist die dünne Schicht vollständig mit dem Substrat verbunden und in der Bruchzone ist die dünne Schicht vollständig vom Substrat getrennt. Dazwischen liegt die Kohäsionszone, in der die Ablösung der dünnen Schicht vom Substrat stattfindet. In Bild 4.15 ist das Modell schematisch dargestellt.

Die Übergänge zwischen den Zonen sind sprung- und knickfrei, hierzu wird die dünne Schicht als Biegebalken modelliert [YIN20, S. 475]. Innerhalb der Kohäsionszone der Länge l ist eine Verformung der dünnen Schicht zulässig, sodass sich eine

Rissspalthöhe Δ ergibt. Die wirkende Kohäsionskraft wird als abhängig von der Rissspalthöhe modelliert. Hierzu schlagen die Autoren verschiedene geeignete Funktionen vor [YIN20, S. 474]. Der Übergangspunkt der Haftungszone in die Kohäsionszone stellt die Rissspitze dar. In diesem Punkt sind die Verformung und das Biegemoment gleich Null. Die vollständige Ablösung vom Substrat findet statt, wenn die Verformung einen Grenzwert $\bar{\Delta}$ überschreitet. Dieser Punkt stellt dann den Übergang in die Bruchzone dar.

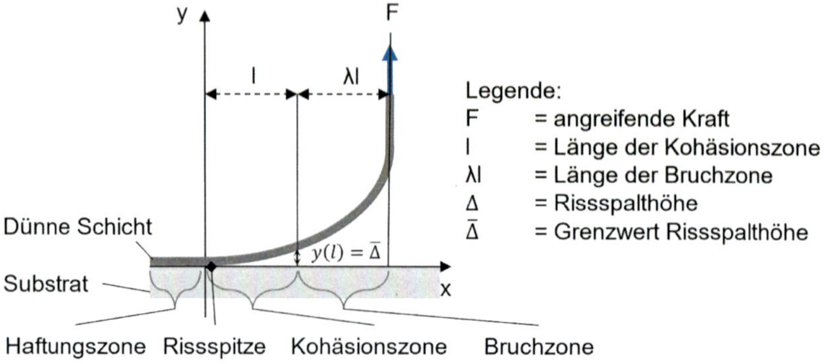

Bild 4.15: Modellierung der Schälbelastung von dünnen Schichten durch YIN et al. vergleiche [YIN20]

Modelling of the peeling load of thin layers by YIN et al. refer to [YIN20]

Das Modell wurde durch Versuche validiert und ist geeignet, um die Grenzflächenfestigkeit und -zähigkeit bei bekannter Biegesteifigkeit sowie maximaler und stationärer Schälkraft vorherzusagen [YIN20, S. 484]. Unter der Annahme, dass in der Kohäsionszone nur geringe Verformungen auftreten, lässt sich das Modell vereinfachen, sodass eine analytische Näherungslösung möglich wird. Die Autoren stellen Bedingungen auf, unter der die Annahmen zulässig sind, und validieren die Näherungslösung, indem das exakte Modell mit einer Finite Elemente Methode gelöst wird [YIN20, S. 484].

Die Autoren YIN et al. untersuchen weiterhin den Einfluss der Überlagerung der Rissöffnungsarten. Hierzu verwenden die Autoren die tangentiale u und die vertikale Verformung w des Balkens an der Stelle, an der die Kohäsionszone in die Bruchzone übergeht. Das Mischungsverhältnis $Modus\ II/Modus\ I$ ist durch den Quotienten u/w gegeben. Im stationären Zustand mit einer vertikal angreifenden äußeren Kraft liegt das Mischungsverhältnis für die von YIN et al. untersuchten Materialein in der Kohäsionszone zwischen 4% und 10 %. [YIN20, S. 483]

Modellierungsansatz nach BECKER et al.:

Die Autoren BECKER et al. definieren analog zum Modell nach YIN et al. eine Haftungs-, eine Kohäsions- und eine Bruchzone. Das abzulösende Tape wird als ein diskretisierter Balken modelliert. Für die Kohäsionszone wird das durch NGUYEN et LEVY eingeführte Kontaktzonenmodell verwendet, dass sich dadurch auszeichnet, dass es eine stetige und differenzierbare Funktion für den Zusammenhang zwischen Kohäsionskraft und Verformung in X- sowie in Z-Richtung bereitstellt [NGUY09]. Aus den lokalen Verformungen beziehungsweise den lokal wirkenden Kräften lassen sich Rückschlüsse auf das Verhältnis der Belastungszustände ziehen [BECK23, S. 3]. Die Besonderheit des Modells nach BECKER et al. ist, dass es je nach Vorgabe der Randbedingungen geeignet ist, entweder die sich aufgrund einer äußeren Last einstellenden Krümmungen und Belastungen in den Segmenten zu bestimmen oder die benötigen äußeren Kräfte zu berechnen, damit sich eine vorgegebene Belastung und Krümmung in einem vorgegebenen Segment einstellt. [BECK23, S. 1-11]

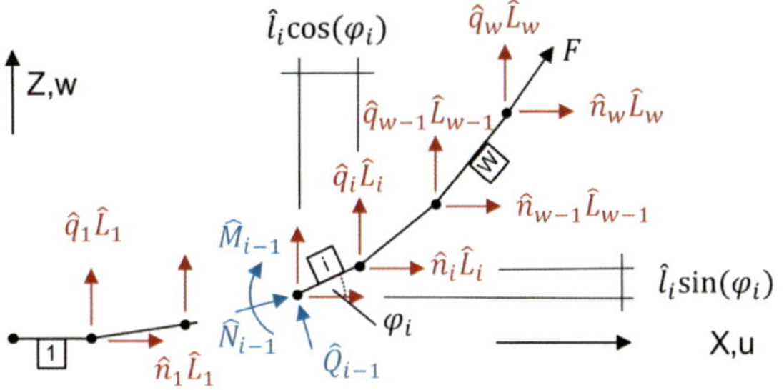

Bild 4.16: Modellierung der Schälbelastung von dünnen Schichten durch BECKER et al. vergleiche [BECK23, S. 1-11]

Modelling of the peeling load of thin layers by BECKER et al. refer to [BECK23, S. 1-11]

Die angreifende Kraft F wird in die Kraftvektoren F_x und F_z entlang der X- beziehungsweise der Z-Achse aufgeteilt, vergleiche Bild 4.16. Durch das Verhältnis der Kräfte zueinander wird auch der Schälwinkel vorgegeben. In diesem Punkt unterscheidet sich das Modell von dem durch YIN et al. aufgestellten Modell, in dem nur eine vertikale Schälkraft angreift. Mit diesen Vorgaben ist das Modell in der Lage, die Biegelinie für das abzuziehende Tape zu bestimmen. Weiterhin können die Krümmungen der einzelnen Segmente sowie die Zug- und Druckspannungen auf der Unter- und Oberseite des Tapes bestimmt werden. Diese wiederum lassen sich mit den zulässigen Zug- und Druckspannungen für das Material vergleichen, woraus sich Rückschlüsse auf eine mögliche Beschädigung des Tapes ziehen lassen. Durch die Verwendung des Modells konnten die Autoren durch eine numerische Studie die Stelle im Tape bestimmen, an der die auftretenden Druckspannungen am größten sind. Mit diesem Wissen lässt sich das Modell nutzen, um Prozessparameter für einen vorgegebenen Spannungszustand zu berechnen. Die Autoren BECKER et al. bezeichnen dieses Vorgehen Rückwärtsmodellierung (*inverse modeling*). Unter Vorgabe des Rissstartpunktes und einer maximal zulässigen Druckspannung im zuvor bestimmten am stärksten belasteten Segment konnten die Autoren die benötigte Abziehkraft und den dazugehörigen Schälwinkel bestimmen. [BECK23, S. 7-8]

Bei der Durchführung von Schälversuchen konnten BECKER et al. feststellen, dass die Biegesteifigkeit von abgezogenen Tapes, die während des Prozesses einer starken Krümmung ausgesetzt waren, abgenommen hat. Diesen Effekt führen die Autoren BECKER et al. auf eine Unterschreitung des kritischen Krümmungsradius und somit auf eine Schädigung des Tapes durch Biegung zurück. Um diese Beschädigung auf Grundlage der lokalen Krümmung des Tapes in ihrem Modell zu berücksichtigen und somit eine genauere Vorhersage der Biegelinie zu ermöglichen, führen die Autoren eine Schädigungsfunktion ein. Die Verringerung der Biegesteifigkeit wird modelliert, indem die effektive Dicke des Tapes, die in die Berechnung des Flächenträgheitsmoments und damit des Widerstandsmoments mit einfließt, in Abhängigkeit von der lokalen Krümmung reduziert wird. Die von BECKER et al. vorgeschlagene Schädigungsfunktion, vergleiche Formel 4.11, lässt sich durch verschiedene Parameter anpassen. BECKER et al. planen, die im Nachfolgenden genannten Parameter in zukünftigen Versuchen experimentell zu bestimmen. Die Dicke h_{min} ist die minimal zulässige Dicke, auf die ein Segment herabgesetzt werden kann, Δh beschreibt die maximale lokale Absenkung der Dicke und die Parameter κ_{mid} und c ermöglichen es, den Verlauf der Schädigungsfunktion anzupassen. [BECK23, S. 4-7]

$$h_i(k_i) = \frac{\Delta h}{\pi} * \tan^{-1}(-(\kappa - \kappa_{mid}) * c) + \frac{\Delta h}{2} + h_{min} \quad (4.11)$$

Diskussion der vorgestellten Modellierungsansätze vor dem Hintergrund des Recyclingprozesses

Die beiden Modellierungsansätze beschreiben den Schälprozess für einen dünnen Balken, der sich frei verformen kann. Das Modell von BECKER et al. bezieht sich explizit auf UD-Tapes und benennt einen krümmungsabhängigen Schädigungseffekt in Folge der Biegung. Die Biegung des Balkens ist von der äußeren Belastung abhängig und tritt infolge der Querkraft, in den Modellen ist dies die vertikale Kraft, auf. In beiden Modellen wird ein Vorgehen vorgeschlagen, in dem auf Grundlage der Kräfte beziehungsweise der resultierenden Verformungen in vertikale und horizontale Richtung auf das Mischungsverhältnis zwischen Modus I und Modus II geschlossen werden kann. Die vertikale Komponente steht hierbei für eine Modus I und die horizontale Komponente für eine Modus II Belastung. Vor dem Hintergrund des krümmungsabhängigen Schädigungseffekts ist eine reine Modus I Belastung für das Abschälen von biegeschlaffen Tapes nicht zielführend.

Eine beim MP-Test und dem Recyclingprozess genutzte Rolle, begrenzt die Verformung des Tapes, vorausgesetzt, dass das Tape vollständig an der Rolle anliegt. Der krümmungsabhängige Schädigungseffekt, der durch BECKER et al. beobachtet wird, kann durch eine geeignete Wahl des Rollendurchmessers verhindert werden. Allerdings führt der Kontakt zwischen Rolle und Tape zu einer Reibungskomponente, wodurch die äußere Kraft nicht mehr direkt in die Bruchzone geleitet wird. Derzeit ist kein Modellierungsansatz bekannt, der das Abziehen über eine Rolle abbilden kann.

4.4.2 Experimentelle Untersuchung von Belastungszuständen

Experimental investigation of load conditions

Derzeit existieren noch keine allgemein anerkannten Testverfahren zur experimentellen Untersuchung der linear elastischen Bruchmechanik zwischen zwei dünnen Schichten aus unidirektionalen Faserverbundkunststoff [SACC17, S. 70]. Dennoch sind verschiedene Prüfmethoden geeignet, um spezifische Belastungszustände gezielt zu erzeugen. Für den Modus I zählt der DCB-Test (engl. *double cantilever beam test*) und für den Modus II der ELS-Test (engl. *end-load split test*) zu den anerkannteren Verfahren [SACC17, S. 70]. Während des Recyclingprozesses herrscht in der Bruchzone eine Überlagerung des Modus I und Modus II, damit besteht eine Ähnlichkeit zum MP-Test. Eine Skizze zu den aufgeführten Testmethoden ist in Bild 4.17 aufgeführt.

Modus I - DCB | Modus II - ELS | Gemischter Modus – MP-Test

Bild 4.17: Testmethoden zur Untersuchung der linear elastischen Bruchmechanik, Darstellung nach [SACC17, S. 70]

Test methods for the investigation of linear elastic fracture mechanics, illustration according to [SACC17, S. 70]

Die Autoren SACCHETTI sowie GROUVE et al. haben die Eignung des MP-Tests zur Bestimmung des Bruchverhaltens von thermoplastischen FVK untersucht [SACC17; GROU13]. Hierzu haben die Autoren das Bruchverhalten von FVK für verschiedene Belastungszustände mit den oben genannten anerkannteren Testmethoden (DCB-Test für Modus I und ELS-Test für Modus II) untersucht und die ermittelten Energiefreisetzungsraten mit den in einem MP-Test ermittelten Energiefreisetzungsraten verglichen.

Zusammenfassend lässt sich feststellen, dass die Autoren ein stabiles Risswachstum, mit einem duktilen Bruchbild für eine Rissausbreitung unter Schubspannungen (Modus II) beobachten konnten, wohingegen die Rissausbreitung unter Normalkraft (Modus I) zu einem instabilen Risswachstum mit sprödem Bruchbild führt.

Interessant ist, dass die Autoren SACCHETTI und GROUVE et al. bei den durchgeführten Untersuchungen mit dem MP-Test zu unterschiedlichen Ergebnissen hinsichtlich der Rissausbreitung kommen. Während SACCHETTI bei der Durchführung der MP-Tests ein instabiles Risswachstum mit geringen plastischen Verformungen auf der Bruchfläche beobachtet, zeigen die Aufnahmen der Autoren GROUVE et al. eine duktile Bruchfläche mit ausgeprägten plastischen Verformungen für die MP-Testversuche. Die ausführliche Diskussion der abweichenden Versuchsergebnisse im MP-Test von SACCHETTI und GROUVE et al. ist im Anhang A.6 zu finden. Ergebnis der Diskussion ist, dass das unterschiedliche Verhalten wahrscheinlich darauf zurückzuführen ist, dass das Tape in den Versuchen von SACCHETTI nicht an der Rolle anliegt, während das Tape in den Versuchen von GROUVE et al. dauerhaft an der Rolle anliegt. Dieses Verhalten lässt sich durch die Rückstellkraft steuern. Eine Erhöhung der Rückstellkraft führt dazu, dass das abgelöste Tape an der Rolle anliegt.

4.4.3 Vereinfachtes Modell der Prozesszone

Simplified model of the process zone

Die Rolle stellt für die Modellierung des Abschälverhaltens eine zusätzliche Randbedingung dar, die die zuvor beschriebenen Modellierungsansätze nicht abbilden. Die Verformung des Tapes wird abhängig von der Position der Rolle bezüglich der Rissspitze begrenzt. Es lassen sich drei Belastungsfälle unterscheiden, die in Bild 4.18 dargestellt sind und im Folgenden erläutert werden. In Anlehnung an das Modell von YIN et al. werden drei Zonen definiert: eine Haftungszone (blau), eine Wechselwirkungszone (orange) und eine Bruchzone (rot). Der Riss propagiert in Bild 4.18 entgegen der X-Richtung.

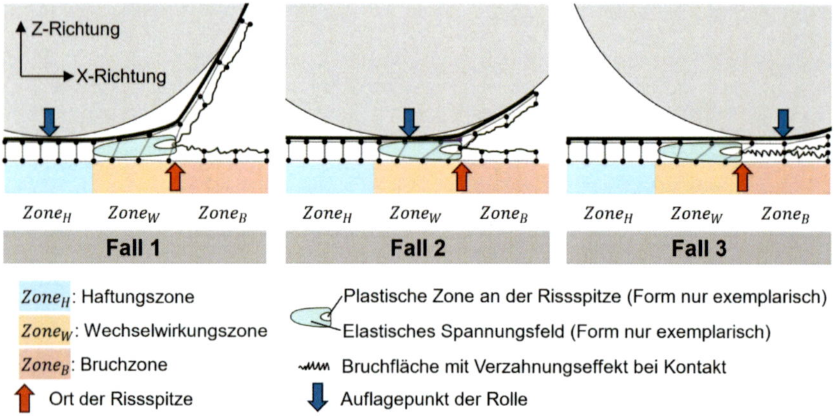

Bild 4.18: Darstellung der Belastungsfälle in Abhängigkeit der Rollenposition

Visualization of the load cases depending on the roller position

Die Bezeichnung der mittleren Zone wird absichtlich von Kohäsionszone zu Wechselwirkungszone geändert, um zu verdeutlichen, dass in dieser Zone neben den reinen Kohäsionskräften auch weitere Kräfte aus dem elastischen Spannungsfeld wirken. Die Rissspitze wird abweichend von YIN et al. in den Übergang von der Wechselwirkungszone in die Bruchzone definiert. Ausgehend von der Rissspitze wird eine plastische

Zone und darüber hinaus das deutlich größere elastische Spannungsfeld eingezeichnet, das sich über die gesamte Wechselwirkungszone erstreckt. Die Darstellungen in Bild 4.18 sind lediglich vereinfachte schematische Darstellungen, die stark verzerrt und nicht maßstabsgetreu abgebildet sind. Um die Verformung des Tapes sichtbar zu machen, wird in Bild 4.18 eine Gitterstruktur eingeführt. Die Gitterknoten sind auf Grundlage der von außen angreifenden Kraft verzerrt dargestellt, um die elastische und plastische Verformung zu verdeutlichen. Das Tape wird durch die von außen angreifende Kraft elastisch verformt. Sobald das Tape mit der Rolle in Kontakt tritt, entsteht aufgrund der Krümmung des Tapes um die Rolle eine Kraft, die in Richtung des Rollenmittelpunktes zeigt. Aufgrund der Richtung Rollenmittelpunkt zeigenden Kraft und der Dehnung des Tapes kommt es zu Reibung zwischen Tape und Rolle. Die Reibkraft wirkt der von außen angreifenden Kraft entgegen, wodurch die Normalkraft entlang des Tapes reduziert wird.

Im Folgenden werden die drei in Bild 4.18 dargestellten Fälle eins bis drei erläutert. Hauptunterschied zwischen den Fällen ist der Kontaktpunkt der Rolle.

Fall 1 - Rollenauflagepunkt liegt in der Haftungszone:

Die Energie, die für einen Bruch unter Modus II benötigt wird, ist größer als die Energie, die für einen Bruch unter Modus I benötigt wird [KENA09, S. 528; BRUN24, S. 2]. Wenn die im elastischen Spannungsfeld gespeicherte Energie nicht ausreichend ist, um einen Rissfortschritt unter Bruchmodus II zu erzwingen, wandert aufgrund der konstanten Abziehgeschwindigkeit der Rollenauflagepunkt in die Haftungszone, wodurch das Tape nicht mehr vollständig an der Rolle anliegt. Dies hat folgende Auswirkungen: Sobald das Tape nicht mehr an der Rolle anliegt, ist die Verformung in vertikale Richtung nicht mehr durch die Rolle begrenzt und die von außen angreifende Kraft erhält durch den sich einstellenden Abziehwinkel eine zunehmende vertikale Kraftkomponente. Dies bedeutet, dass die überlagerte Belastung von Bruchmodus II in Richtung Bruchmodus I verlagert wird, vergleiche Kapitel 4.4.1. Je mehr das Mischungsverhältnis (Modus II/Modus I) in Richtung Modus I verlagert wird, desto geringer ist die für den Rissfortschritt benötigte Energie. Sobald diese überschritten wird, propagiert der Riss weiter. SACCHETTI beobachtet für diesen Fall in seinen Versuchen ein instabiles Risswachstum [SACC17, S. 81]. Da der Krümmungsradius nicht mehr durch die Rolle begrenzt ist, kann es zu einer Unterschreitung des kritischen Biegeradius kommen, wodurch die Fasern geknickt und somit beschädigt werden. Für den Recyclingprozess ist eine Rissausbreitung unter Fall 1 nicht wünschenswert, da für diesen Fall mit einer Schädigung der Fasern zu rechnen ist.

Fall 2 - Rollenauflagepunkt liegt in der Wechselwirkungszone:

Wenn die Energie, die im elastischen Spannungsfeld vorhanden ist, erhöht wird, indem die äußere Kraft erhöht wird, so wandert der Rollenauflagepunkt in die Wechselwirkungszone. In der Wechselwirkungszone treten bereits plastische Verformungen auf. Die Größe der lokal möglichen plastischen Verformungen in z-Richtung ist von der Länge der Wechselwirkungszone abhängig und durch die Position und den

Durchmesser der Rolle begrenzt. Für diesem Fall kann sowohl ein reiner Bruch unter Modus II (Auflagepunkt am Übergang zur Bruchzone) als auch ein Bruch unter gemischter Belastung stattfinden.

Fall 3 - Rollenauflagepunkt liegt in der Bruchzone:

Für den Fall, dass die Energie im elastischen Spannungsfeld weiter erhöht wird, ist es zumindest theoretisch denkbar, dass die Rissspitze vor die Rolle wandert. In diesem Fall liegt das Tape vollständig an der Rolle an. Die Bruchzone zeichnet sich dadurch aus, dass das Tape bereits vom Substrat gelöst ist und lediglich Kräfte auf Grund von Verzahnungseffekten der Bruchflächen zwischen Tape und Substrat übertragen werden, da keine Rissöffnung stattfindet. Der Bruch entsteht am Übergang der Wechselwirkungszone in die Bruchzone. Eine Verformung in z-Richtung ist erst hinter der Rolle möglich. Somit ist der Bruch vollständig unter Modus II entstanden.

4.5 Temperatureinfluss auf die Rissausbreitung

Temperature influence on crack propagation

Die Temperatur des Werkstoffes hat einen Einfluss auf den vorherrschenden Versagensmechanismus: Entweder kommt es zu einem vorwiegend adhäsiven Versagen an der Faser-Matrix-Grenzfläche oder es kommt zu einem vorwiegend kohäsiven Versagen innerhalb der Matrix [CHEN20, S. 959]. Wie bereits in Kapitel 4.3.3 diskutiert, ist für die Erfüllung der Zielsetzung Z3 ein vorwiegend kohäsiver Bruch in der Matrix anzustreben. Die in Kapitel 4.3.3 diskutierten Versuche zeigen allerdings, dass für die untersuchten Materialien bei Raumtemperatur ein vorwiegend adhäsives Versagen an der Faser-Matrix-Grenzfläche festgestellt wurde. Im Folgenden wird diskutiert, wie durch die Prozesstemperatur ein kohäsives Versagen innerhalb der Matrix begünstigt werden kann.

Thermoplastische Kunststoffe besitzen einen energieelastischen und einen entropieelastischen Zustandsbereich. Der Wechsel zwischen diesen Bereichen findet in einem schmalen Temperaturband, dem sogenannten Glasübergangsbereich, statt und geht mit einer Veränderung der thermodynamischen und mechanischen Eigenschaften einher. Die Temperatur, bei der die Eigenschaftsänderungen in amorphen Thermoplasten am größten sind, wird Glasübergangstemperatur (T_g) genannt. Im energieelastischen Bereich weisen thermoplastische Kunststoffe ein sprödes Verhalten auf, oberhalb von T_g im entropieelastischen Bereich besitzen Kunststoffe ein zähelastisches Verhalten. Im Allgemeinen sinkt oberhalb von T_g die Steifigkeit und Festigkeit des Kunststoffes, während die Bruchdehnung und die temperaturbedingte Wärmedehnung zunehmen. Bei teilkristallinen Kunststoffen vollzieht sich die Eigenschaftsänderung nur in den amorphen Bereichen, die kristallinen Bereiche erhalten das energieelastische Verhalten aufrecht, sodass der Umfang der Eigenschaftsänderung abhängig von der Kristallinität ist. [SCHÜ07, S. 99-100; BARG18, S. 443-448]

Ein Riss propagiert entlang des energetisch günstigsten Pfades. Bei einem kohäsiven Bruch wird die Elastizitätsgrenze des Matrixmaterials überwunden, bevor die Grenzflächenschubfestigkeit zwischen Faser und Matrix überwunden wird.

Die Grenzflächenschubfestigkeit (engl. *interfacial shear strength*, IFSS) ist von besonderer Bedeutung für Faserverbundkunststoffe, da über diese Grenzfläche die Kräfte von der Matrix in die Faser eingeleitet werden. Die Grenzflächenschubfestigkeit lässt sich durch die Wahl einer geeigneten Schlichten und Oberflächenbehandlungen optimieren. Faserausreißversuche (engl. *fiber pullout test*) sind ein etabliertes Verfahren, um die Wirksamkeit dieser Grenzflächenbehandlungen zu untersuchen. Bei einem Faserausreißversuch wird eine einzelne Faser kontrolliert in die Matrix eingebettet und anschließend in einem Zugversuch aus der Matrix gerissen. Durch den Versuch lässt sich die Grenzflächenschubfestigkeit ermitteln und eine Analyse der Bruchfläche gibt Aufschluss darüber, ob ein adhäsives oder kohäsives Versagen vorliegt.

Das Faser-Matrix-Grenzschichtverhalten einer in Polypropylen (PP) eingebetteten Kohlenstofffaser bei verschiedenen Umgebungstemperaturen wurde durch CHEN et al. auf Grundlage eines Faserausreißversuches untersucht. Die Autoren haben PP als Matrixwerkstoff gewählt, da dieser es ermöglicht, mit geringem Aufwand unterhalb und oberhalb von T_g Versuche durchzuführen [CHEN20, S. 960]. Die Autoren haben die Glasübergangstemperatur zu 3°C und die Kristallinität der Proben zu 62% bestimmt [CHEN20, S. 960]. Zusätzlich haben CHEN et al. die temperaturabhängige Elastizitätsgrenze der verwendeten PP Matrix experimentell ermittelt und konnten bestätigen, dass diese mit steigender Temperatur sinkt [CHEN20, S. 967]. Die Faserausreißtests wurden bei -40°C, 23°C und 75°C durchgeführt und zeigen ein adhäsives Versagen für die Versuchstemperatur von -40°C und ein kohäsives Versagen für die Versuchstemperaturen 23°C und 75°C oberhalb von T_g [CHEN20, S. 964-965]. Gleichzeitig ist die Grenzflächenschubfestigkeit für tiefere Temperaturen deutlich höher als bei hohen Temperaturen [CHEN20, S. 959]. Die Autoren erklären das Verhalten wie folgt: Bei tiefen Temperaturen ist die Elastizitätsgrenze des PP deutlich größer als bei hohen Temperaturen, wodurch mehr Energie im elastischen Spannungsfeld des belasteten Materials aufgebaut werden kann, bevor es zu plastischen Verformungen kommt. Zusätzlich bewirkt die Matrixschrumpfung bei tieferen Temperaturen eine erhöhte radiale Klemmkraft auf die Faser, die dazu führt, dass höhere Reibkräfte an der Grenzfläche übertragen werden können. Die Spannung, die sich im Material aufbauen kann, reicht aus, um die Grenzflächenfestigkeit zwischen Faser und Matrix zu überwinden, bevor es zu plastischen Verformungen im Material kommt [CHEN20, S. 967]. Es findet ein adhäsives Versagen statt. Bei höheren Temperaturen sinkt die Klemmkraft, die auf die Faser wirkt, gleichzeitig nimmt auch die Elastizitätsgrenze ab [CHEN20, S. 967]. Für das Matrixmaterial ist es leichter, sich plastisch zu deformieren als sich von der Faser abzulösen. Es kommt zu einem kohäsiven Bruch in der Matrix. Die Autoren CHEN et al. nehmen an, dass in der Nähe der Glasübergangstemperatur ein Wechsel des vorherrschenden Versagensmechanismus von adhäsiv zu kohäsiv stattfindet und dass das für PP festgestellte Verhalten sich universal auf andere Faser-Matrix-Kombinationen übertragen lässt [CHEN20, S. 968].

Für die Temperaturführung beim Recycling gibt es zwei mögliche Strategien, die geeignet sein könnten, um den Prozess robust zu führen: entweder ein Recycling bei tiefen Temperaturen unterhalb der Glasübergangstemperatur oder ein Recycling bei hohen Temperaturen oberhalb der Glasübergangstemperatur, aber unterhalb der Schmelztemperatur. Ziel ist es, einen vorrangig kohäsiven Bruch in der matrixreichen Zwischenschicht zu erzeugen, sodass die Fasern nicht an der Bruchfläche freigelegt werden, sondern durch die Matrix geschützt bleiben.

GRENIER et al. haben den Recyclingprozess für die Materialien PA6-CF und PPS-CF bei Temperaturen zwischen -40 und 110°C untersucht mit dem Ziel, eine geeignete Temperaturführungsstrategie zu identifizieren [GREN23]. Als Bewertungskriterium für die Qualität des bei verschiedenen Temperaturen abgezogenen Tapes wird die Restzugfestigkeit des abgezogenen Tapes bezogen auf die des neuwertigen Tapes verwendet. Je höher die Restzugfestigkeit, desto besser ist die verwendete Temperatur für die Prozessführung geeignet, so die Annahme der Autoren. In Bild 4.19 sind die Versuchsergebnisse von GRENIER et al. aufgeführt.

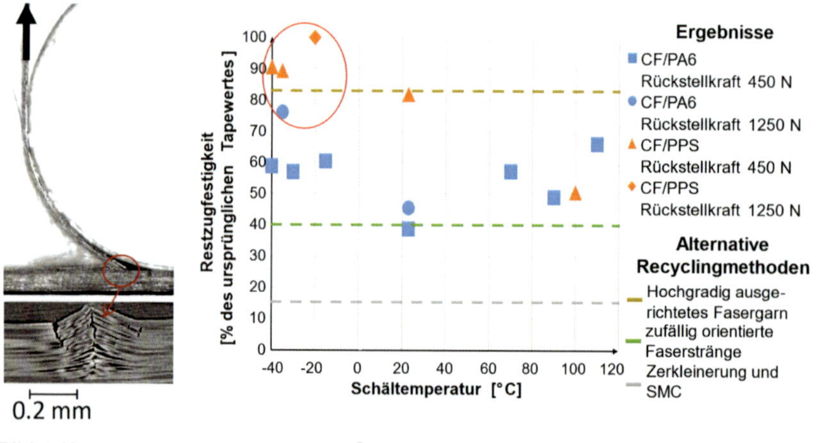

Bild 4.19: Versuchsergebnisse von GRENIER et al., vergleiche [GREN23]

Test results from GRENIER et al., compare [GREN23]

GRENIER et al. führen MP-Tests mit zwei verschieden großen Rückstellkräften (450 N und 1250 N) durch, vergleiche Bild 4.19 [GREN23]. Bei den Versuchen, die mit der Rückstellkraft von 450 N durchgeführt werden, stellen die Autoren Faserschädigungen fest, vergleiche Bild 4.19 (links). Es ist zu erkennen, dass das Tape nicht vollständig an der Rolle anliegt, sondern der Ablösepunkt vor die Rolle wandert (Fall 1, vergleiche Kapitel 4.4.3). Hierdurch wird der kritische Krümmungsradius des Tapes unterschritten, wodurch es zu einer Faserschädigung kommt. Für die Versuche, die mit einer größeren Rückstellkraft von 1250 N durchgeführt wurden, konnte keine

Faserschädigung durch die Autoren festgestellt werden (Durch eine Erhöhung der Energie im elastischen Spannungsfeld findet eine Verschiebung in Richtung Fall 2 statt, vergleiche Kapitel 4.4.3). Die Autoren kommen zu dem Schluss, dass sich eine höhere Rückstellkraft positiv auf die Restzugfestigkeit des recycelten Tapes auswirkt. Des Weiteren ziehen die Autoren aus den Versuchsergebnissen den Schluss, dass tiefe Temperaturen zu einem spröden Werkstoffverhalten führen und dabei helfen, die Zugfestigkeit des Materials zu erhalten. Bei einer Analyse des Rissfortschritts stellen GRENIER et al. ein adhäsives Versagen entlang der faserreichen Grenzschicht fest. [GREN23]

Im Folgenden werden die Ergebnisse der Autoren GRENIER et al. diskutiert: Es ist festzustellen, dass sich zwei Effekte, die die Restzugfestigkeit beeinflussen, in den durchgeführten Versuchen überlagern. Der eine Effekt ist die Faserschädigung, die auf eine zu geringe Rückstellkraft zurückzuführen ist, der andere Effekt ist die im Versuch gezielt variierte Prüftemperatur. Bei tiefen Temperaturen ist die Matrix fest. Im festen Zustand stützt die Matrix bei Unterschreiten des kritischen Biegeradius die Fasern, wodurch dem Schädigungsmechanismus entgegengewirkt wird. Bei hohen Temperaturen ist die Matrix weicher und die Stützwirkung reduziert, wodurch der Schädigungsmechanismus nicht abgeschwächt wird. Da die Zugfestigkeit eines UD-Tapes vorherrschend durch die Faser bestimmt wird, ist anzunehmen, dass die Faserschädigung einen negativen Einfluss auf die Restzugfestigkeit der abgelösten Tapes hat. Da der Einfluss der Prüftemperatur sich mit dem Einfluss der Faserschädigung auf die Restzugfestigkeit überlagert, lassen sich für die beschädigten Tapes keine Rückschlüsse auf die ideale Prüftemperatur ziehen. Die drei Versuche, bei denen eine Faserschädigung nicht aufgetreten ist, wurden im Temperaturbereich von -40 bis 20°C durchgeführt. Für PA6 liegt die Glasübergangstemperatur bei 45°C und die Schmelztemperatur bei 220°C [ENSI23], für PPS liegt die Glasübergangstemperatur bei 90°C und die Schmelztemperatur bei 280°C [ENSI22]. Es wurden also keine Versuche bei hohen Temperaturen oberhalb der Glasübergangstemperatur durchgeführt, bei denen eine Schädigung der Fasern durch Knicken ausgeschlossen werden kann. Daher lässt sich aus den Ergebnissen nicht abschließend schlussfolgern, welche Temperaturführungsstrategie besser für das Recycling geeignet ist.

Das Fraunhofer EMI verfolgt die Strategie, bei tiefen Temperaturen zu recyceln, wobei die Forscher festgestellt haben, dass der Rissfortschritt für diese Strategie nicht in der matrixreichen Zwischenschicht, sondern entlang der faserreichen Zone propagiert [GREN23].

4.6 Entwicklung einer Prozessstrategie

Development of a process strategy

Im Folgenden wird aus den diskutierten theoretischen Einflüssen und Randbedingungen eine Prozessstrategie abgeleitet, die einen möglichst robusten Recyclingprozess ermöglichen soll, der zu hochwertigen Rezyklaten führt. Im Allgemeinen ist ein Prozess robust, wenn dieser so wenig wie möglich von Störgrößen, also von nicht vermeidbaren Änderungen der Umgebungsbedingungen, Materialeigenschaften oder Schwankungen der Prozessparameter, abhängig ist [KLEP20, S. 169]. Für tiefergreifende Erläuterungen wird an dieser Stelle auf KLEPPMANN verwiesen [KLEP20].

Unter einer Prozessstrategie wird in dieser Arbeit ein Vorgehen verstanden, welches unter Verfolgung der Prozessziele den Übergang vom Ausgangszustand in den Zielzustand ermöglichen soll. Die Prozessstrategie umfasst dabei die geometrische Gestaltung der Prozesszone sowie die Steuerung der Prozessgrößen. Der Ausgangszustand ist ein Bauteil aus thermoplastischem, kohlenstofffaserverstärktem UD-Tape, welches recycelt werden soll. Der Zielzustand ist das zurückgewonnene (recycelte) UD-Tape. Die Prozessziele wurden in Kapitel 4.1 definiert und sind hier erneut in aufsteigender Priorität aufgelistet:

Ziel 1 (Z1): Die Faserschädigung durch den Recyclingprozess minimieren.

Ziel 2 (Z2): Möglichst lange, kontinuierliche Tapeabschnitte zurückgewinnen.

Ziel 3 (Z3): Die Matrix soll erhalten bleiben und die Fasern umschließen.

Ziel 4 (Z4): Die geometrische Form des recycelten Tapes soll möglichst konstant sein und im Idealfall der Form eines neuwertigen Tapes entsprechen.

Störgrößen: In Kapitel 4.3 werden die nicht vermeidbaren, bauteilspezifischen Einflüsse auf die Risswiderstandskraft vorgestellt und abschließend in Kapitel 4.3.6 in einer Tabelle 4.1 zusammengefasst. Für die reale Anwendung des Recyclingprozesses außerhalb der Forschungs- und Entwicklungsumgebung ist damit zu rechnen, dass die Risswiderstandskraft auf dem Bauteil lokalen Schwankungen unterliegt. Insbesondere ein lokaler Abfall der Risswiderstandskraft führt zu einem ungewollten instabilen Risswachstum, vergleiche Kapitel 4.2.

Belastungszustand: Die Analyse von theoretischen Modellen und experimentellen Untersuchungen des Belastungszustands in der Prozesszone, vergleiche Kapitel 4.4, hat ergeben, dass der Modus I eine instabile Rissausbreitung begünstigt, während der Modus II eine stabile Rissausbreitung begünstigt. Der Modus I ist stark von der lokalen Risswiderstandskraft und damit von den Imperfektionen in der Mikrostruktur des zu recycelnden Bauteils abhängig. Somit ist der Modus I nicht für die Durchführung eines robusten Prozesses geeignet. Der Modus II begünstigt ein duktiles Bruchverhalten mit stabilem Risswachstum. Da der Riss nicht durch die äußeren Kräfte geöffnet wird, kommt es zusätzlich zu einem Verhaken der Bruchflächen (Verzahnungseffekt) [GROS07, S. 120].

Die Diskussion der Erkenntnisse zum Belastungszustand in der Prozesszone in Kapitel 4.4.2 und Anhang A.6 kommt zu dem Schluss, dass sich der vorherrschende Bruchmodus unter der Rolle durch ein Erhöhen der Rückstellkraft in Richtung Modus II beeinflussen lässt. Durch eine hohe Rückstellkraft wird gleichzeitig sichergestellt, dass das Tape an der Rolle anliegt, wodurch die Schädigung des Tapes durch den Recyclingprozess reduziert wird. Dieses Verhalten konnte durch Versuche von GRENIER et al. bestätigt werden, vergleiche Kapitel 4.5 [GREN23].

Prozesstemperatur: In den nachfolgenden Absätzen werden die beiden Temperaturführungsstrategien diskutiert.

Recycling bei tiefen Temperaturen: Nachfolgend werden Erkenntnisse der Forschungsbemühungen, die sich nicht direkt mit dem Recyclingprozess befassen, herangezogen, um den Temperatureinfluss zu beschreiben. SACCHETTI äußert die Annahme, dass, wenn die plastische Zone an der Rissspitze kleiner ist als die Dicke der matrixreichen Zwischenschicht und die Rissspitze in der matrixreichen Zwischenschicht liegt, der Rissfortschritt in der matrixreichen Zwischenschicht stattfindet [SACC17, S. 63-64]. Diese Annahme wird durch die Versuchsergebnisse von HOJO et al. gestützt [HOJO06, S. 1159]. Im energieelastischen Zustand neigen Thermoplasten zu einem spröderen Bruchverhalten, was auf eine kleine plastische Zone hindeutet. Es ist anzunehmen, dass sich dieses Verhalten durch eine aktive Kühlung verstärken lässt. Über eine Konstruktionsanweisung könnte beispielsweise für zukünftige Produkte darauf hingewirkt werden, dass eine dicke matrixreiche Zwischenschicht im Bauteil angestrebt wird. Fehlstellen im Laminat werden sich in einem realen Bauteil allerdings nicht vermeiden lassen. Durch Fehlstellen in der matrixreichen Zwischenschicht kann die Rissspitze unabhängig von der Größe der plastischen Zone an die Faser-Matrix-Grenzfläche abgelenkt werden. Die Versuche von HOJO et al., SACCHETTI, CHEN et al. und GRENIER et al. deuten darauf hin, dass bei Temperaturen unterhalb von T_g die obere beziehungsweise untere Faser-Matrix-Grenzfläche die schwächste Verbindung ist und der Riss daher bevorzugt an dieser Grenzfläche propagieren wird [HOJO06, S. 1159; SACC17, S. 62; CHEN20, S. 964-965; GREN23]. Ist die Rissspitze an die Faser-Matrix-Grenzfläche gelangt, ist es aus energetischer Sicht unwahrscheinlich, dass diese wieder zurück in die matrixreiche Zone wandert, wo mehr Energie für den Rissfortschritt aufgewendet werden muss. SACCHETTI konnte in seinen Versuchen ein Alternieren der Rissspitze zwischen der oberen und der unteren Faser-Matrix-Grenzfläche feststellen [SACC17, S. 62]. Wahrscheinlich wurde der Riss an der Grenzfläche durch Fasern oder andere Hindernisse wie Fehlstellen gelegentlich in Richtung der gegenüberliegenden Grenzfläche abgelenkt. Der Riss stabilisiert sich allerdings wie erwartet nicht in der matrixreichen Zone, sondern durchwandert diese bis zur gegenüberliegenden Faser-Matrix-Grenzschicht. Diese Erkenntnisse deuten darauf hin, dass ein Recyclingprozess bei tiefen Temperaturen voraussichtlich kein robustes Risswachstum in der matrixreichen Zwischenschicht erzeugen kann.

Ein lokales Kühlen des zu recycelnden Bauteils, beispielsweise mit flüssigem Stickstoff, ist energieintensiv und anlagentechnisch nicht einfach umzusetzen. Ein weiterer Nachteil sind die optionalen Konstruktionsanweisungen zur Begünstigung von besonders dicken matrixreichen Zwischenschichten, die die Gestaltungsfreiheit während des Produktdesigns einschränken.

Recycling bei hohen Temperaturen:

Bei hohen Temperaturen sinkt die Elastizitätsgrenze von thermoplastischen Kunststoffen, sodass ein plastisches Fließen schon bei geringeren Belastungen eintritt. CHEN et al. konnten bei ihren Versuchen feststellen, dass der Versagensmechanismus bei steigenden Temperaturen von einem adhäsiven Versagen an der Faser-Matrix-Grenzfläche hin zu einem kohäsiven Versagen in der Matrix wechselt [CHEN20, S. 968]. Die Autoren äußern die Annahme, dass dieser Effekt universal für alle thermoplastischen Kunststoffe gilt [CHEN20, S. 968]. Dies würde bedeuten, dass bei erhöhten Temperaturen ein Rissfortschritt mit kohäsivem Versagen energetisch günstiger ist als ein Rissfortschritt mit adhäsivem Versagen an der Faser-Matrix-Grenzfläche. Selbst wenn die Rissspitze in Richtung der Faser-Matrix-Grenzschicht abgelenkt wird, ist ein kohäsives Versagen weiterhin energetisch günstiger. Aus anlagentechnischer Sicht ist das lokale Aufheizen eine mit geringem technischem Aufwand umsetzbare Aufgabe.

Aus den genannten Gründen wird als Prozesstemperaturstrategie ein Erwärmen gegenüber einem Kühlen bevorzugt. Eine schematische Darstellung der Prozesszone kann der nachfolgenden Bild 4.20 entnommen werden.

Der Normalkraftverlauf als Schnittgröße durch das Tape ist in grün dargestellt und lässt sich vereinfacht in drei Zonen unterteilen. In Zone 1 ist die Normalkraft konstant, in Zone 2 wird die Normalkraft entlang der Rolle durch die Reibung zwischen Rolle und Tape reduziert und in Zone 3 reduziert der Verzahnungseffekt der Bruchflächen sowie die Kohäsionskräfte die Normalkraft weiter, bevor diese die Rissspitze erreicht. Hierdurch besteht ein Kraftpuffer zur Überwindung der Risswiderstandskraft.

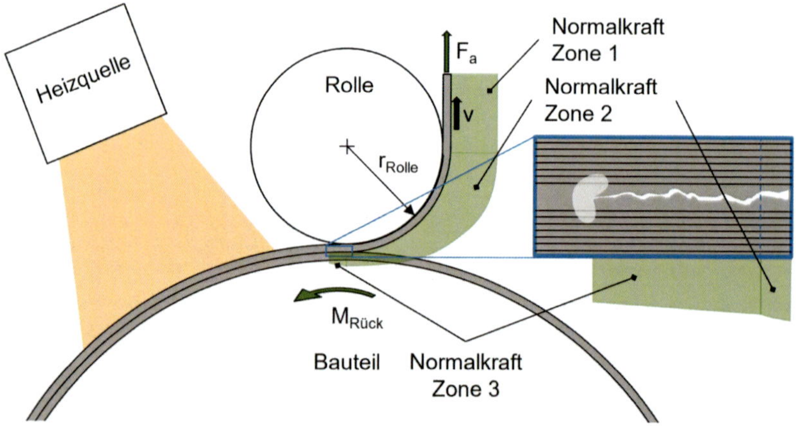

Bild 4.20: Prozesszone des Tape-Recyclingprozesses

Process zone of the tape recycling process

4.7 Zwischenfazit

Interim conclusion

In Kapitel 4 wird die Forschungsfrage 1 untersucht. Diese lautet:

»Welche Faktoren beeinflussen den Recyclingprozess und wie kann eine geeignete Prozessstrategie aussehen?«

Die Forschungsfrage wird wie folgt beantwortet: Der Recyclingprozess kann als ein Bruchvorgang verstanden werden, bei dem ein Riss durch Aufbringung einer äußeren Kraft und unter Einbringung von Wärme zwischen dem abzulösenden Tape und dem Substrat vorangetrieben wird. Unter Verwendung des energetischen Bruchkriteriums nach GRIFFITH wird der Unterschied zwischen stabilem und instabilem Risswachstum erläutert und ein Kriterium für stabiles Risswachstum hergeleitet. Ein instabiles Risswachstum kann durch ein lokales Abfallen der Risswiderstandskraft initiiert werden. Da ein instabiles Risswachstum nicht steuerbar ist, soll dieses vermieden werden.

Bei den Faktoren, die den Recyclingprozess beeinflussen, werden die folgenden bauteilspezifische Einflüsse identifiziert: die Konsolidierungsqualität, Fehlstellen im Bauteil, die Ausprägung der interlaminaren matrixreichen Zone, Fasermigration und die Kristallinität der Matrix. Diese beeinflussen die Risswiderstandskraft. Lokale Schwankungen in der Ausprägung dieser Faktoren stellen Störgrößen für den Prozess dar, die zu einem instabilen Risswachstum führen können.

Des Weiteren konnte festgestellt werden, dass Fasermigration im Laminat zu ausgeprägtem *fiber bridging* führen kann, welches einen Schädigungsmechanismus für die Fasern darstellt. Durch Maßnahmen in der Bauteilgestaltung und Herstellung lässt sich Fasermigration vermeiden beziehungsweise reduzieren.

Die Geometrie der Prozesszone wird maßgeblich durch das Schälwerkzeug beeinflusst. Da das Abschälen über eine Rolle Vorteile gegenüber einem Keil aufweist, wird eine Rolle als Schälwerkzeug ausgewählt. Die Rolle begrenzt den Krümmungsradius des Tapes beim Ablösen, vorausgesetzt das Tape liegt vollständig an der Rolle an. Somit kann eine Schädigung der Fasern durch Abknicken verhindert werden. Eine Analyse von theoretischen Modellen und experimentellen Untersuchungen führt zu dem Schluss, dass der Bruchmodus II zu einem vorwiegend duktilem Bruchbild mit stabiler Rissausbreitung führt. Beim Abziehen über eine Rolle stellt sich ein gemischtes Belastungsverhältnis zwischen Modus I und Modus II ein. Das Verhältnis lässt sich durch die von außen eingebrachte Kraft steuern. Durch die Zufuhr von Wärme wird die Elastizitätsgrenze des Matrixkunststoffes herabgesetzt. Dies begünstigt einen kohäsiven Bruch in der Matrix. Hierdurch bleiben die Fasern weiterhin in der Matrix eingebettet. Dies hat mehrere Vorteile: Zum einen schützt die Matrix die Fasern weiterhin vor Umgebungseinflüssen und zum anderen steht Matrixmaterial an der Oberfläche für die Wiederverarbeitung zur Verfügung.

Für den Recyclingprozess werden Zielstellungen (Z1-Z4) definiert und auf Grundlage der zuvor genannten Informationen eine Prozessstrategie hergeleitet. Als

Schälwerkzeug wird eine Rolle verwendet. Durch die von außen aufgebrachte Kraft wird sichergestellt, dass das abgelöste Tape während des Prozesses vollständig an der Rolle anliegt. Während des Prozesses wird Wärme zugeführt, die das Matrixmaterial über die Glasübergangstemperatur aber unterhalb der Schmelztemperatur erwärmt.

5 Entwicklung einer Produktionsmaschine zur Rezyklat-Rückgewinnung

Development of a production machine for recyclate recovery

Die theoretischen Grundlagen für die Durchführung des Recyclingprozesses wurden in Kapitel 4 erläutert. Es wurde eine Prozessstrategie hergeleitet, die ein Recycling mit einem überlagerten Belastungszustand zwischen Bruchmodus I und II verfolgt, wobei das Mischungsverhältnis so gesteuert wird, dass Bruchmodus II den größeren Anteil des Belastungszustands ausmacht. Das Recycling findet bei Temperaturen oberhalb der Glasübergangstemperatur und unterhalb der Schmelztemperatur statt. Auf dieser Grundlage wird in diesem Kapitel die Entwicklung und die Validierung einer Produktionsmaschine zur Rezyklat-Rückgewinnung beschrieben. In Kapitel 5.1 wird die Konzeptionierung der Anlagentechnik beschrieben, in Kapitel 5.2 die Ausgestaltung der Module des Recyclingprüfstandes erläutert und deren Funktion durch Versuche validiert. Nach erfolgreicher Validierung aller Prüfstandsmodule wird eine Energiemessung während eines Recyclingversuchs durchgeführt und die Ergebnisse werden in Kapitel 5.5 hinsichtlich der Energieintensität des Recyclingprozesses diskutiert. Schlussendlich wird in Kapitel 5.6 der auf Grundlage des validierten Prüfstands entwickelte Prototyp eines Recycling-Endeffektors vorgestellt.

5.1 Konzeption der Anlagentechnik

Design of the system technology

Die Konzeption und Entwicklung des Recyclingprüfstands orientiert sich an der PAHL/BEITZ Konstruktionslehre, die durch FELDHUSEN et GROTE weiterentwickelt wurde, sowie dem in der VDI-Richtlinie 2221 beschriebenen methodischem Vorgehen für die Entwicklung neuer Produkte und Systeme [FELD13, S. 479-491; VERE19b, S. 31; VERE19a]. Es werden zuerst Randbedingungen, die sich aus der Umgebung oder dem Prozess ergeben, zusammengetragen und anschließend in eine allgemeine Anforderungsliste überführt. Darauf aufbauend wird eine Funktionsstruktur aufgestellt und Lösungsprinzipien ausgewählt, die gemeinsam das Gesamtkonzept des Prüfstands beschreiben. Anschließend werden die Prüfstandsmodule, die die ausgewählten Prinziplösungen umsetzen, vorgestellt. Der Prüfstand ist modular aufgebaut und die Module wurden während der Entwicklungsarbeiten auf Grundlage der Erkenntnisse aus den experimentellen Untersuchungen optimiert. In diesem Kapitel wird lediglich die aktuelle Version des Prüfstandes beschrieben. Für die Funktionsvalidierung und Optimierung wurden mehrere Versuchsreihen durchgeführt, die am Ende des Kapitels vorgestellt werden.

5.1.1 Anforderungsdefinition

Definition of requirements

Ziel des Prüfstandes ist es, rotationssymmetrische, aus thermoplastischem UD-Tape hergestellte Prüfkörper in hoher Qualität zu recyceln. Hierzu soll der Prüfstand in der

Lage sein, die entwickelte Prozessstrategie (Recycling bei hohen Temperaturen) anlagentechnisch unter kontrollierten Bedingungen durchzuführen. Es gelten die folgenden Randbedingungen:

R1. Bauraumbeschränkungen aufgrund des verfügbaren Hallenfeldabschnittes:
- verfügbarer Bauraum: 1050x1600x650 mm^3

R2. Vorhandene Energieversorgung am Prüfstand:
- elektrisch: max. 16A Gesamtstrom, Spannungsniveaus: 230 VAC, 12 VDC und 24 VDC;
- pneumatisch: Druckniveau: 6 bar

R3. Nutzung vorhandener Wickelkerne für die Prüfkörperherstellung
- Prüfkörperdurchmesser: 146 mm

Zusammen mit der gewählten Prozessstrategie lassen sich Anforderungen an den Prüfstand ableiten, die in Tabelle 5.1 zusammengefasst sind. Der Prüfstand soll derart gestaltet sein, dass sich Anpassungen auf der Grundlage von neu gewonnenen Erkenntnissen leicht integrieren lassen, daher wird dieser modular aufgebaut.

Tabelle 5.1: Anforderungsliste
List of requirements

Nr.	Bezeichnung	W/F	Wert
1	System geeignet zur Rückgewinnung von kontinuierlichen Abschnitten recycelten Tapes von mehr als 100 m		
2	Erweiterbares System mit modularem Aufbau		
3	Prüfkörperaufnahme für ringförmige und rohrförmige Prüfkörper mit IPT-Standarddurchmesser	F	D=146 mm B= min. 200 mm
4	Temperaturmessung in der Prozesszone	F	0-250°C
5	Prüfgeschwindigkeiten	F	0-10 mm/s
6	Kraftmessung im Prozess	W	0-500 N
7	Rückstellende Kraft	F	0-200 N
8	Bevorratung für recyceltes Tape während des Prozesses	F	0-200 m
9	Breite des zu recycelnden Tapes	F	10-20 mm
10	Dicke des zu recycelnden Tapes	F	0,1-0,4 mm
11	Prozesstemperaturen *RT = Raumtemperatur*	F W	RT-200°C RT-250°C

Bei der hier vorgestellten Anforderungsliste handelt es sich um allgemeine Anforderungen, die sich an die Gesamtanlage richten. Mit der Definition von Funktionen und Subfunktionen in einer Funktionsstruktur und der anschließenden Auswahl von Prinziplösungen lassen sich gezielt Baugruppen definieren, die eine oder mehrere der ausgewählten Prinziplösungen umsetzen. Für diese Baugruppen können dann spezifischere Anforderungslisten definiert werden. Im nachfolgenden Abschnitt wird die Funktionsstruktur aufgestellt.

5.1.2 Funktionsstruktur und Lösungsprinzipien

Function structure and solution principles

Die Gesamtfunktion des Prüfstandes ist es, Bauteile zu recyceln. Eine Gesamtfunktion beschreibt im Allgemeinen den Zweck der Anlage und dient dazu, die Entwicklungsanstrengungen auf diesen Zweck auszurichten. Für die Konstruktion ist es sinnvoll, die Gesamtfunktion in weitere Teilfunktionen aufzugliedern, um so ein besseres Verständnis für die Funktionen zu erlangen, die die Maschine erfüllen muss. Grundsätzlich werden einer Funktion Signal-, Energie- und Stoffflüsse zugeführt, die dann durch die Funktion manipuliert werden. Eine Übersicht der Funktionsstruktur des Recyclingprüfstands ist in Bild 5.1 dargestellt.

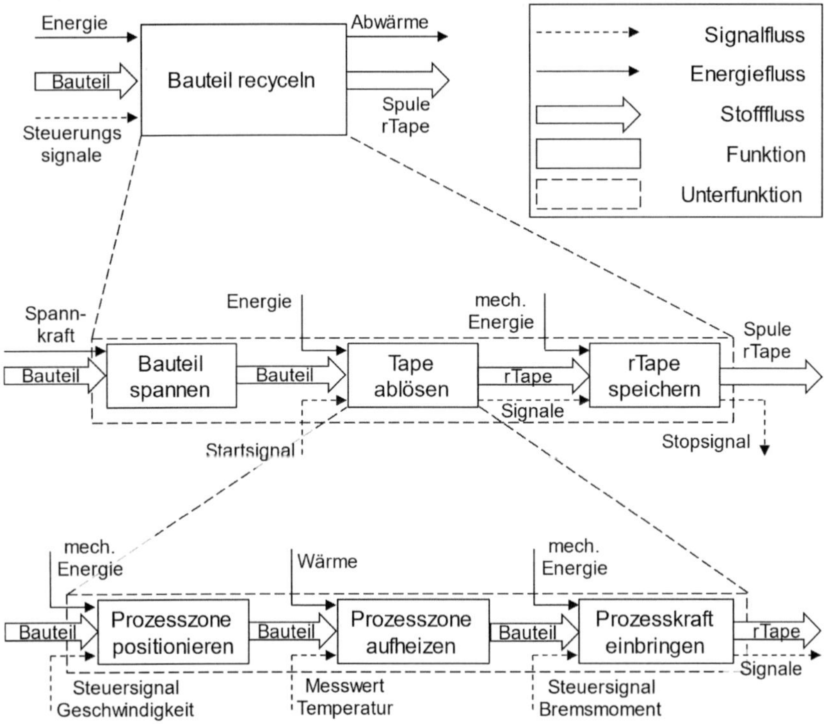

Bild 5.1: Funktionsstruktur des Recyclingprozesses

Functional structure of the recycling process

Die Gesamtfunktion lässt sich in die Teilfunktionen *Bauteil spannen*, *Tape ablösen* und *recyceltes Tape (rTape) speichern* unterteilen. Die Funktionen *Bauteil spannen* und *rTape speichern* sind Hilfsfunktionen, die zwar für die Erfüllung der Gesamtfunktion erforderlich sind, aber nicht direkt auf dem Recyclingprozess einwirken. Um ein genaueres Verständnis für die prozessrelevanten Funktionen zu erlangen, wird die

Funktion *Tape ablösen* in die Teilfunktionen *Prozesszone positionieren*, *Prozesszone aufheizen* und *Prozesskraft einbringen* aufgeteilt. Die Funktionsstruktur lässt sich so lange auffächern, bis alle Funktionen in die durch KOLLER eingeführten Elementarfunktionen aufgegliedert sind [KOLL98]. Da eine so detaillierte Auffächerung der Funktionsstruktur an dieser Stelle nicht weiter zum Verständnis beiträgt, wird auf diesen Schritt verzichtet.

Nachdem eine Funktionsstruktur aufgestellt worden ist, wurden Prinziplösungen identifiziert und in einem morphologischen Kasten gesammelt. In den meisten Fällen gibt es mehrere Prinziplösungen, mit denen sich eine Funktion erfüllen lässt. Bei der Auswahl einer Prinziplösung ist darauf zu achten, dass diese sich in das Gesamtkonzept der Anlage integrieren lässt. Ist diese Grundvoraussetzung erfüllt, kann anhand von Optimierungskriterien wie beispielsweise technische Umsetzbarkeit, Sicherheit und Kosten eine Auswahl der am besten geeigneten Prinziplösung vorgenommen werden. In Bild 5.2 ist ein morphologischer Kasten dargestellt, der die wichtigsten Teilfunktionen des Recyclingprozesses und eine Auswahl an Prinziplösungen darstellt. Die blaue Linie zeigt die Konfiguration des Prüfstands zum Zeitpunkt der Verschriftlichung dieser Arbeit.

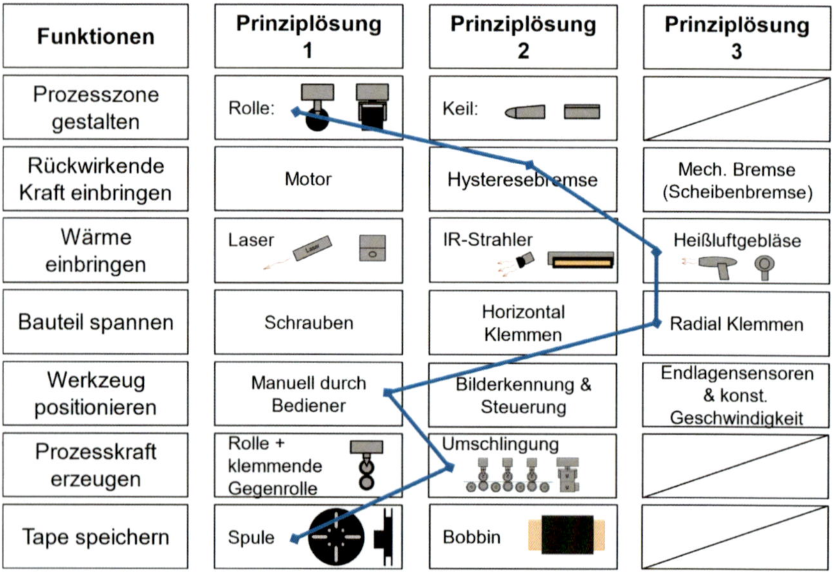

Bild 5.2: Morphologischer Kasten mit Prinziplösungen

Morphological box with principle solutions

5.1.3 Gesamtentwurf

Overview of the design

Der Prüfstand ist als ein modulares System aufgebaut. Die ausgewählten Prinziplösungen werden designtechnisch als eigenständige Funktionsmodule umgesetzt. Diese Funktionsmodule werden anschließend auf Modulträgerplatten aufgeschraubt und auf ein Gestell aus Aluminiumprofilen aufgesetzt. Dieser Aufbau ermöglicht es, schnell und flexibel verschiedene Funktionen auszutauschen oder den Prüfstand zu erweitern, ohne diesen für längere Zeiträume stilllegen zu müssen. Die Modulplatten haben einen vorderen und einen hinteren Bauraum. Im vorderen Bauraum wird die Funktion umgesetzt. Der hintere Bauraum ist für Motoren, Kabel und Peripherie vorgesehen, sodass der vordere Bauraum übersichtlich gestaltet werden kann. Das Design ermöglicht eine gute Zugänglichkeit während des Prozesses von der Vorderseite, sodass der Bediener den Prozess uneingeschränkt beobachten kann. Die Steuerung des Prüfstands wird mit der Software LabVIEW und der dazugehörigen Hardware in Form eines compact DAQ-Systems der Firma National Instruments betrieben. Das compact DAQ-System bietet einen modularen Aufbau aus Ein- und Ausgangskarten, welche sich flexibel erweitern lassen und eine vielfältige Anzahl an analogen und digitalen Schnittstellen bieten. Die Software LabVIEW stellt eine Verbindung zum compact DAQ-System her. Über diese Schnittstelle lassen sich Daten einlesen und Signale versenden. Die Software bietet außerdem die Möglichkeit, einen Programmablauf und eine Benutzeroberfläche zu definieren, die dann vom Bediener genutzt werden kann, um den Recyclingprozess zu steuern.

Die in dieser Arbeit untersuchten Prüfkörper sind Ringe und kleine Rohre mit einem Innendurchmesser von 146 mm, vergleiche Bild 5.3. Die maximale Breite eines Rohrs ist bauraumbedingt auf 200 mm begrenzt. Dadurch, dass mehrere Lagen Tape auf einen Ring bzw. Rohrprüfkörper gewickelt werden können, lassen sich Prüfkörper mit mehr als 100 m Tape herstellen. Die Herstellung der Recyclingprüfkörper wird in Kapitel 5.2 beschrieben. Diese Prüfkörper werden für die Validierung der Prüfstandsmodule (Kapitel 5.4) sowie für die Herstellung von recyceltem Tape verwendet. Die Prüfkörper verfügen über ein 2 m langes, loses Tapeende, welches sich leicht in den Prüfstand einfädeln lässt. Dieses Vorgehen ist für reale Bauteile im Normalfall nicht praktikabel. Für reale Bauteile muss im Allgemeinen das Endstück des Tapes der obersten Lage mit der Recyclingmaschine verbunden werden. Hierfür gibt es verschiedene Möglichkeiten wie Spleißen, Kleben, Klemmen oder Verschweißen, diese Methoden werden in dieser Arbeit nicht weiter diskutiert. In der jetzigen Form ist der Prüfstand geeignet, um Umfangswicklungen zu recyceln. Dies ist für die Untersuchung des Recyclingprozesses ausreichend. Da reale Bauteile nicht ausschließlich aus Umfangswicklungen bestehen, sondern im Allgemeinen komplexere Wicklungen beinhalten, muss für industrielle Anwendungen eine Kinematik verwendet werden, die ein Recycling dieser ermöglicht. Ein Ausblick, wie eine solche Maschine aussehen könnte, wird in Kapitel 5.6 gegeben. Der Prüfstand ist in Bild 5.4 dargestellt.

Bild 5.3: Ringförmiger Prüfkörper (links), rohrförmiger Prüfkörper (rechts) [JONG22, S. 159]

Ring-shaped test specimen (left), pipe-shaped test specimen (right) [JONG22, S. 159]

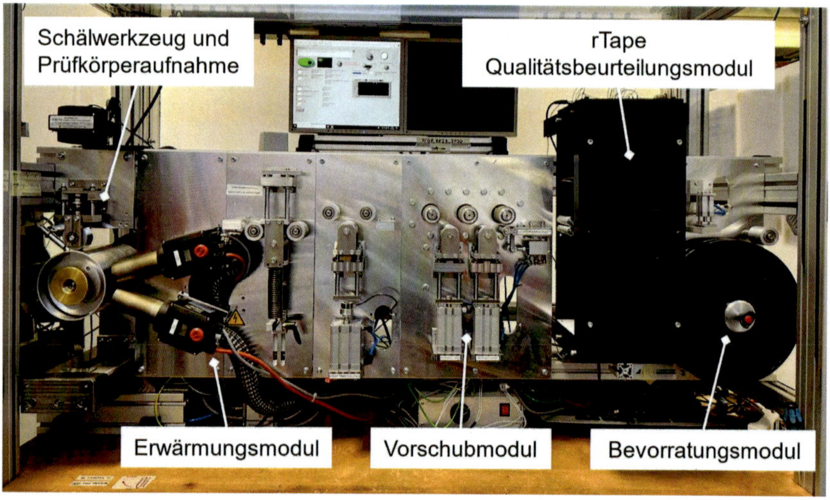

Bild 5.4: Ansicht des Recyclingprüfstandes [JONG22, S. 159]

Overview of the recycling test bench [JONG22, S. 159]

Die zu recycelnden Prüfkörper werden auf der linken Seite in den Prüfstand eingespannt. Anschließend wird das Tapeendstück durch die Module gefädelt, bis es an der schwarzen Spule auf der rechten Seite befestigt werden kann. Das Schälwerkzeug in Form einer Rolle wird über der Prozesszone positioniert. Anschließend kann der Recyclingprozess gestartet werden. Hierzu werden die Wärmequellen eingeschaltet und das Tape mit konstanter Geschwindigkeit abgezogen. Die rückwirkende Kraft wird durch eine Bremse erzeugt, die an der Prüfkörperaufnahme befestigt ist.

5.2 Herstellung von Recyclingprüfkörpern

Production of recycling specimens

In diesem Abschnitt wird die Produktion von Recyclingprüfkörpern beschrieben. In Tabelle 5.2 sind die Materialdaten der verwendeten Tapes aufgeführt. Die Abkürzung FVC steht für den Faservolumengehalt (engl. *fiber volume content*) und die Abkürzung FWC für den Fasergewichtsgehalt (engl. *fiber weight content*). Im Folgenden werden die Tapes nur noch als PP-CF beziehungsweise PA12-CF Tape bezeichnet.

Tabelle 5.2: Übersicht der untersuchten Tapes

Overview of tapes analyzed

Material	Breite [mm]	Dicke [mm]	FVC [%]	FWC [%]	Schmelztemperatur [°C]	Hersteller	Datenblatt
PA12-CF	12	0,25	45	59	178	EVONIK	[EVON20]
PP-CF	12	0,2	41	58	180	SGL Carbon	[SGL18]

In Bild 5.5 sind Schliffbilder der beiden neuwertigen Tapes abgebildet. In beiden Tapes sind die Faserbündel noch deutlich zu erkennen. Im PP-CF Tape lassen sich zusätzlich einige Poren innerhalb der Faserbündel ausmachen.

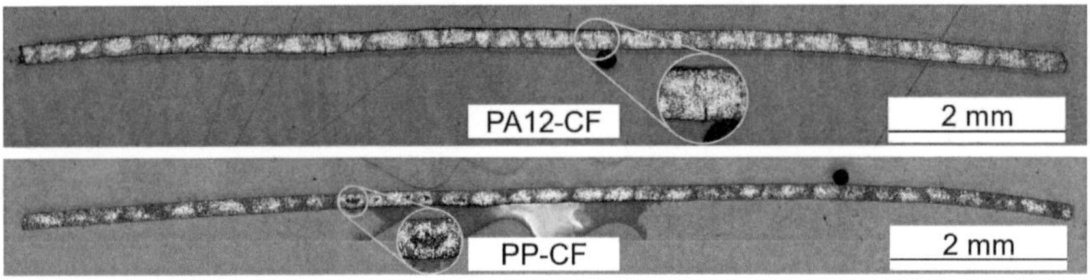

Bild 5.5: Schliffbilder der neuwertigen Tapes

Micrographs of the virgin tapes

5.2.1 Vorversuche zur Bestimmung der AFP-Prozessparameter

Preliminary tests to determine the AFP process parameters

Wie bereits in Kapitel 4.3.1 erläutert, beschreibt die Konsolidierungsqualität die Verbindung zwischen zwei aufeinander liegenden Tapes und hat somit einen starken Einfluss auf die Risswiderstandskraft. Eine schlechte Konsolidierungsqualität führt dazu, dass die beiden aufeinanderliegenden Tapes kaum miteinander verbunden sind und somit der Recyclingprozess vergleichsweise einfach durchgeführt werden kann. Um auszuschließen, dass das erfolgreiche Recycling auf eine schlechte Konsolidierung zurückzuführen ist, werden Vorversuche durchgeführt. In diesen Vorversuchen werden ringförmige Prüfkörper mit verschiedenen Prozessparametern hergestellt und der am besten geeignete Parametersatz ausgewählt. Um diesen Parametersatz zu identifizieren, werden Schliffbilder von den Prüfkörpern aufgenommen und die Energiefreisetzungsrate mithilfe des Ringkeilschälversuchs quantifiziert. Die im Ringkeilschälversuch gemessene Verbindungsfestigkeit lässt Rückschlüsse auf den Einfluss der variierten Prozessparameter zu und kann für die Auswahl geeigneter Prozessparameter verwendet werden [STIM14, S. 107]. Die Prüfkörper werden mit dem AFP-System des Fraunhofer IPT hergestellt [WERN18, S. 75-79]. Die in

Tabelle 5.3 aufgeführten Prozessparameter konnten als geeignet identifiziert werden.

Tabelle 5.3: Geeignete Prozessparameter für die Verarbeitung der Tapes
Suitable process parameters for processing the tapes

Material	Wickelgeschwindigkeit [mm/s]	Andruckkraft [N]	Tapespannung [N]	Laserleistung [W]	Prozesstemperatur im Zwickelpunkt [°C]
PP-CF	200	200	10	950	210
PA12-CF	300	200	20	1500	200

Für diese Prozessparameter liegt die mit dem RWPT ermittelte Energiefreisetzungsrate für PP-CF bei 2,3 kJ/m² und für PA12-CF bei 9,5 kJ/m². In Bild 5.6 sind die Schliffbilder von Ringen dargestellt, die mit den identifizierten Prozessparametern hergestellt wurden. Es sind keine auffälligen Fehlstellen innerhalb der matrixreichen Zwischenschicht zu erkennen. Hieraus lässt sich schlussfolgern, dass eine gute Konsolidierungsqualität vorliegt. Es ist festzustellen, dass die bereits in den Schliffbildern des neuwertigen PP-CF Tapes auffälligen Poren innerhalb der Faserbündel durch die Verarbeitung nicht aufgelöst werden.

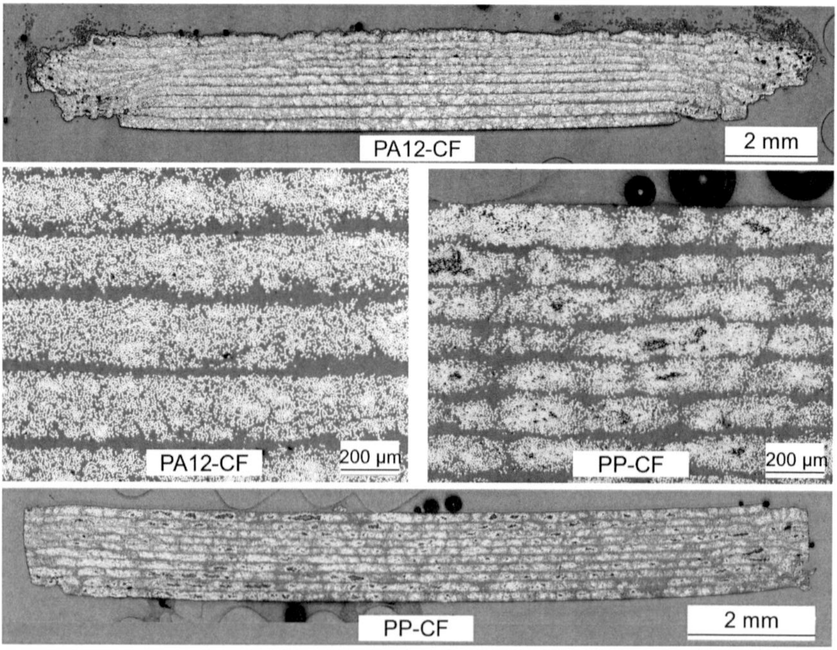

Bild 5.6: Schliffbilder von ringförmigen Prüfkörpern aus PA12- und PP-CF
Micrographs of ring-shaped test specimens made of PA12- and PP-CF

5.2.2 Herstellung von Recyclingprüfkörpern

Production of recycling specimens

Für die Produktion von recyceltem Tape werden rohrförmige Prüfkörper mit den zuvor identifizierten Prozessparametern im AFP-Prozess hergestellt. In Bild 5.7 sind das Fertigungssetup sowie ein fertiger Recyclingprüfkörper dargestellt. Die rohrförmigen Prüfkörper sind 190 mm breit (B_{Rohr}), haben einen Durchmesser (D) von 146 mm und bestehen aus einer beliebigen Anzahl an Lagen (n). Mit Formel 5.1 und der bekannten Tapebreite (B_{Tape}) lässt sich die gewickelte Tapelänge berechnen. Dies entspricht gleichzeitig der theoretisch rezyklierbaren Länge.

$$L_{Tape} = \frac{B_{Rohr}}{B_{Tape}} * D_{Rohr} * \pi * n \quad (5.1)$$

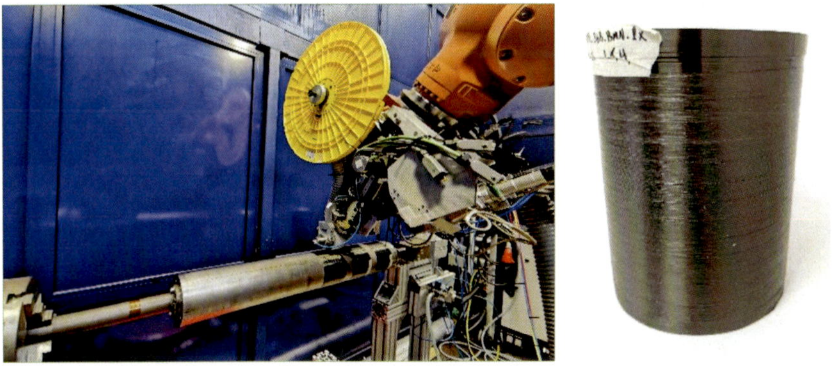

Bild 5.7: Fertigungssetup am Fraunhofer IPT (links), rohrförmiger Recyclingprüfkörper (rechts)

Production setup at the Fraunhofer IPT (left), pipe-shaped recycling test specimen (right)

5.3 Gestaltung der Prüfstandsmodule

Design of the test bench modules

In diesem Teilkapitel werden die wichtigsten Module des Recyclingprüfstands kurz vorgestellt. Die Entwicklung der Module ist ein iterativer Prozess, bei dem die aus Versuchen gewonnenen Erkenntnisse über den Recyclingprozess bei der Weiterentwicklung der Module berücksichtigt werden.

5.3.1 Schälwerkzeug und Prüfkörperaufnahme

Peeling tool and test specimen holder

Als Schälwerkzeug für die Durchführung des Recyclingprozesses wird in dieser Arbeit eine Rolle verwendet. Der Rollendurchmesser ist so gewählt, dass die Fasern im Tape nicht durch die Krümmung geschädigt werden. Der minimale Rollendurchmesser lässt sich durch die zulässige Dehnung einer Kohlenstofffaser und der Tapedicke berechnen. Die Bruchdehnung einer Kohlenstofffaser beträgt 1,65-2% [SGL23, S. 9]. Die zulässige Dehnung wird anhand dieser Literaturwerte zur sicheren Seite abgeschätzt, mit einem Sicherheitsfaktor von 1,5 reduziert und abgerundet. Es ergibt sich eine zulässige Dehnung von 1%. Als Grundlage für die Berechnung des minimale Rollendurchmessers wird die Theorie zur neutralen Faser in einem gebogenen Balken herangezogen. Durch die Biegung entsteht eine inhomogene Verformung des Balkens. Die äußeren Lagen des Balkens werden durch die Biegung gestreckt und die inneren Materiallagen gestaucht. Zwischen Stauchung und Streckung befindet sich eine unbelastete Lage, die neutrale Faser genannt wird, siehe Bild 5.8. Als Vereinfachung wird angenommen, dass das Tape in Dickenrichtung annähernd homogen ist und die neutrale Faser somit in Dickenrichtung in der Tapemitte liegt.

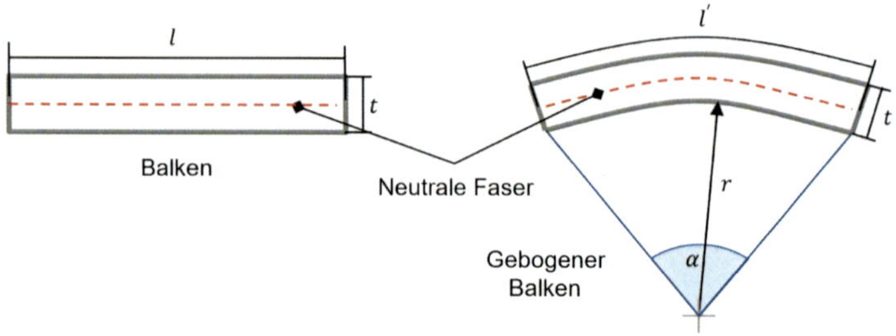

Bild 5.8: Skizze eines geraden und eines gebogenen Balkens
Sketch of a straight and a curved beam

Für die Dehnung ε gilt allgemein:

$$\varepsilon = \frac{\Delta l}{l} \quad \text{mit } \Delta l = l' - l \tag{5.2}$$

Die Bogenlänge l der neutralen Faser sowie die Bogenlänge der gestreckten Faser l' lässt sich durch den Krümmungsradius r (Rollenradius), die Tapedicke t und einen Winkel wie folgt ausdrücken:

$$l' = 2 * \pi * (r + t) * \frac{\alpha}{360} \tag{5.3}$$

$$l = 2 * \pi * (r + 0{,}5 * t) * \frac{\alpha}{360} \tag{5.4}$$

Durch Einsetzen ergibt sich:

$$\varepsilon = \frac{2 * \pi * (r + t) * \frac{\alpha}{360} - 2 * \pi * (r + t * 0{,}5) * \frac{\alpha}{360}}{2 * \pi * (r + t * 0{,}5) * \frac{\alpha}{360}} = \frac{(r + t) - (r + \frac{t}{2})}{(r + \frac{t}{2})} = \frac{t}{2(r + \frac{t}{2})} \tag{5.5}$$

Durch Umstellen der Gleichung nach dem Rollenradius r ergibt sich:

$$r = \frac{t}{2 * \varepsilon} - \frac{t}{2} \tag{5.6}$$

Mit der in den Anforderungen definierten Tapedicke von maximal 0,4 mm ergibt sich ein minimaler Rollenradius von 19,8 mm.

Das Modul mit dem Schälwerkzeug wird fest mit der Modulträgerplatte verschraubt, die Rolle ist in vertikaler Richtung beweglich gelagert, sodass diese für die Einbringung eines neuen Prüfkörpers angehoben werden kann. Während des Prozesses wird durch eine Druckfeder sichergestellt, dass die Rolle am Prüfkörper anliegt. Eine Darstellung des Moduls ist in Bild 5.9 zusehen.

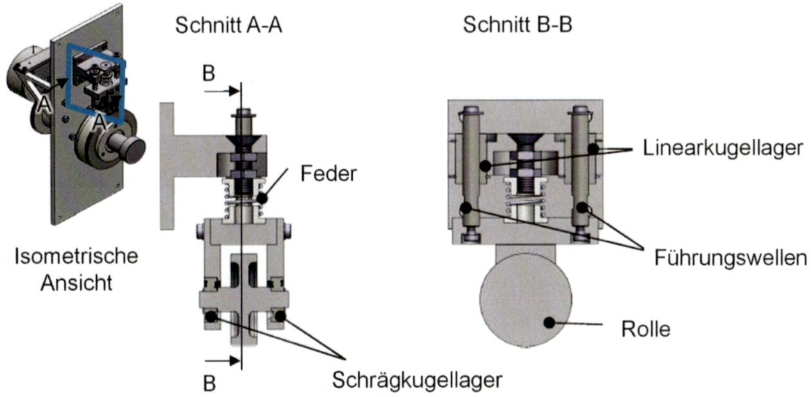

Bild 5.9: Schälwerkzeug

Peeling tool

Die unter dem Schälwerkzeug befindlichen Prüfkörperaufnahme ist in Bild 5.10 dargestellt. Der rohrförmige Prüfkörper kann auf das längsgeschlitzte Spannrohr aufgeschoben werden. Anschließend kann das Rohr durch eine Drehbewegung der Spanngriffe geklemmt werden. Die Prüfkörperaufnahme wird mit einer Hysteresebremse gebremst, die über ein Zahnradgetriebe verbunden ist. Damit das Schälwerkzeug mittig zum Tape positioniert ist, wird der Prüfkörper mit einer Linearbewegung nachpositioniert. Dieses Nachführen wird durch einen Spindelantrieb umgesetzt, der einen Schlitten, auf dem der Prüfkörperhalter befestigt ist, linear bewegen kann.

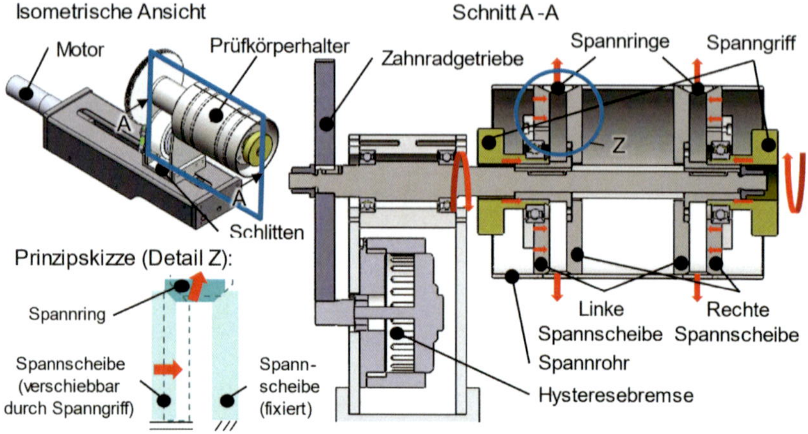

Bild 5.10: Prüfkörperaufnahme für rohrförmige Prüfkörper

Test specimen holder for pipe-shaped test specimens

In den rohrförmigen Prüfkörpern haben die übereinanderliegenden Lagen einen Winkelversatz. Durch den Winkelversatz wird die Faserverschachtelung reduziert. In Bild 5.11 ist ein rohrförmiger Prüfkörper auf der Prüfkörperaufnahme im eingespannten Zustand vor dem Prozessstart zu sehen sowie eine Aufnahme des Recyclingprozesses, der mit einem rohrförmigen Prüfkörper durchgeführt wird. Während der Recyclingversuche mit rohrförmigen Prüfkörpern wird kein *fiber bridging* festgestellt.

Bild 5.11: Prüfkörperaufnahme mit Prüfkörper vor dem Prozessstart (links), Recycling eines rohrförmigen Prüfkörpers ohne *fiber bridging* (rechts)

Test specimen holder with test specimen before process start (left), recycling of a pipe-shaped test specimen without fibre bridging (right)

5.3.2 Erwärmungsmodul

Heating module

Für die Erwärmung der Prüfkörper werden zwei Heizmethoden untersucht: Erwärmung durch Infrarotstrahlung (IR-Strahlung) und Erwärmung durch Heißluftgebläse. Aus energetischer Sicht ist die Erwärmung mit Infrarotstrahlern sinnvoller als die Erwärmung mit Heißluft [NEIT14, S. 342]. Dies wird in Kapitel 5.5 genauer erörtert. Eine Erwärmung mittels offener Flamme oder mit einem Laser wird aus sicherheitstechnischen Aspekten ausgeschlossen. Die Prüfkonfigurationen für beide Erwärmungsmethoden sind in Bild 5.12 skizziert.

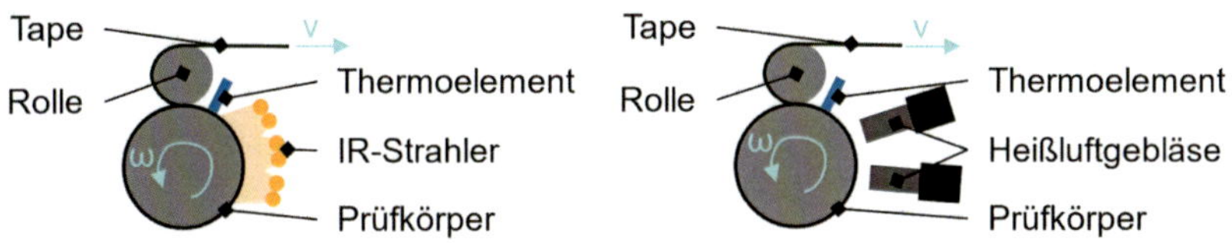

Bild 5.12: Skizze des Prüfaufbaus: Heizmethode IR-Strahler (links), Heizmethode Heißluftgebläse (rechts)

Sketch of the test configuration: Infrared emitter heating method (left), hot air blower heating method (right)

Erwärmungsversuch mit IR-Strahlern:

Für den Aufbau werden die leistungsfähigsten IR-Strahler der Firma OPTRON verwendet, die in den begrenzen Bauraum passen. Diese besitzen eine summierte Leistung von 1350 Watt. Die Strahler sind so angeordnet, dass das abzulösende Tape auf dem Prüfkörper vor der Prozesszone erwärmt wird. Über ein Thermoelement Typ K für bewegte Oberflächen wird die Temperatur kurz vor der Prozesszone gemessen. Die Versuchsreihe wird mit einer konstanten Geschwindigkeit von 5 mm/s und einer konstanten Heizleistung durchgeführt. Die Heizleistung der IR-Strahler wird für die Versuche in 10% Schritten erhöht, bis der Prüfkörper im letzten Versuch der Reihe mit der maximalen Leistung erwärmt wird. Die Ergebnisse sind in Bild 5.13 dargestellt. Für die Versuchsdurchführung werden Prüfkörper aus kohlenstofffaserverstärktem Polypropylen (PP-CF, vgl. Tabelle 5.2) mit einer gewickelten Länge von 2,4 m verwendet.

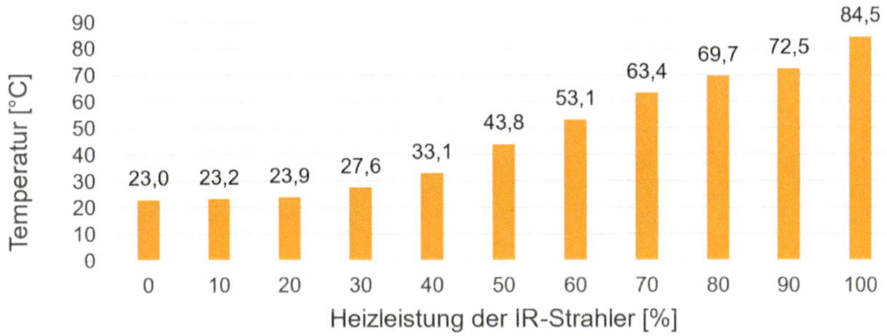

Bild 5.13: Erwärmungsversuch mit IR-Strahlern als Wärmequelle

Heating experiment with IR radiators as a heat source

Wie zu erwarten, nimmt die Prozesstemperatur mit steigender Heizleistung zu. Die Ergebnisse zeigen, dass die maximal erreichbare Temperatur bei ca. 85 °C liegt. Die Glasübergangstemperatur und die Schmelztemperatur sind von der Zusammensetzung des PP (z.B. Additive und zusätzliche Füllstoffe) abhängig. Die Schmelztemperatur dieses PP-CF beträgt 180°C und ist aus dem Datenblatt bekannt [SGL18]. Die Glasübergangstemperatur ist nicht im Datenblatt angegeben, wird aber in der Literatur mit -10-10°C angegeben [BUND25; GEHR23]. Dies zeigt, dass mit dieser Erwärmungsmethode grundsätzlich das zuvor identifizierte Temperaturfenster für PP getroffen, wenn auch nicht komplett ausgeschöpft werden kann. Die als Anforderung definierte maximale Prozesstemperatur von 200 °C konnte nicht erreicht werden.

Erwärmungsversuch mit Heißluftgebläse:

Das Erwärmungsmodul wird so umgerüstet, dass zwei Heißluftgebläse den Prüfkörper vor der Prozesszone erwärmen, vergleiche Bild 5.14. Der Luftstrom der Heißluftgebläse kann auf eine Austrittstemperatur zwischen Raumtemperatur (RT) und 400 °C geregelt werden. Verwendet werden Heißluftgebläse der Firma Leister mit einer Leistung von jeweils 2 kW. Über ein Kontaktthermoelement Typ K für bewegte Oberflächen vor der Prozesszone wird die Temperatur des Prüfkörpers vor dem Ablösen des Tapes gemessen. Dieser Messwert wird genutzt, um die Austrittstemperatur der Heißluftgebläse während des Prozesses zu regeln. Für die Validierung wird eine Versuchsreihe durchgeführt, bei der eine Zieltemperatur des Prüfkörpers zwischen RT-250°C vorgegeben wird. Die Auswertung der Versuchsreihe ist in Bild 5.14 zu sehen.

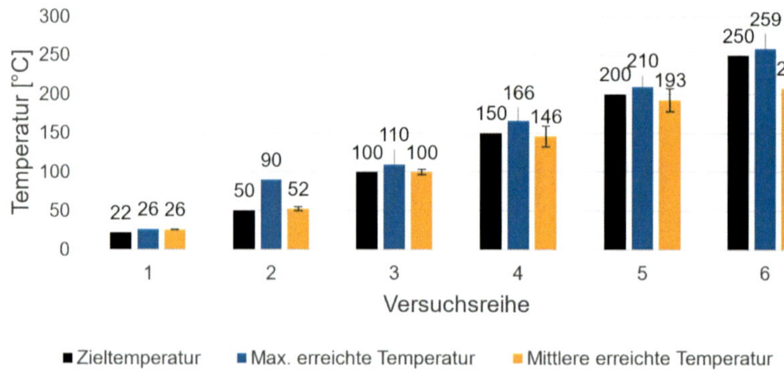

Bild 5.14: Erwärmungsversuch mit Heißluftgebläsen als Wärmequelle
Heating test with hot air blowers as a heat source

Die Versuchsreihe wird mit Prüfkörpern aus kohlenstofffaserverstärktem Polyamid 12 (PA12-CF) und einer Prüfgeschwindigkeit von 5 mm/s durchgeführt. Die Gesamtprüfdauer eines Versuchs beträgt für den gewählten Prüfkörper 23 Minuten und 30 Sekunden. Um die mittlere erreichte Temperatur zu bestimmen, wurden die Temperaturmesswerte von 3 Minuten und 30 Sekunden nach dem Start (entspricht ca. 1 m Tape) bis 22 Minuten gemittelt. Hierdurch wird sichergestellt, dass die Aufwärmphase zu

Beginn des Prozesses nicht berücksichtigt wird. Des Weiteren wird untersucht, wie lange das Erwärmungsmodul benötigt, um erstmals die eingestellte Zieltemperatur zu erreichen, die Ergebnisse sind in Tabelle 5.4 dargestellt.

Tabelle 5.4: Dauer bis zum Erreichen der Zieltemperatur
Time until the target temperature is reached

Zieltemperatur [°C]	50	100	150	200	250
Dauer bis zum Erreichen der Zieltemperatur [min:s]	0:20	0:50	2:50	6:45	16:00

Die Versuchsergebnisse zeigen, dass für die Zieltemperaturen 50°C, 100°C, 150°C und 200°C die über den Prozess gemittelte Temperatur mit nur leichten Abweichungen von 2-7°C der angestrebten Zieltemperatur entspricht. Es ist weiterhin zu erkennen, dass die Temperaturen von 200°C und 250°C nur nach längeren Erwärmungsphasen erreicht werden. Die Aufwärmdauer für das Erreichen von 200°C wird als akzeptabel eingestuft und kann gegebenenfalls durch die Optimierung der Regelparameter weiter reduziert werden. Der Versuch zeigt, dass das Erwärmungsmodul für eine Prozesstemperatur von 250°C nur eingeschränkt geeignet ist. Zwar wird die Zieltemperatur nach 16 Minuten erreicht, allerdings wird ein Großteil des Prozesses nicht bei der Zieltemperatur durchgeführt. Um die Aufwärmphase zu verkürzen, können die Prüfkörper für hohe Prozesstemperaturen in einem Ofen vorgewärmt werden. Da mit der Erwärmung mit Hilfe der Heißluftgebläse die Zieltemperatur von 200°C erreicht werden kann, wird für alle nachfolgenden Versuche diese Erwärmungsmethode angewendet.

5.3.3 Vorschubmodul

Drive module

Die Funktion des Vorschubmoduls ist es, die Prozesskraft zu erzeugen. Das Vorschubmodul besteht aus drei angetriebenen Rollen, die durch einen Zahnriemen gekoppelt sind. Um das Tape vorzuschieben, wird das Antriebsmoment durch Reibung auf das Tape übertragen. Die Antriebsrollen werden mit Polyurethan beschichtet, um einen möglichst hohen Reibwert zwischen dem Tape und den Antriebsrollen zu erhalten. Für die Reibpaarung PA12/PP-Polyurethan liegen in der Literatur keine Daten vor. Der Reibkoeffizient für die vorliegende Reibpaarung wird auf Grundlage von Erfahrungswerten zu 0,3-0,6 abgeschätzt. Damit während des Prozesses kein Schlupf zwischen Tape und Antriebsrolle entsteht, wird die theoretisch übertragbare Zugkraft durch eine Umschlingung der Antriebsrollen (Seilreibungseffekt) erhöht. Das Vorschubmodul ist in Bild 5.15 dargestellt.

Das Vorschubmodul bringt eine externe Kraft F_a (Zugkraft) auf, die mit der rückwirkenden Kraft $F_{Rück}$, mit der Prozesskraft F_{Proz} und mit den Reibkräften F_{Reib} im Gleichgewicht steht. Für die Auslegung muss zusätzlich eine Sicherheit gegen Schlupf berücksichtigt werden.

$$F_a = F_{Rück} + F_{Proz} + F_{Reib} \tag{5.7}$$

Die Hysteresebremse ist so dimensioniert, dass sich eine rückwirkende Kraft zwischen 0 und 290 N einstellen lässt. Um sicherzustellen, dass das Tape an der Abschälrolle anliegt, muss die rückstellende Kraft ausreichend hoch sein. Während der Versuchsdurchführungen konnte empirisch festgestellt werden, dass eine rückwirkende Kraft von 200 N ein Anliegen des Tapes an der Rolle auch bei auftretendem *fiber bridging* für die verwendeten Tapes mit einer Breite von 15 mm nach dem Recycling garantiert.

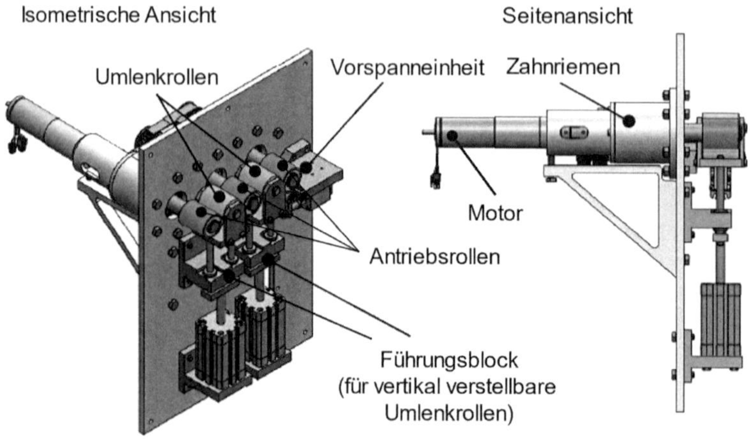

Bild 5.15: Vorschubmodul
Drive module

Die Prozesskraft lässt sich anhand der Energiefreisetzungsrate abschätzen, diese kann durch Schälversuche bestimmt werden. In Tabelle 5.5 sind Literaturwerte für experimentell bestimmte Energiefreisetzungsraten verschiedener Materialien sowie die Ergebnisse eigener Messungen mit den in dieser Arbeit verwendeten Materialien angegeben. Für die Messungen wurde der Ringkeilschälversuch (engl. *ring wedge peel test*, RWPT) verwendet, dieser wird in Kapitel 6.3.1 erläutert, vergleiche auch [STIM14, S. 108]. Wie in Kapitel 4 dargelegt, ist die Energiefreisetzungsrate sowohl von der Bauteilqualität als auch vom Bruchmodus abhängig. Die nachfolgend aufgeführten Größen geben einen Überblick über die zu erwartenden Energiefreisetzungsraten.

Tabelle 5.5: Experimentell bestimmte Energiefreisetzungsraten
Experimentally determined energy release rates

Quelle	Material	Energiefreisetzungsrate	Testmethode
[JANS20, S. 112]	PA6-CF	1,97 kJ/m²	180°-Rollenschältest
[GROU13, S. 104]	PPS-CF	1,08 kJ/m² 1,05 kJ/m²	DCB ELS
[SACC17, S. 79-80]	PEEK-CF (Gewebe 90° Lage)	2,5 kJ/m² 8 kJ/m²	DCB ELS
Eigene Messung	PP-CF	2,3 kJ/m² 3,1 kJ/m²	RWPT RWPT
Eigene Messung	PA12-CF	9,5 kJ/m²	RWPT

Um eine Abschätzung zur sicheren Seite durchzuführen, wird für die Auslegung der Messwert 9,5 kJ/m² verwendet. Dieser Wert wird mit der Tapebreite im aufgeweiteten Zustand von 15 mm multipliziert. Es ergibt sich eine zur sicheren Seite abgeschätzte Prozesskraft von aufgerundet 143 N. Zusammen mit den 200 N rückwirkende Kraft ergibt sich eine benötigte Zugkraft von 343 N, die schlupffrei auf das Tape übertragen werden muss.

Das Modul ist so konstruiert, dass sich für die angetriebenen Rollen ein Gesamtumschlingungswinkel α von 309° ergibt. Durch die Vorspanneinheit an der dritten Antriebsrolle kann eine Vorspannkraft $F_{Vorspannung}$ von 100 N übertragen werden. Der Reibkoeffizient μ wird mit 0,3 zur sicheren Seite abgeschätzt. Durch die Euler-Eytelwein-Seilreibungsgleichung ergibt sich die schlupffrei übertragbare Kraft an der ersten Rolle F_{Zug} zu:

$$F_{Zug} = F_{Vorspannung} * e^{\mu * \alpha} = 504\,N \tag{5.8}$$

Somit ergibt sich eine Sicherheit gegen Durchrutschen von:

$$S_{Rutsch} = \frac{504\,N}{342\,N} = 1{,}47 \approx 1{,}5 \tag{5.9}$$

Während der Durchführung der Recyclingversuche konnte kein Schlupf beobachtet werden.

5.3.4 Bevorratungsmodul

Storage module

Eine Darstellung des Moduls ist in Bild 5.16 gegeben.

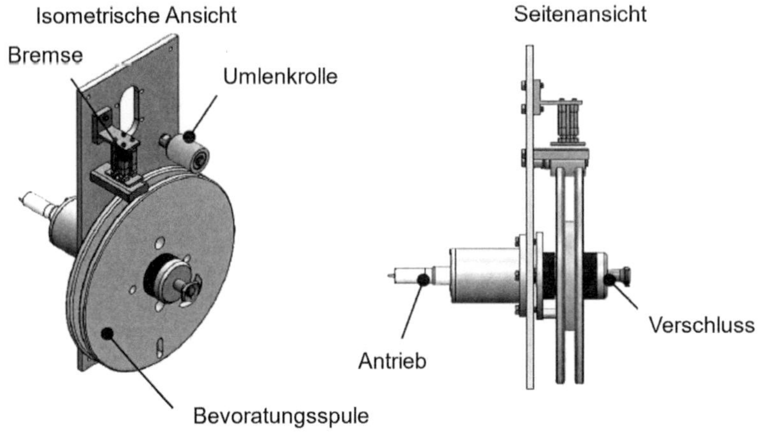

Bild 5.16: Bevorratungsmodul
Storage module

Die Aufgabe des Bevorratungsmoduls ist es, das recycelte Tape auf eine Rolle aufzuwickeln. Da das recycelte Tape mit dem AFP-System des Fraunhofer IPT wiederverarbeitet werden soll, wird für die Bevorratungsspule eine kompatible Spule der Firma

Häfner ausgewählt. Das Bevorratungsmodul spult das recycelte Tape mit einem konstanten Drehmoment auf.

5.4 Funktionsvalidierung des Recyclingprüfstands

Function validation of the recycling test bench

In Kapitel 4.1 wurden Ziele für den Recyclingprozess definiert, der Recyclingprozess gilt als erfolgreich, wenn die zuvor definierten Ziele erfüllt werden. Das oberste Ziel ist es, eine Schädigung der Fasern zu vermeiden, denn es gilt ein recyceltes Tape zurückzugewinnen, dessen mechanische Festigkeiten möglichst dicht an denen eines neuwertigen Tapes liegen. Dieses wird in Kapitel 6.3 untersucht. Auffällige Schädigungsmechanismen wie beispielsweise *fiber bridging* oder ein mögliches Unterschreiten des kritischen Krümmungsradius durch Nachlaufen des Tapes können durch eine visuelle Inspektion während des Recyclingprozesses direkt identifiziert werden. Entsprechende Maßnahmen, um diese Schädigungsmechanismen zu vermeiden, sind aus Kapitel 4 bekannt und werden für die nachfolgenden Versuche umgesetzt.

Das zweite Ziel ist es, möglichst lange kontinuierliche Bahnen an recyceltem Tape zurückzugewinnen. In Kapitel 3.2 wird in Abstimmung mit den Erkenntnissen aus Kapitel 2.2.4 als Mindestanspruch eine kontinuierliche recycelte Tapelänge von 0,5 m definiert. Darüber hinaus wird als ambitioniertes Ziel eine kontinuierliche recycelte Tapelänge von 100 m festgelegt. Um den Recyclingerfolg für ein beliebiges Bauteil bewerten zu können, bietet sich ein Vergleich der theoretisch rezyklierbaren Länge, diese entspricht der Länge des Tapes, welches für die Herstellung des Bauteils verwendet wurde, mit der tatsächlich zurückgewonnenen Länge. Werden diese beiden Längen zueinander ins Verhältnis gesetzt, so lässt sich die Ausbeute (engl. *yield*) berechnen. Dieser Wert kann auch als Erfolgsquote für den Recyclingprozess interpretiert werden.

Das dritte Ziel ist es, dass die Matrix erhalten bleibt und die Fasern umschließt. Der Erhalt der Matrix lässt sich visuell überprüfen. Um zu prüfen, ob Fasern im recycelten Tape an der Tapeoberfläche freiliegen, werden Schliffbilder angefertigt.

Das vierte Ziel ist es, das recycelte Tape mit möglichst konstanten geometrischen Ausprägungen zurückzugewinnen, die im Idealfall denen des neuwertigen Tapes entsprechen. Für diesen Zweck wird ein rTape Qualitätsbeurteilungsmodul (vQIM, engl. *visual quality inspection module*) entwickelt. Das vQIM wird in Kapitel 5.4.2 vorgestellt und für die Bewertung der Qualität des recycelten kontinuierlichen Tapematerials verwendet.

Für die Validierung des Recyclingprüfstands werden Recyclingprüfkörper recycelt und mit dem vQIM bewertet. Zuvor werden, um geeignete Prozessparameter für das Recycling zu bestimmen, Vorversuche durchgeführt. Diese sind in Kapitel 5.4.1 beschrieben.

5.4.1 Vorversuche zur Bestimmung der Recyclingprozessparameter

Preliminary tests to determine the recycling process parameters

Die Vorversuche werden durchgeführt, um geeignete Parameter für den Recyclingprozess zu ermitteln. Für die Auswahl der Prozessparameter wird die Ausbeute als Bewertungskriterium herangezogen. In Tabelle 5.6 sind die untersuchten Prozessparameter für das PA12-CF Material zusammen mit der jeweiligen erzielten Ausbeute abgebildet.

Tabelle 5.6: Vorversuche PA12-CF: Untersuchte Prozessparameter

Preliminary tests PA12-CF: Analyzed process parameters

Material	Temperatur [°C]	Geschwindigkeit [mm/s]	Rückwirkende Kraft [N]	Ausbeute [%]
PA12-CF	110	5	200	50
PA12-CF	120	5	210	65
PA12-CF	135	5	230	100
PA12-CF	140	5	230	90
PA12-CF	145	5	230	85

Die Ergebnisse für PA12-CF zeigen eine Ausbeute von 100% bei einer Prozesstemperatur von 135°C und einer rückwirkenden Kraft von 230 N.

Dasselbe Vorgehen wurde auch für die Auswahl geeigneter Prozessparameter für das Recycling von PP-CF Material angewendet. Die untersuchten Parameter sind in Tabelle 5.7 aufgeführt. Unabhängig von den gewählten Prozessparametern konnten nur geringe Ausbeuten erzielt werden. Die erzielte Ausbeute liegt mit 10-50% und damit deutlich unter der Ausbeute, die mit dem PA12-CF-Material erzielt werden konnte.

Tabelle 5.7: Vorversuche PP-CF: Untersuchte Prozessparameter

Preliminary tests PP-CF: Analyzed process parameters

Material	Temperatur [°C]	Geschwindigkeit [mm/s]	Rückwirkende Kraft [N]	Ausbeute [%]
PP-CF	20	5	230	25
PP-CF	40	5	230	25
PP-CF	60	5	230	50
PP-CF	90	5	230	10
PP-CF	100	5	230	20
PP-CF	110	5	230	25
PP-CF	120	5	230	23
PP-CF	120	5	230	10
PP-CF	135	5	230	30
PP-CF	145	5	230	25
PP-CF	150	5	230	25
PP-CF	160	5	230	35

Wie bereits in Kapitel 4.3 beschrieben, gibt es eine Vielzahl an bauteilspezifischen Einflüssen auf den Recyclingprozess, beispielsweise die Fasermigration, unterschiedliche Tapemorphologien und die daraus resultierende Ausprägung der interlaminaren

Zwischenschicht. Des Weiteren könnte auch die unvollständige Imprägnierung des Primärtapes (PP-CF) einen Einfluss auf die erzielte Ausbeute haben. Um diese Vermutung zu bestätigen, sind weitere Untersuchungen in zukünftigen Arbeiten notwendig.

Die höchste Ausbeute von 50% wird bei einer Temperatur von 60°C erzielt. Die erzielten Daten lassen keinen Trend bezüglich einer optimalen Recyclingtemperatur erkennen. Die Ausbeute von 50% wird daher als Ausreißer bewertet. Die Prozesstemperatur scheint somit für PP-CF keinen erkennbaren Einfluss auf die Ausbeute des Recyclingprozess zu haben. Aus den Versuchsergebnissen im genannten Temperaturbereich kann kein ideales Prozessfenster abgeleitet werden.

Ein Erreichen beziehungsweise ein Überschreiten der Schmelztemperatur könnte dazu führen, dass die Matrix vollständig aufgeschmolzen wird und die Fasern aus der Matrix herausgezogen werden. Dieses Verhalten ist unerwünscht, da die Fasern dann nicht mehr durch die Matrix geschützt und in Position gehalten werden. Unter der Annahme, dass die Schmelztemperatur des Materials (180°C, vgl. [SGL18]) aus den genannten Gründen die Obergrenze für die Prozesstemperatur bildet und dass eine höhere Temperatur ein kohäsives Versagen der Matrix begünstigt [CHEN20, S. 968], wird die Recyclingtemperatur für PP-CF auf 20°C unterhalb der Schmelztemperatur, also 160°C gesetzt. Die ausgewählten Prozessparameter für das Recycling von Prüfkörpern aus PA12-CF und PP-CF sind in Tabelle 5.8 aufgeführt.

Tabelle 5.8: Ausgewählte Recyclingprozessparameter

Selected recycling process parameters

Material	Temperatur [°C]	Geschwindigkeit [mm/s]	Rückwirkende Kraft [N]
PA12-CF	135	5	230
PP-CF	160	5	230

5.4.2 rTape Qualitätsbeurteilungsmodul

rTape quality assessment module

Um eine objektive und reproduzierbare Bewertung der Tapequalität auf Grundlage der geometrischen Erscheinung des Tapes durchführen zu können, wurde ein Modul zur automatisierten Erfassung der geometrischen Merkmale entwickelt. Das Prüfstandsmodul ist in Bild 5.17 dargestellt. Eine ausführliche Beschreibung sowie die Validierung des Moduls können in der folgenden Veröffentlichung nachgeschlagen werden [BUCH24]. Das Modul besteht aus einer Kamera mit einer Koaxialbeleuchtung und einer Hintergrundbeleuchtung für das durchlaufende Tape sowie einem Laserlinienscanner zur Abtastung der Tapeoberfläche. Durch einen Encoder wird die Aufnahme einer neuen Messung ausgelöst, so dass das durchlaufende Tape vollständig abgelichtet wird.

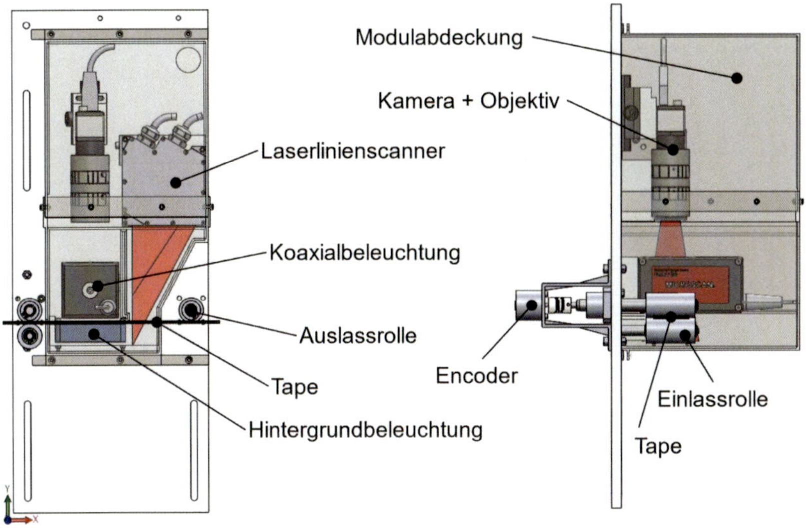

Bild 5.17: rTape Qualitätsbeurteilungsmodul

rTape quality assessment module

Die durch die Kamera aufgenommenen Bilder werden mit Hilfe einer speziell für die Analyse von recyceltem Tape am Fraunhofer IPT entwickelten Bildverarbeitungspipeline ausgewertet. Eine detaillierte Beschreibung der Bildverarbeitungspipeline kann der folgenden Veröffentlichung entnommen werden [BUCH24]. In einem ersten Schritt wird die obere und untere Tapekante im Bild identifiziert und grün markiert. Anschließend wird eine durch den Nutzer definierbare Anzahl an Messstellen für die Tapebreitenbestimmung im Bild äquidistant verteilt und rot markiert. Darauffolgend wird der Bereich zwischen der oberen und der unteren Tapekante auf Risse (engl. *splits*) untersucht, diese werden orange markiert.

In Bild 5.18 ist ein Tapesegment aus einem recyelten PA12-CF Tape bei 4,5 m recycelter Länge dargestellt. Dieses enthält 10 Messstellen pro Bild für die Breitenbestimmung sowie einen in Orange markierten Riss. Zur Quantifizierung der Risse wird die bestimmte Rissfläche, der von der orangenen Markierung umschlossene Bereich, ins Verhältnis zur Gesamtfläche des Tapes gesetzt.

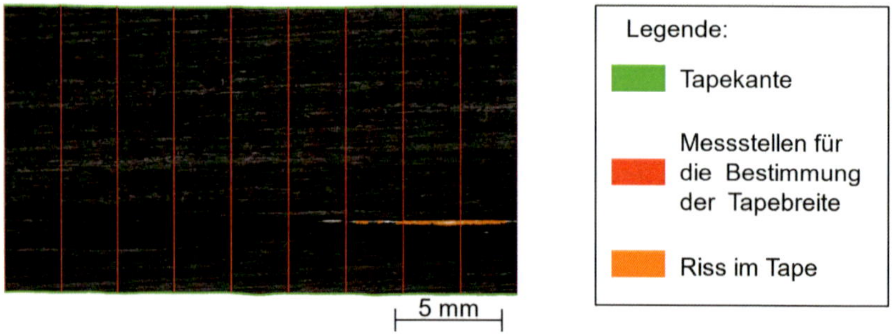

Bild 5.18: Rückgabebild der Bildauswertung eines recycelten PA12-CF Tapes

Feedback image of the image analysis of a recycled PA12 CF tape

In Bild 5.19 sind eine detaillierte Darstellung der Messzone des Laserlinienscanners sowie die nach der Aufbereitung zurückgewonnenen Daten abgebildet. Das durchlaufende Tape wird durch ein Führungselement in die Messzone des Laserliniensensors geführt. Um die Tapedicke des Tapes richtig bestimmen zu können, wird das durchlaufende Tape mit einem Niederhalter an die Basisplatte gedrückt. Das Tape lässt sich innerhalb der Messzone anhand der Tapekanten gut identifizieren. Aus diesen Daten werden die Tapedicke und die Tapebreite ermittelt.

Das rTape Beurteilungsmodul liefert kontinuierliche Daten über die gesamte Länge des recycelten Tapes. Zur Verfügung stehen die Tapebreite, die Tapedicke und der Rissflächenanteil des recycelten Tapes. Diese Daten stehen nun für eine objektive Klassifizierung zur Verfügung.

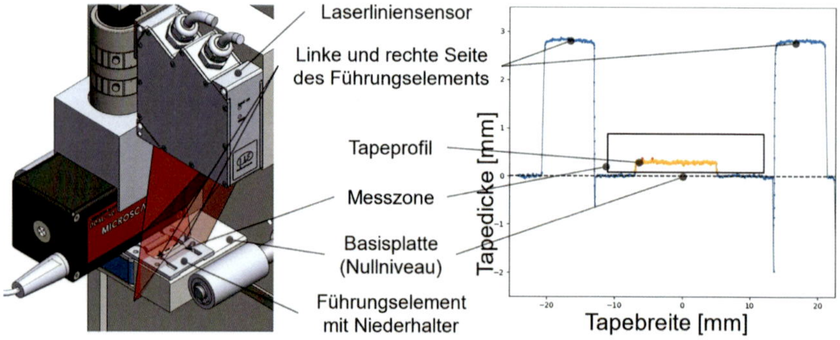

Bild 5.19: Messzone des Laserliniensensors (links), Punktewolke (rechts)

Measuring zone of the laser line sensor (left), point cloud (right)

5.4.3 Geometrische Charakterisierung der rTapes

Geometric characterisation of the rTapes

Für die geometrische Charakterisierung wird die Gestalt des recycelten Tapes mit der Gestalt des neuwertigen Tapes verglichen. In Kapitel 2.2.2 wurde bereits auf die Methodik zur Bestimmung des Qualitätsindex für thermoplastische Tapes (Q.I.T.T.) verwiesen. Eine ausführliche Erläuterung kann der Dissertationsschrift von BERESHEIM entnommen werden [BERE02]. Im Q.I.T.T. wird die Tapebreite sowie die Tapedicke als Qualitätskriterium zur Beschreibung der makroskopischen Gestalt herangezogen. Fehlstellen wie beispielsweise Splits stellen eine Abweichung von der idealen Tapegestalt dar und werden im Folgenden zur Beschreibung dieser mit aufgenommen.

Um Daten für den Vergleich zwischen neuwertigem und recyceltem Tape zu sammeln, werden für die Materialien PP-CF und PA12-CF neuwertiges und recyceltes Tape durch das vQIM geleitet und vermessen. Die Daten für das neuwertige Tape werden generiert, indem ein kontinuierlicher Tapeabschnitt mit einer Länge (L) von 10 m vermessen wird. Da für das neuwertige Tape keine großen Schwankungen in der Geometrie zu erwarten sind, bietet die Länge von 10 m mit 417 Messungen (eine Messung alle 24 mm) eine ausreichend große Datengrundlage. Für die recycelten Tapes werden größere Schwankungen erwartet. Daher werden die Daten von mehreren Prüfkörpern aggregiert und ausgewertet, um eine größere Datenmenge zu erhalten. Für die Versuche werden Prüfkörper aus PP-CF und PA12-CF mit einer theoretisch recycelbaren Länge von 43,5 m hergestellt.

Die Daten für das recycelte PP-CF Tape stammen von neun Prüfkörpern mit einer durchschnittlichen kontinuierlich recycelten Länge der Tapeabschnitte von 23,2 m. Das kürzeste in den Versuchen zurückgewonnene kontinuierliche Tapesegment hat eine Länge von 0,6 m (Ausbeute: 1,4%), das längste zurückgewonnene kontinuierliche Tapesegment eine Länge von 38,9 m (Ausbeute: 93%). Im Durchschnitt über alle 9 Prüfkörper liegt die Ausbeute für PP-CF bei 55,7%.

Die Daten für das recycelte PA12-CF Tape stammen von 4 Prüfkörpern mit einer durchschnittlichen kontinuierlich recycelten Länge der Tapeabschnitte von 32,8 m. Das kürzeste in den Versuchen zurückgewonnene kontinuierliche Tapesegment hat eine Länge von 14,9 m (Ausbeute: 34%), das längste zurückgewonnene kontinuierliche Tapesegment eine Länge von 41,1 m (Ausbeute: 94%). Im Durchschnitt über alle 4 Prüfkörper liegt die Ausbeute für PA12-CF bei 75,5%.

Die Auswertung der erfassten Daten zur Gestalt des recycelten Tapes ist in Tabelle 5.9 zusammengefasst. Für das jeweilige Material wurde der Mittelwert (M) der Messungen sowie die Standardabweichung (SD) bestimmt.

Tabelle 5.9: Auswertung der Messergebnisse es vQIM für recyceltes und neuwertiges Tape

Evaluation of the vQIM measurement results for recycled and new tape

Material		Länge [m]	Breite [mm]		Dicke [mm]		Splits [%]	
			M	SD	M	SD	M	SD
PP-CF	Neu	10	11,97	0,04	0,24	0,00	0	0
	Recycelt	209	12,58	2,62	0,30	0,08	6	7
PA12-CF	Neu	10	12,07	0,01	0,31	0,00	0	0
	Recycelt	131	12,73	3,31	0,32	0,07	9	11

Die visuelle Inspektion des Tapes zeigt, dass die Matrix während des Recyclings erhalten bleibt. Das Tape erscheint in der geometrischen Gestalt unstetiger und hat eine rauere Oberfläche als das neuwertige Tape. Lokal sind Splits im Tape zu erkennen. Die Auswertung der Daten des vQIM bestätigt diese Eindrücke. Anhand der Daten ist zu erkennen, dass die Breite des recycelten Tapes gegenüber der des neuwertigen Tapes zunimmt. Diese Breitenzunahme ist zu erwarten, da das Tape bereits durch die Verarbeitung im AFP-Prozess aufgeweitet wird, vergleiche Kapitel 4.3.1. Insbesondere die Standardabweichung in den Breitenmessungen ist deutlich größer als im neuwertigen Tape. Die Dicke des recycelten Tapes nimmt gegenüber dem neuwertigen Tape zu. Da kein Material während des Recyclings hinzugefügt wurde, muss diese Gestaltabweichung andere Gründe haben. Mögliche Gründe sind beispielsweise eine erhöhte Rauheit beziehungsweise Welligkeit des recycelten Tapes oder lokale makroskopische Formabweichungen wie beispielsweise Materialanhäufungen, die zu einem erhöhten Dickenmesswert führen. Auch die Standardabweichung in den Messwerten der Dicke des recycelten Tapes nimmt im Vergleich mit dem neuwertigen Tape zu. Das vQIM verzeichnet Splits im Tape. Diese besitzen eine mittlere Ausprägung von 6-9% der Tapeflächen. Die Standardabweichung ist mit 7-11% ebenfalls erhöht.

Die Daten zeigen auf, dass die Gestalt des recycelten Tapes von der des neuwertigen Tapes abweicht. Die Gestaltabweichungen können bei der Wiederverarbeitung zu einem Verstopfen der Führungselemente der AFP-Anlage führen. Daher werden Ausschussgrenzen für das recycelte Tape eingeführt. Überschreitet ein Messwert für ein Tapesegment die als zulässig definierte Abweichung, so wird dieses Tapesegment als Ausschuss markiert. Die zulässige Abweichung der Tapebreite wird auf ±20% vom Sollwert gesetzt, die zulässige Abweichung für die Tapedicke wird auf ±50% vom Sollwert gesetzt und der maximal zulässige Anteil an Rissen im recycelten Tape wird auf 20% gesetzt. Die Wiederverarbeitbarkeit wird in Kapitel 6 untersucht.

In Bild 5.20 ist ein Schliffbild von einem neuwertigen und einem recycelten PP-CF Tape abgebildet. In der Aufnahme des neuwertigen Tapes ist eine rechteckige Form mit konstanter Dicke zu erkennen. Die linke und die rechte Tapekante sind ideal ausgeformt und nach dem Bewertungsmaßstab nach BERESHEIM einer optimalen Qualität zuzuordnen [BERE02, S. 37-39]. Das recycelte Tape hingegen ist breiter und in seiner

Dicke nicht konstant. Im Schliffbild ist zu erkennen, dass das recycelte Tape bei der Probenvorbereitung beschädigt wurde und auf der rechten Seite gebrochen ist. Dies deutet auf eine fragile Stelle, gegebenenfalls sogar einen Riss im recycelten Tape hin, welcher bereits vor der Einbettung vorhanden war. Die Tapekanten des recycelten Tapes sind nicht ideal ausgeformt und weisen Brüche auf, sie können der schlechtesten Qualitätsklasse nach BERESHEIM zugeordnet werden [BERE02, S. 37-39]. Weiterhin ist zu erkennen, dass einige Fasern vollständig aus dem Tape herausgelöst wurden. Dies deutet auf ein teilweise adhäsives Versagen an der Faser-Matrix-Grenzfläche hin. Die Oberfläche des recycelten Tapes erscheint deutlich rauer als die Oberfläche des neuwertigen Tapes. Im Bild des neuwertigen Tapes fällt auf, dass die Kohlenstofffaserrovings kaum aufgespreizt wurden und die Fasern nicht homogen im neuwertigen Tape verteilt sind. Innerhalb einiger Faserbündel sind Poren zu erkennen. Im recycelten Tape ist die Faserverteilung homogener ausgeprägt.

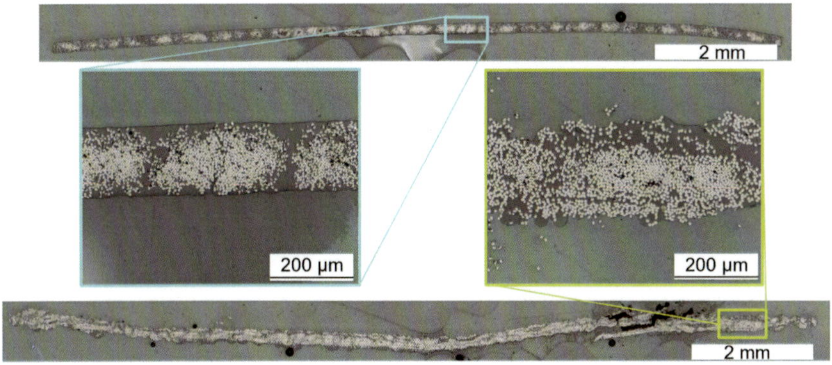

Bild 5.20: Schliffbilder zur Qualitätsbeurteilung: neuwertiges PP-CF Tape (oben), Detailaufnahme des neuwertigen PP-CF Tapes (Mitte links), recyceltes PP-CF Tape (unten), Detailaufnahme des recycelten PP-CF Tapes (Mitte rechts)

Micrographs for quality assessment: new PP-CF tape (top), close-up of the new PP-CF tape (center left), recycled PP-CF tape (bottom), close-up of the recycled PP-CF tape (center right)

5.4.4 rTape Aufbereitungsmodul

rTape conditioning module

Die geometrische Charakterisierung des recycelten Tapes hat bestätigt, dass die makroskopischen geometrischen Merkmale (Breite, Dicke und Splits) messbar von denen eines neuwertigen Tapes abweichen. Um ein Verstopfen der Führungselemente in einer AFP-Anlage zu vermeiden, werden Ausschusskriterien definiert, vergleiche Kapitel 5.4.3. Um die geometrische Gestalt des recycelten Tapes zu verbessern, wird ein rTape Aufbereitungsmodul entwickelt, vergleiche Bild 5.21. Es besteht aus mehreren beheizten Rollen, durch die das recycelte Tape umgelenkt wird. Die ersten vier Rollen haben eine konkave Nut. Durch die hohen Temperaturen schmilzt die Kunststoffmatrix und durch die konkave Nut fließt das rTape zusammen, bis es ein Oval bildet. Die vier darauffolgenden Rollen besitzen eine rechteckige Nut, wodurch das recycelte Tape wieder aufgespreizt wird. Durch den Prozess des Zusammenführens und Aufspreizens werden Fehlstellen wie Risse, die während des Recyclingprozesses entstanden sind, wieder geschlossen. Als letztes wird das recycelte Tape durch einen beheizten Kalander mit einstellbarer Spalthöhe geführt. Das rTape Aufbereitungsmodul verfügt zusätzlich über die Option, einen Extruder sowie eine beheizte Düse einzubauen. Über diese kann Kunststoff über Schmelztemperatur erwärmt werden und bei Bedarf als zusätzliches Matrixmaterial in den Prozess eingebracht werden. Von dieser Möglichkeit wird in den nachfolgend beschriebenen Versuchen allerdings nicht Gebrauch gemacht.

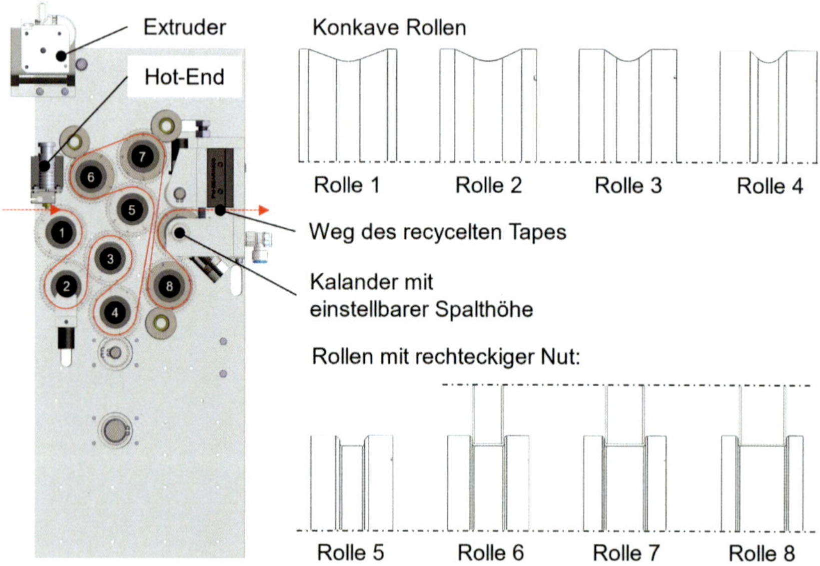

Bild 5.21: rTape Aufbereitungsmodul

rTape conditioning module

Für die Validierung des Moduls wurden Versuche durchgeführt, bei denen rohrförmige Prüfkörper aus PA12-CF einmal ohne und einmal mit rTape Aufbereitungsmodul recycelt wurden. Die Qualität der recycelten Tapes wurde jeweils mit dem vQIM untersucht.

Die zuvor definierten Ausschusskriterien werden für die Versuchsauswertung angewendet. Überschreitet ein Messwert für ein Tapesegment die als zulässig definierte Abweichung, so wird dieses Tapesegment als Ausschuss markiert. Wird die Länge an recyceltem Tape, das als Ausschuss markiert wurde, auf die insgesamt recycelte Länge bezogen, so ergibt sich die Ausschussquote. Für die Validierung des Aufbereitungsmoduls werden die Ausschussquoten eines nicht aufbereiteten Tapes mit den Ausschussquoten eines recycelten Tapes verglichen. Die zulässige Abweichung der Tapebreite beträgt ±20% vom Sollwert, die zulässige Abweichung für die Tapedicke beträgt ±50% vom Sollwert und der maximal zulässige Anteil an Rissen (engl. *splits*) im recycelten Tape wird auf 20% gesetzt. Die Ausschussquoten werden merkmalspezifisch berechnet. Somit kann der Einfluss des rTape Aufbereitungsmoduls merkmalspezifisch untersucht werden.

In Bild 5.22 sind die ermittelten Ausschussquoten für recyceltes Tape ohne Aufbereitung und mit Aufbereitung zu sehen. Die Ausschussquoten für die einzelnen Merkmale lassen sich nicht addieren, um die Gesamtausschussquote zu bestimmen. Dies liegt daran, dass mehrere Merkmale in einem Segment gleichzeitig zu einem Ausschuss führen können. In diesem Fall wird das betreffende Tapesegment einzeln zum Ausschuss gezählt.

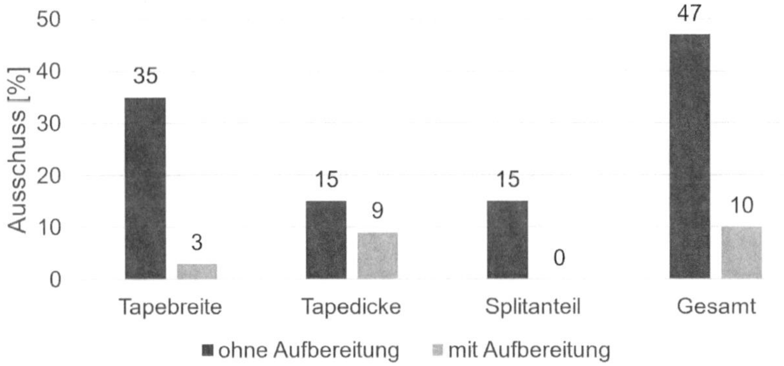

Bild 5.22: Ausschussquoten für recyceltes Tape mit und ohne Aufbereitung durch das rTape Aufbereitungsmodul

Reject rates for recycled tape with and without reconditioning using the rTape conditioning module

Es lässt sich feststellen, dass die Gesamtausschussquote um 37 Prozentpunkte durch eine Aufbereitung des recycelten Tapes reduziert werden kann. Besonders effektiv ist das rTape Aufbereitungsmodul bei der Kalibrierung der Tapebreite sowie beim Schließen von Rissen im Tape, vergleiche hierzu Bild 5.23. Der Ausschuss, der aus einer

Abweichung der Tapebreite resultiert, konnte um 32 Prozentpunkte gesenkt werden. Der Ausschuss, der auf Grundlagen von Rissen im recycelten Tape entstanden ist, konnte durch die Tapeaufbereitung vollständig vermieden werden. Auch der Ausschuss, der auf Grundlage einer Tapedickenabweichung entstanden ist, konnte um 6 Prozentpunkte reduziert werden.

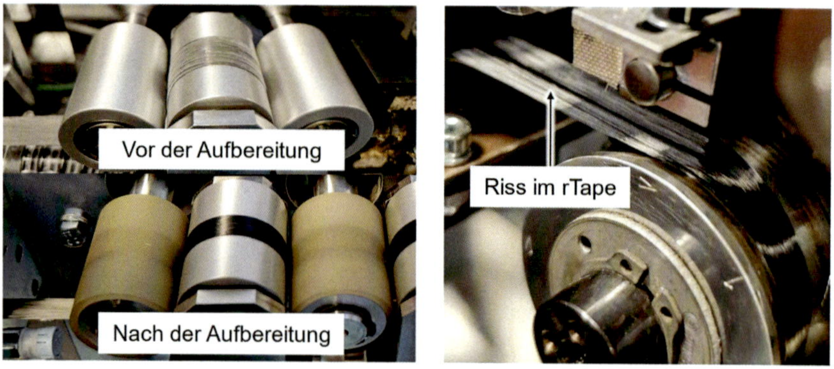

Bild 5.23: rTape vor der Aufbereitung (oben links), rTape nach der Aufbereitung (unten links), rTape mit einem breiten Riss vor der Aufbereitung (rechts)

rTape before reprocessing (top left), rTape after reprocessing (bottom left), rTape with a large split before reprocessing (right)

5.4.5 Recycling langer kontinuierlicher Tapeabschnitte

Recycling of long continuous tape sections

Neben dem Erhalt der Matrix und der Gestalt des Tapes ist es für die Relevanz des Prozesses wichtig nachzuweisen, dass kontinuierliche Tapeabschnitte in für technische Anwendung relevanten Längen zurückgewonnen werden können. In Kapitel 2.2.4 wurden verschiedene Bauteile vorgestellt und eine kontinuierliche Tapelänge von 0,5 m als Minimalziel für die Rückgewinnung definiert. Darüber hinaus wurde als ambitionierte Zielstellung eine kontinuierliche Tapelänge von 100 m festgelegt. Die Tapeabschnitte aus recyceltem Tape, die in Kapitel 5.4.3 für die Untersuchung der geometrischen Charakterisierung des recycelten Tapes herangezogen werden, sind mit einer durchschnittlichen Länge von 23,2 m (PP-CF) und 32,8 m (PA12-CF) bereits deutlich länger als die 0,5 m.

Da für PA12-CF geeignete Prozessparameter für das Recycling gefunden werden konnten, die eine hohe Ausbeute in Aussicht stellen (Kapitel 5.4.1) und die hohe Ausbeute in den Recyclingversuchen bestätigt werden konnten (Kapitel 5.4.3), wird ein Prüfkörper mit einer theoretisch recyclebaren Länge von 112 m hergestellt. Von den 112 m können 101,2 m erfolgreich recycelt werden. Dies entspricht einer Ausbeute von 90,4%. Die geometrischen Daten des Tapes werden durch das vQIM ausgezeichnet und sind in der nachfolgenden Bild 5.24 aufgeführt.

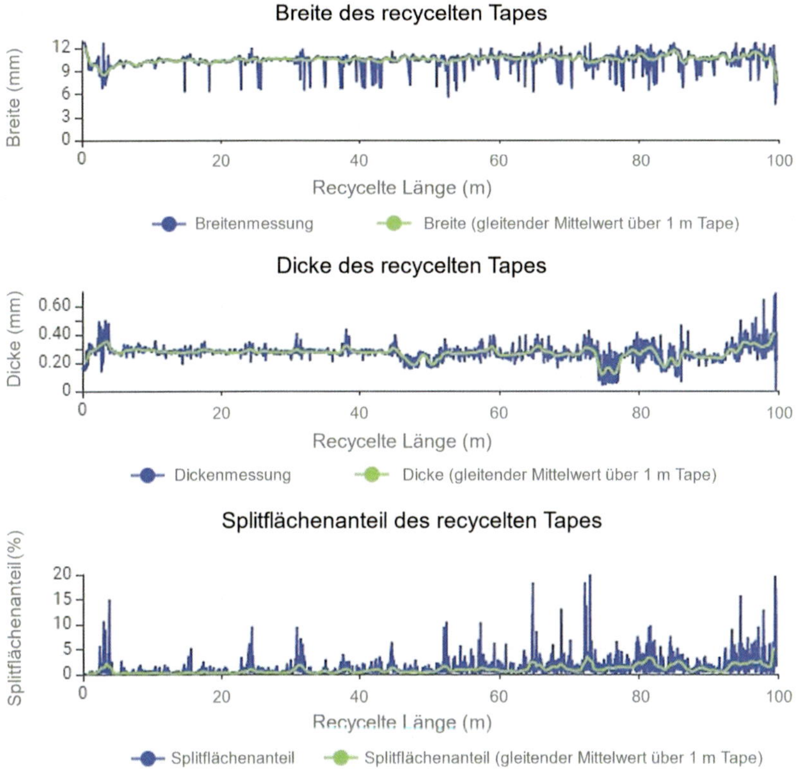

Bild 5.24: Messwerte eines recycelten PA12-CF Tapes mit 100 m Länge

Measured values of a recycled PA12-CF tape with a length of 100 m

Um Trends leichter zu erkennen, wird ein zentralisierter gleitender Mittelwert über einen Meter recyceltes Tape gebildet. Aus den Daten ist zu erkennen, dass die Tapebreite über die Prozesslaufzeit einen leichten Aufwärtstrend zeigt. Die gemessene Tapedicke ist auf den ersten 40 m annähernd konstant und zeigt auf den letzten 60 m gelegentlich lokal stärkere Schwankungen. Die Messwerte des Splitflächenanteils zeigen den Trend, gegen Ende des Prozesses zuzunehmen. Interessant ist, dass auch schon im vorderen Teil des recycelten Tapes Fehlstellen auftreten, die sich aber nicht weiter fortpflanzen, sondern wieder geschlossen werden. Dies ist ein Indikator für einen robusten Prozess. Durch das vollständige Recycling eines rohrförmigen Prüfkörpers konnten mehr 100 m recyceltes Tape in einem Stück zurückgewonnen werden. Dies zeigt, dass der entwickelte Prüfstand geeignet ist, um den Recyclingprozess durchzuführen.

5.5 Energetische Betrachtung des Recyclingprozesses

Energy analysis of the recycling process

Um den Recyclingprozess hinsichtlich seiner Energieintensität einordnen zu können, wurde eine Energiemessung durchgeführt. Der Energieverbrauch für die Heißluftgebläse wurde getrennt von dem Energieverbrauch für die restlichen Komponenten des Prüfstands erfasst. Eine Aufbereitung des recycelten Tapes ist nicht in der Messung enthalten. Für die Datenerfassung wurde 40 m Tape von einem rohrförmigen Prüfkörper recycelt. Die Masse des recycelten Tapes beträgt 145 g. Die ermittelte Energiemenge für die Erwärmung auf 200°C mittels Heißluftgebläsen beträgt 9,536 kWh und die benötigte Energiemenge für die restlichen Prüfstandskomponenten beträgt 1,703 kWh. Es ergibt sich eine insgesamt benötigte Energie von 40,5 MJ. Bezogen auf die recycelte Masse an Tape ergibt sich eine Energieintensität von ca. 279 MJ/kg.

$$\frac{E_{ges\_Prüfstand} + E_{ges\_Heißluft}}{m_{rTape}} = \frac{(1{,}703 + 9{,}536)kWh * 3{,}6\frac{MJ}{kWh}}{0{,}145\ kg} = 279MJ/kg \qquad (5.10)$$

Die Energieintensität ist verglichen mit der Herstellung eines neuen Tapes (304-415 MJ/kg) beziehungsweise mit dem Recycling durch Pyrolyse (17-67 MJ/kg) als hoch einzustufen. Dies ist auf die Erwärmungsmethode mit Heißluftgebläsen zurückzuführen. Diese benötigen 85% der insgesamt aufgewendeten Energie. Die theoretisch benötigte minimale Energiemenge (TM, Thermodynamisches Minimum) lässt sich mit Hilfe der Wärmekapizität und der Temperaturdifferenz (180 °C) abschätzen. Für PA12 wird eine Wärmekapizität von 1,60-1,80 J/g K angegeben [KERN24b; ERWI24a].

$$E_{TM} = 1{,}8\ \frac{J}{g\,K} * 180\ K = 324\ \frac{J}{g} = 0{,}324\ \frac{MJ}{kg} \qquad (5.11)$$

In der Literatur wird angegeben, dass ein Erwärmen mit Heißluft lediglich einen Gesamtwirkungsgrad von 3-5% aufweist [NEIT14, S. 343]. Ein Erwärmen mit IR-Strahlern hat beispielsweise einen Gesamtwirkungsgrad von ungefähr 80% [NEIT14, S. 342]. Wird das Energieeinsparungspotenzial auf Grundlage der in der Literatur genannten Gesamtwirkungsgrade abgeschätzt, so lässt sich aus der gemessenen Gesamtenergie die tatsächlich benötigte Energie zur Erwärmung von Raumtemperatur auf 200°C abschätzen:

$$\begin{gathered} E_{ges\_Heißluft} * \eta_{Heißluft} = E_{RT-200°C} \\ 9{,}5\ kWh * 0{,}05 = 0{,}475\ kWh \end{gathered} \qquad (5.12)$$

Mit der tatsächlich für die Erwärmung benötigten Energie lässt sich auf Grundlage des Gesamtwirkungsgrads für das Aufheizen mittels IR-Strahlern die hierfür benötigte Gesamtenergie abschätzen:

$$\begin{gathered} \frac{E_{RT-200°C}}{\eta_{IR-Strahler}} = E_{ges\_IR-Strahler} \\ \frac{0{,}475\ kWh}{0{,}8} = 0{,}594\ kWh \end{gathered} \qquad (5.13)$$

Es ergibt sich eine abgeschätzte Energieintensität von:

$$\frac{E_{ges\_Prüfstand} + E_{ges\_IR-Strahler}}{m_{rTape}} = \frac{(1{,}703 + 0{,}594)kWh * 3{,}6\frac{MJ}{kWh}}{0{,}145\,kg} = 57\,MJ/kg \qquad (5.14)$$

Des Weiteren ist auch eine Erwärmung mit einem Laser denkbar. Um die Energieintensität abschätzen zu können, lässt sich als Referenzprozess das laserunterstütze Tapewickeln anführen. In der Literatur wird eine Energieintensität von 7,54 MJ/kg für die Verarbeitung eines PA6-CF Tapes (Schmelzpunkt PA6 ca. 220°C) angegeben [LIND15, S. 442]. Somit stellt ein Wechsel der Erwärmungsstrategie eine große Chance zur Reduktion der Energieintensität des Prozesses dar. In Bild 5.25 ist eine Übersicht zu den bisher untersuchten Energieintensitäten gegeben.

Es lässt sich feststellen, dass das Recycling mit einem Heißluftgebläse weniger energieintensiv ist als die Herstellung eines neuen PA12-CF Tapes. Ein direkter Vergleich zum Pyrolyseprozess, der in Kapitel 2.3.7 als Referenzprozess für den Stand der Technik identifiziert wurde, zeigt jedoch, dass ein Erwärmen mit Heißluft um den Faktor 4,9 energieintensiver ist. Ein Wechsel der Erwärmungsmethode hin zu IR-Strahlern birgt das Potenzial, aus Sicht der Energieintensität dieselbe Größenordnung wie ein Pyrolyseprozess zu erreichen, während ein Wechsel hin zu einer Erwärmung mit einem Laser das Potenzial bietet, die Energieintensität des Pyrolyseprozesses zu unterbieten. Wird die Qualität des zurückgewonnenen Materials mit in den Vergleich einbezogen, so ist zu beachten, dass die ungeordneten Kurz- beziehungsweise Langfasern aus dem Pyrolyseprozess gegenüber den recycelten unidirektionalen endlosfaserverstärkten Tapes ein geringeres Potenzial zur Herstellung hochfester Bauteile aufweisen, vergleiche Kapitel 2.1. Das Recycling von thermoplastischen unidirektionalen Tapes bietet somit das Potenzial, mit geringerem Energiesatz ein hochwertigeres Rezyklat zu produzieren. Allerdings ist einschränkend anzumerken, dass der Recyclingprozess nur für Bauteile geeignet ist, die aus thermoplastischen UD-Tapes hergestellt worden sind. Diese Art von Bauteilen stellt derzeit nur eine kleines, dafür aber stark wachsendes Marktsegment im FVK-Markt dar, vergleiche Kapitel 2.2.

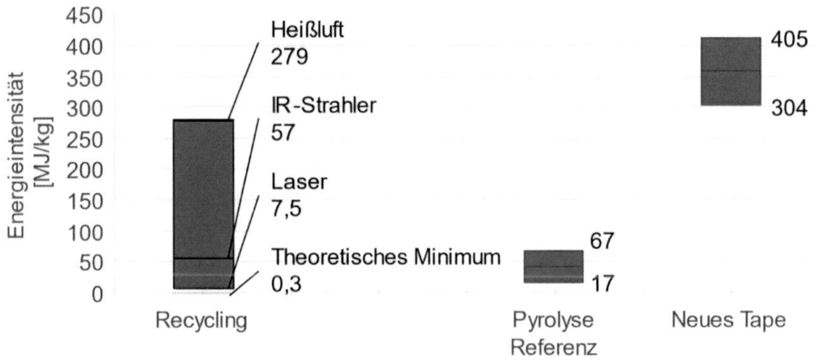

Bild 5.25: Einordnung des Recyclingprozesses bezüglich der Energieintensität

Ranking the recycling process in terms of energy intensity

5.6 Entwicklung eines Recycling-Endeffektors

Development of a recycling end effector

Nachdem die erfolgreiche Durchführung des Recyclingprozesses mit dem Prüfstand nachgewiesen werden konnte, wurde auf Grundlage der validierten Module eine platzoptimierte Version in Form eines Endeffektors entwickelt. In Bild 5.26 ist eine Übersicht des entwickelten Recyclingendeffektors dargestellt. Der Endeffektor lässt sich an einem 6-Achs-Industrieroboter befestigen und ist somit geeignet, komplexere Bauteilgeometrien zu recyceln. In der abgebildeten Version ist der Recyclingendeffektor weiterhin mit einem Heißluftgebläse für die Erwärmung ausgerüstet. Der Endeffektor ist so gestaltet, dass sich eine Laseroptik rüsten lässt. Zum Zeitpunkt der Verschriftlichung dieser Arbeit hat noch keine Inbetriebnahme und somit auch noch keine Validierung des Recyclingendeffektors stattgefunden.

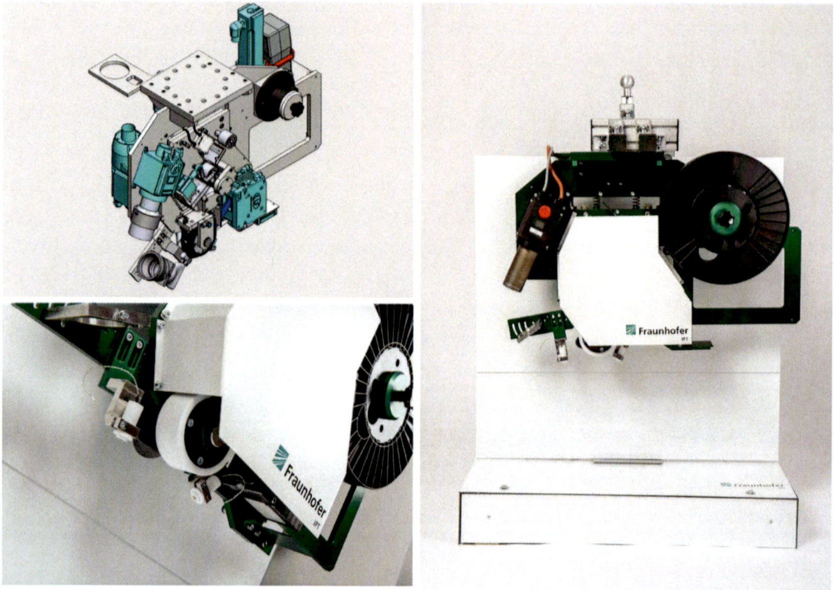

Bild 5.26: Isometrische CAD-Ansicht des Recyclingendeffektors (oben links), Ansicht der Prozesszone (unten links), Frontalansicht des Recyclingendeffektors (rechts)

Isometric view of the recycling end effector (top left), detail view of the process zone (bottom left), frontal view of the recycling end effector (right)

5.7 Zwischenfazit

Interim conclusion

In Kapitel 5 wird die Forschungsfrage 2 untersucht. Diese lautet:

»Lässt sich die entwickelte Prozessstrategie in einer Recyclinganlage technisch umsetzen und ist der Recyclingprozess robust genug, um einen kontinuierlichen Tapeabschnitt mit einer Länge von mindestens 0,5 m zurückzugewinnen.«

Um die Forschungsfrage zu beantworten, wurde ein Recyclingprüfstand aufgebaut. Es wurden rohrförmige, umfangsgewickelte Recyclingprüfkörper aus PP-CF und PA12-CF im AFP-Prozess hergestellt. Durch Vorversuche wurden geeignete Prozessparameter für den AFP-Prozess identifiziert, so dass eine gute Konsolidierung für die Recyclingprüfkörper vorausgesetzt werden kann. Diese Prüfkörper wurden anschließen genutzt, um die Funktion der Prüfstandsmodule des Recyclingprüfstands zu validieren. Ziel des Recyclingprozesses ist es, hochwertiges Rezyklat zurückzugewinnen. Diese Zielstellung wird in Kapitel 4 erläutert und auf vier Teilziele (Z1-Z4) heruntergebrochen. Das Teilziel Z1 wird in Kapitel 6 untersucht. Die Untersuchungen dieses Kapitels beziehen sich auf die Teilziele Z2-Z4:

Ziel 2 (Z2): Möglichst lange, kontinuierliche Tapeabschnitte zurückgewinnen

Ziel 3 (Z3): Die Matrix soll erhalten bleiben und die Fasern umschließen

Ziel 4 (Z4): Die geometrische Form des recycelten Tapes soll möglichst konstant sein und im Idealfall der Form eines neuwertigen Tapes entsprechen

Durch die Recyclingversuche konnte gezeigt werden, dass der auf Grundlage der Prozessstrategie entwickelte Prüfstand geeignet ist, um mit dem Recyclingprozess kontinuierliche Tapeabschnitte von deutlich mehr als 0,5 m sowohl für PP-CF als auch für PA12-CF zurückzugewinnen. Für das Material PA12-CF konnte demonstriert werden, dass sich die Prüfkörper vollständig recyceln lassen. Hierbei wurde ein kontinuierliches Tapesegment mit einer Länge von über 100 m zurückgewonnen.

Das zurückgewonnene recycelte Material liegt weiterhin als Halbzeug in Form eines Tapes vor. Die Matrix bleibt während des Recyclings erhalten. Durch eine Schliffbildanalyse des recycelten Materials ist zu erkennen, dass teilweise Fasern an der Tapeoberfläche freiliegen. Dies deutet auf ein adhäsives Versagen an der Faser-Matrix-Grenzfläche hin. Somit ist das Teilziel Z3 nur teilweise erfüllt.

Die geometrische Form des recycelten Tapes wurde mit dem für diesen Zweck entwickelten Qualitätsbeurteilungsmodul (vQIM) durchgeführt. Das recycelte Tape weist eine ungleichmäßigere Ausprägung der Tapebreite und der Tapedicke auf. Darüber hinaus entstehen durch den Recyclingprozess Risse im Tape. Es ist anzunehmen, dass die geometrischen Abweichungen des recycelten Tapes bei einer zu starken Ausprägung in der Wiederverarbeitung im AFP-Prozess dazu führen könnten, dass

Führungselemente verstopfen. Aus diesem Grund werden Ausschussgrenzen für die geometrischen Abweichungen definiert.

Nachfolgend wird ein Prüfstandsmodul entwickelt, mit dem sich das recycelte Tape aufbereiten lässt. Durch einen Versuch mit PA12-CF Material kann gezeigt werden, dass die Ausschussrate für ein aufbereitetes recyceltes Tape um 37 Prozentpunkte gegenüber einem nicht aufbereiteten recyceten Tape gesenkt werden kann. Insbesondere Risse im recycelten Tape können vollständig geschlossen werden.

Auf Grundlage der gesammelten Daten lässt sich die Forschungsfrage positiv beantworten. Der entwickelte Recyclingprüfstand ist geeignet, um kontinuierliche Tapeabschnitte von umfangsgewickelten, rohrförmigen Bauteilen zurückzugewinnen.

6 Charakterisierung der Wiederverwertbarkeit des rTapes

Characterization of the reusability of the rTape

In diesem Kapitel wird die Wiederverwertbarkeit der recycelten Tapes untersucht. Diese setzt sich zum einen aus der Verarbeitbarkeit und zum anderen aus der Leistungsfähigkeit des rTapes zusammen. Die Verarbeitbarkeit wird dadurch demonstriert, dass sich das recycelte Material mit denselben Fertigungsprozessen erfolgreich verarbeiten lässt wie das neuwertige Material. Die Leistungsfähigkeit wird anhand eines Vergleichs zwischen den mechanischen Eigenschaften von Prüfkörpern aus neuwertigen Tapes und aus recycelten Tapes bestimmt. Als Material werden die in Kapitel 5.2 vorgestellten Tapes aus PA12-CF und PP-CF verwendet. Das Vorgehen ist in Bild 6.1 dargestellt und wird im Folgenden beschrieben.

In einem ersten Schritt muss ausreichend recyceltes Tape für die Herstellung von Prüfkörpern für die mechanischen Tests produziert werden, vergleiche Kapitel 6.1. Hierzu werden Rohre aus neuwertigem Material (Primärtapes) mit dem AFP-System des Fraunhofer IPT hergestellt, die anschließend am Recyclingprüfstand recycelt werden. Die Rohre werden mit den in Kapitel 5.2.1 als geeignet identifizierten Prozessparametern hergestellt und anschließen mit den in Kapitel 5.4.1 identifizierten Prozessparametern mit dem Recyclingprüfstand recycelt. Das recycelte Material wird hinsichtlich der Qualität bewertet. Tapesegmente, die die in Kapitel 5.4.3 eingeführten Ausschussgrenzen überschreiten, werden als Ausschuss markiert und aussortiert.

Anschließend wird die Verarbeitbarkeit des recycelten Tapes untersucht, vergleiche hierzu Kapitel 6.2. Es wird demonstriert, dass sich das recycelte Tape mit dem AFP-System des Fraunhofer IPT sowie mit einem Heißpressverfahren wiederverarbeiten lässt. Hergestellt werden Prüfkörper, die für die Bestimmung der mechanischen Materialkennwerte benötigt werden. Dieselben Prüfkörper werden auch aus neuwertigem Tape hergestellt. Zusätzlich werden Prüfkörper für die Erstellung von Schliffbildern hergestellt, sodass die Verarbeitungsqualität des rTapes mit der des neuwertigen Tapes verglichen werden kann.

Die Durchführung der Versuche zur Bestimmung der mechanischen Kennwerte sowie die Ergebnisse sind in Kapitel 6.3 beschrieben. In der Literatur ist es üblich, dass die Zugfestigkeit der recycelten Faser mit der Zugfestigkeit einer neuwertigen Faser verglichen wird. Anhand des Vergleichs wird hergeleitet, wie stark die Zugfestigkeit durch den angewendeten Recyclingprozess reduziert wird, vergleiche Kapitel 2.3. Aus diesem Grund wird in dieser Arbeit mit einen Ringzugversuch (engl. *Ring Hoop Tensile Test*, RHTT) die Zugfestigkeit eines Prüfkörpers aus neuwertigem Tape mit der eines Prüfkörpers aus recyceltem Tape verglichen.

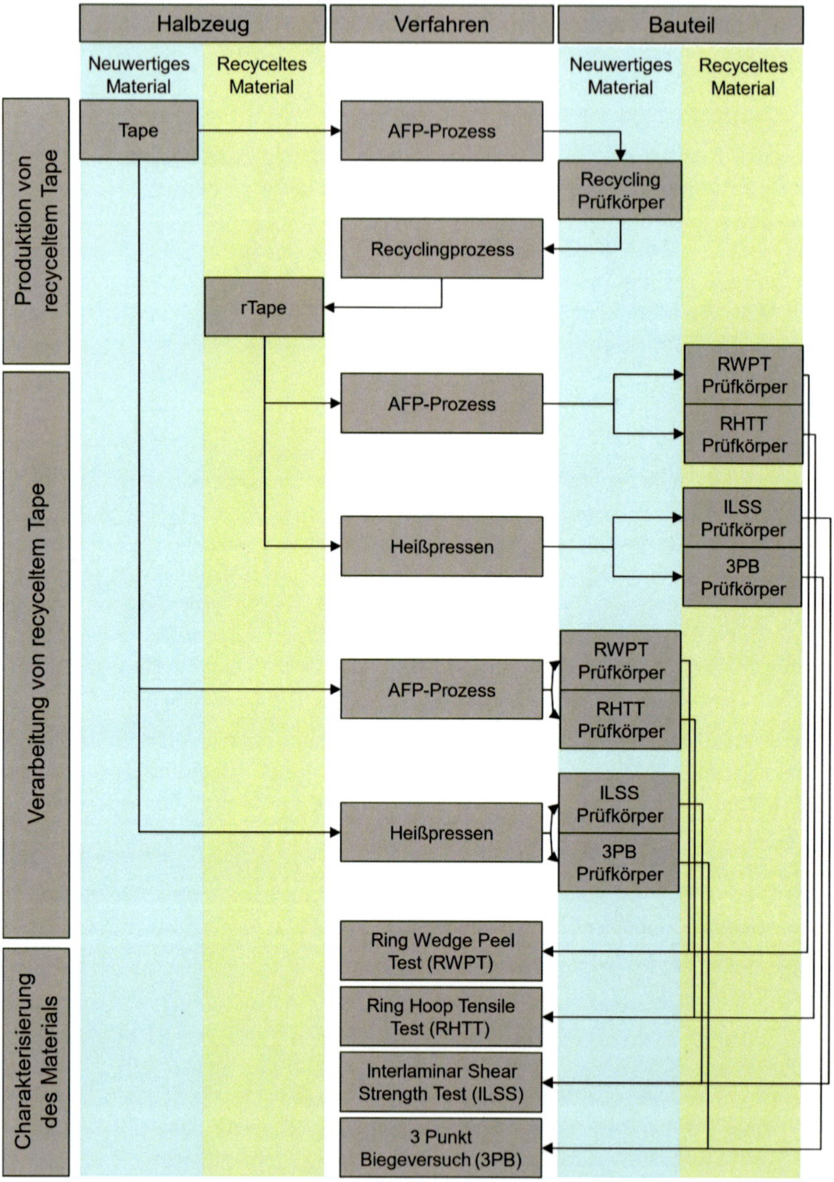

Bild 6.1: Methodisches Vorgehen zur Validierung der Wiederverwertbarkeit und Charakterisierung der mechanischen Eigenschaften des rTapes

Methodical approach to validate the reusability and characterization of the mechanical properties of the rTape

Darüber hinaus ist die Biegefestigkeit ein mechanischer Kennwert, der in Datenblättern für FVK-Tapes angegeben wird, vergleiche [SGL18; EVON20]. Aus diesem Grund wird die Biegefestigkeit von Prüfkörpern aus recyceltem und neuwertigem Tape im 3-Punkt-biegeversuch (engl. *3-point bendig test*, 3PB) bestimmt. Die interlaminare Scherfestigkeit (engl. *interlaminar shear strength*, ILSS) gibt Aufschluss über die Qualität der Verbindung zwischen den einzelnen Laminatschichten eines Verbundkunststoffes. Um zu überprüfen, ob Laminate aus recyceltem Tape dieselbe interlaminare Scherfestigkeit aufweisen wie Laminate aus neuwertigem Tape, werden ILSS-Tests durchgeführt. Die erfolgreiche Verarbeitung von recyceltem Tape im AFP-Prozess ist neu und gleichzeitig eine wichtige Voraussetzung für die Relevanz des Recyclingverfahrens. Um die Verbindungsfestigkeit zu prüfen, wird am Fraunhofer IPT ein selbst entwickelter Ringkeilschälversuch (engl. *ring wedge peel test*, RWPT) verwendet [STIM14, S. 107]. Eine ausführliche Erläuterung des Tests ist in Kapitel 6.3.1 zu finden. Damit die Verbindungsfestigkeit der recycelten Tapes mit der der neuwertigen Tapes verglichen werden kann, werden Ringkeilschälversuche an Prüfkörpern aus recyceltem und neuwertigem Material durchgeführt.

6.1 Produktion von recyceltem Tape

Production of recycled tape

Der Recyclingprozess wurde mit den identifizierten Prozessparametern für Prüfkörper aus PP-CF und PA12-CF durchgeführt mit dem Ziel, ausreichend Material für die Herstellung von Prüfkörpern für die mechanischen Tests zu produzieren. Wie bereits in Kapitel 5.4 beschrieben, kann die Qualität des recycelten Materials schwanken. Um zu verhindern, dass das recycelte Tape die Führungselemente des AFP-Systems verstopft, wurden Mindestanforderungen für die Wiederverwertung festgelegt, vergleiche Kapitel 5.4.2

Das letztendliche Ziel ist es, die Wiederverwertbarkeit und die Leistungsfähigkeit des recycelten Materials zu bestimmen. Die Wiederverwertbarkeit wird dadurch demonstriert, dass sich das recycelte Material mit denselben Fertigungsprozessen erfolgreich verarbeiten lässt wie das neuwertige Material. Die Leistungsfähigkeit wird durch mechanische Tests bestimmt. Um jeweils fünf Prüfkörper aus recyceltem Material für die mechanischen Tests (RWPT, ILSS, RHTT und 3PB) herstellen zu können, werden mindestens 90 m recyceltes Tapematerial von PP-CF und PA12-CF benötigt. Somit ist es das Ziel, von jedem Material jeweils mindestens 90 m recyceltes Tape in einer Qualität herzustellen, welches die genannten Mindestanforderungen erfüllt.

Um die benötigte Mindestlänge an recyceltem Tape mit den benötigten Mindestanforderungen zu produzieren, mussten deutlich mehr Prüfkörper aus PP-CF als aus PA12-CF recycelt werden. Die Ergebnisse der rTape-Produktion sind in Bild 6.2 zusammengefasst und werden in den folgenden Absätzen diskutiert.

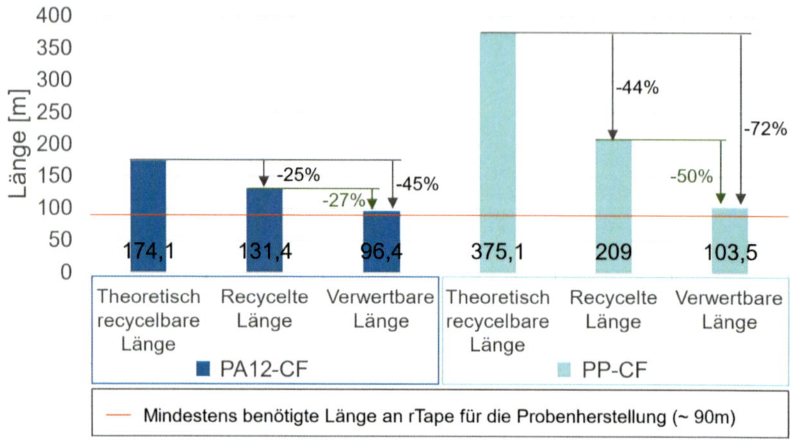

Bild 6.2: Auswertung der rTape Produktion

Evaluation of rTape production

Für PA12-CF liegt die Recyclingquote bei 75%. Von dem zurückgewonnenen Material werden weitere 27% aussortiert, da diese die Mindestanforderungen für die Wiederverwertung nicht erfüllen. Die Gesamtausbeute an wiederverwertbarem Material bezogen auf die theoretisch rezyklierbare Tapelänge liegt für PA12-CF bei 55%. Es werden Prüfkörper aus PA12-CF mit einer theoretischen recycelbaren Länge von insgesamt 174 m recycelt, aus diesen werden 96 m recyceltes Tape in ausreichender Qualität zurückgewonnen.

Bei PP-CF liegt die Recyclingquote mit 56% deutlich niedriger als bei PA12-CF, aber höher als in den Vorversuchen, vergleiche Kapitel 5.4.1. Der Anteil an Material, welches die Mindestanforderungen für die Wiederverwertung nicht erfüllt, liegt mit 50% höher als bei PA12-CF. Wie zu erwarten, liegt somit die Gesamtausbeute an wiederverwertbarem Material bezogen auf die theoretisch rezyklierbare Tapelänge für PP-CF mit 28% unter der von PA12-CF. Es werden Prüfkörper aus PP-CF mit einer theoretischen recycelbaren Länge von 375 m recycelt, aus diesen werden 104 m recyceltes Tape in ausreichender Qualität zurückgewonnen.

Eine Herausforderung bei der Analyse der Recyclingergebnisse ist es, dass sich die verschiedenen Einflussfaktoren auf den Recyclingprozess, vergleiche Kapitel 4, überlagern und eine hohe beziehungsweise niedrige Ausbeute an recyceltem Tape daher nicht auf einen spezifischen Einfluss zurückgeführt werden kann. Um aussagekräftige Rückschlüsse zu ziehen, müssen die Einflüsse möglichst isoliert betrachtet und im Hinblick auf den Recyclingprozess untersucht werden. Eine umfassende Analyse dieser Fragestellung würde den definierten Rahmen der vorliegenden Dissertation überschreiten und sollte daher als Gegenstand zukünftiger Forschungsvorhaben in Betracht gezogen werden.

Es lässt sich festhalten, dass für beide Materialien ausreichend recyceltes Tape für die weiteren Untersuchungen produziert werden konnte und dass, gemessen an der Ausbeute, Prüfkörper aus PA12-CF besser recycelt werden können als Prüfkörper aus PP-CF. Dieser Effekt lässt sich auf Grundlage der vorliegenden Daten nicht auf einen spezifischen Einfluss zurückführen. Mögliche Einflüsse sind:

- Die chemische Struktur und die daraus resultierenden Materialeigenschaften des Matrixkunststoffes wie beispielsweise Festigkeit, Bruchdehnung und Temperaturverhalten
- Das Zusammenspiel aus Faser und Matrix im Verbund, beispielsweise die Faser-Matrix-Haftung oder der Faservolumengehalt
- Die Halbzeug Qualität, die sich beispielsweise in unvollständiger Imprägnierung und ungleichmäßiger Faserverteilung widerspiegelt
- Die Gefügestruktur, die sich nach der Verarbeitung im AFP-Prozess einstellt
- Der Laminataufbau und die Ausprägung der Lagen sowie der interlaminaren Zwischenschichten

6.2 Verarbeitbarkeit des recycelten Tapes

Processability of the recycled tape

In diesem Kapitel wird die Herstellung der Prüfkörper für die mechanischen Tests beschrieben. Für jeden Test werden Prüfkörper aus neuwertigem Tape und aus recyceltem Tape hergestellt. Für den RWPT und den RHTT werden ringförmige Prüfkörper mit dem AFP-System des Fraunhofer IPT hergestellt. Für die Verarbeitung des neuwertigen und des recycelten Tapes werden die zuvor bestimmten und validierten Prozessparameter verwendet, vergleiche Kapitel 5.2.1. Hierdurch wird demonstriert, dass sich das recycelte Tape analog zum neuwertigen Tape verarbeiten lässt. Für den Dreipunktbiegeversuch und den ILSS-Test werden flache Prüfkörper verwendet. Hierzu wird in einem Heißpressverfahren ein ebenes Laminat aus dem jeweiligen Material hergestellt. Anschließend wird die Probengeometrie durch Wasserstrahlschneiden aus der Platte gelöst.

6.2.1 Herstellung von Prüfkörpern im AFP-Prozess

Production of test specimens with the AFP-process

Für die Herstellung der RWPT-Prüfkörper wird ein Ring aus 5 Tapelagen gewickelt. Der Ring für den RHTT besitzt 12 Lagen, um die geforderte Mindestdicke zu erreichen. Für die beiden Tests werden aus beiden Materialien je fünf Prüfkörper mit recyceltem und mit neuwertigem Material hergestellt. Zusätzlich wird für beide Materialien ein weiterer Ring mit 12 Lagen jeweils aus neuwertigem und aus recyceltem Material gefertigt, um aus diesem Schliffbilder anzufertigen. In Bild 6.3 ist eine Spule mit recyceltem PA12-CF sowie eine Spule mit recyceltem PP-CF abgebildet. Außerdem ist eine Aufnahme aus dem Fertigungsprozess mit recyceltem PP-CF Tape sowie ein fertig gewickelter Ring aus PP-CF Tape abgebildet. Insgesamt wurden aus jedem der vier Ringe drei Schliffbilder entnommen, von denen in Bild 6.4 exemplarisch je ein Schliffbild dargestellt ist.

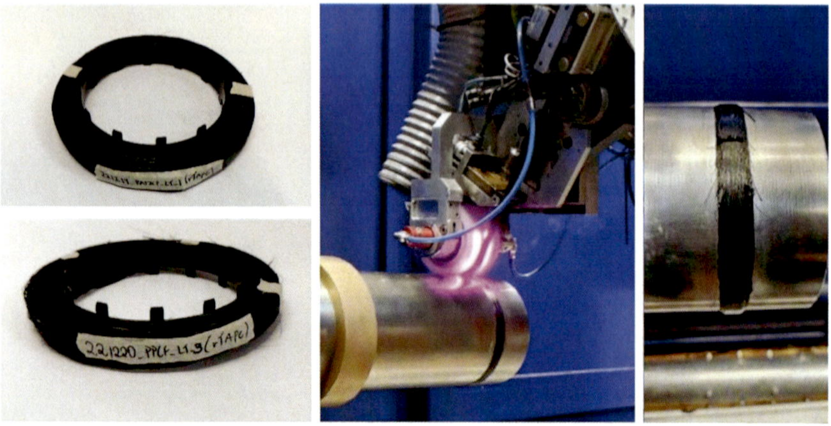

Bild 6.3: Spule rTape aus PA12-CF (oben links), Spule rTape aus PP-CF (unten links), Verarbeitung von rTape aus PP-CF im AFP-Prozess (mittig), Ring aus recyceltem PP-CF Tape (rechts)

Spool of rTape made of PA12-CF (top left), spool of rTape made of PP-CF (bottom left), processing of rTape made of PP-CF in the AFP process (centre), ring made of recycled PP-CF tape (right)

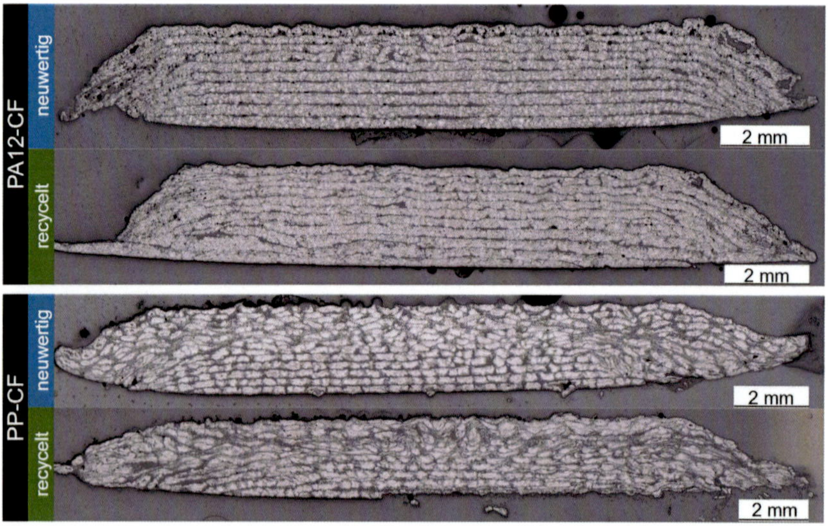

Bild 6.4: Schliffbilder von Ringen aus neuwertigem und recyceltem Tape: PA12-CF (oben), PP-CF (unten)

Micrographs of rings made from virgin and recycled tape: PA12-CF (top), PP-CF (bottom)

Allgemeine Form der Ringe: Sowohl bei dem Ring aus neuwertigem Tape als auch bei dem Ring aus recyceltem Tape ist zu erkennen, dass die Tapeschichten der oberen Lagen an der linken und rechten Seite des Rings schräg nach unten abfallen. Die Form ergibt sich aus der formadaptiven Rolle, die am AFP-System des Fraunhofer IPT verbaut ist. Der Effekt hat keinen Einfluss auf die Verwendbarkeit der Prüfkörper. Diese werden für den RHTT an den Seiten abgeschliffen.

Ausprägung der matrixreichen interlaminaren Zone: Die matrixreichen interlaminaren Zonen sind bei den Ringen aus neuwertigem Tape gleichmäßiger ausgeprägt und verlaufen annähernd horizontal. Besonders deutlich ist dies bei dem Ring aus neuwertigem PA12-CF Tape in den unteren Lagen zu erkennen. Bei dem Ring aus PP-CF sind die Faserbündel weiterhin deutlich zu erkennen. Diese scheinen das seitliche Fließen der Matrix in den oberen Schichten zu behindern, wodurch die matrixreiche Zwischenschicht in den oberen Lagen des Rings aus neuwertigem PP-CF Tape kaum noch zu erkennen ist. In den oberen Lagen verläuft die matrixreiche interlaminare Zone im Allgemeinen weniger gleichmäßig, was auf das seitliche Fließen der Matrix in den oberen Lagen zurückzuführen ist. Bei den Ringen aus recyceltem Tape ist die matrixreiche interlaminare Zone weniger eindeutig ausgeprägt. Dies könnte an der ungleichmäßigeren Form des recycelten Tapes liegen.

Fehlstellen im Laminat: Es ist zu erkennen, dass sich die Fehlstellen in den Ringen aus neuwertigem Tape und aus recyceltem Tape in Form und Ausprägung nicht voneinander unterscheiden. In beiden Laminaten sind einzelne Poren sowie Zonen mit auffällig viel Matrixmaterial zu finden. Die Konsolidierung scheint grundsätzlich gut. Der Faserflächengehalt (engl. *fiber area content*, FAC) und der Porenflächengehalt (*void area content*, VAC) ist mit Hilfe einer Grauwertanalyse in der Bildanalysesoftware ImageJ ermittelt worden. Die Ergebnisse sind in der nachfolgenden Tabelle 6.1 festgehalten. Es ist anzumerken, dass die Auswertung mit einer Bildanalysesoftware stark von den gewählten Schwellwerten abhängt und damit im Allgemeinen nur als grober Indikator für die ermittelten Größen verstanden werden sollte.

Tabelle 6.1: Ergebnisse der Schliffbildanalyse zur Bestimmung des FAC und des VAC

Results of the micrograph analysis to determine the FAC and VAC

Material	Anzahl Schliffbilder	FAC [%]	SD [%]	VAC [%]	SD [%]
PA12-CF neuwertig	3	39,32	2,83	1,81	0,61
PA12-CF recycelt	3	42,56	0,67	1,73	0,55
PP-CF neuwertig	3	46,87	0,20	0,6	0,05
PP-CF recycelt	3	36,89	0,71	1,01	0,27

Aus den hergestellten Ringen werden nun die Prüfkörper für den RWPT und den RHTT hergestellt. Für den RWPT sind nach dem AFP-Prozess keine weiteren Schritte notwendig. Für den RHTT müssen die Ringe auf die in der Testspezifikation genannten

Maße gebracht werden [ASTM03]. Hierzu sind die Nachbearbeitungsschritte Drehen, Schleifen und Feilen notwendig. Zwei fertige Prüfkörper sind in Bild 6.5 dargestellt.

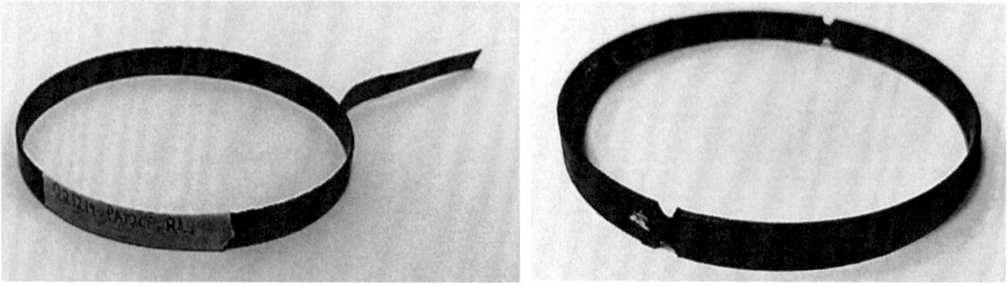

Bild 6.5: RWPT-Prüfkörper (links), RHTT-Prüfkörper (rechts)

RWPT specimen (left), RHTT specimen (right)

6.2.2 Zwischenfazit: Verarbeitbarkeit im AFP-Prozess

Interim conclusion: Processability with the AFP-process

Die Verarbeitung des recycelten Tapes im AFP-Prozess funktioniert ohne Auffälligkeiten mit denselben Prozessparametern, die auch für das neuwertige Tape verwendet wurden. Das resultierende Laminat ist gemessen an den Fehlstellen im Laminat nicht minderwertiger als das Laminat aus neuwertigem Tape. Die Ausprägung der matrixreichen interlaminaren Schicht ist dagegen unregelmäßiger. Dies könnte ein erneutes Recycling behindern. Gegebenenfalls kann durch eine Aufbereitung des recycelten Tapes vor der Wiederverarbeitung die Gleichmäßigkeit der interlaminaren Zwischenschicht verbessert werden.

6.2.3 Herstellung von Prüfkörpern im Heißpressverfahren

Production of specimens by hot pressing molding

Für den Dreipunktbiegeversuch sowie den ILSS-Test werden flache Prüfkörper benötigt [DEUT98a]. Hierzu wird in einem Heißpressverfahren eine Platte mit den Maßen 150x144 mm² hergestellt.

Das Heißpressverfahren wird in einer am Fraunhofer IPT verfügbaren hydraulischen Presse der Herstellerfirma Lauffer GmbH durchgeführt. Die Presse kann Kräfte zwischen 17 kN und 8500 kN ±1 kN erzeugen und ist mit zwei Heizplatten ausgestattet, die Temperaturen bis zu 350°C erreichen und halten können. Die Prozessparameter sind in der nachfolgenden Tabelle 6.2 dokumentiert. Die obere und untere Heißplatte wird mit dem Trennmittel Frekote 700-NC der Herstellerfirma Loctite behandelt.

Für die Herstellung der Platten werden Tapestücke auf eine Länge von 150 mm zurechtgeschnitten und anschließend, als Nullgradlage verschachtelt, übereinandergestapelt. Damit die Tapestücke in ihrer Position bleiben, werden die Tapeenden mit einem Ultraschallwerkzeug verschweißt und liegen nun in einer teilverschweißten Form als Platte vor. Diese Platten werden in die Form für das Heißpressverfahren eingelegt und der Prozess durchgeführt. Anschließend können die Platten aus der Form genommen und das überschüssige Material entfernt werden. Das beschriebene Vorgehen ist in Bild 6.6 am Beispiel von PP-CF dargestellt.

Tabelle 6.2: Prozessparameter für das Heißpressverfahren

Process parameters for the hot press molding process

Material	**Kraft [kN]**	**Temperatur [°C]**	**Haltezeit bei Prozesstemperatur [min]**	**Abkühldauer [h]**
PA12-CF neuwertig	70	210	10	2,5
PA12-CF recycelt	70	210	10	2,5
PP-CF neuwertig	70	210	10	2,5
PP-CF recycelt	70	210	10	2,5

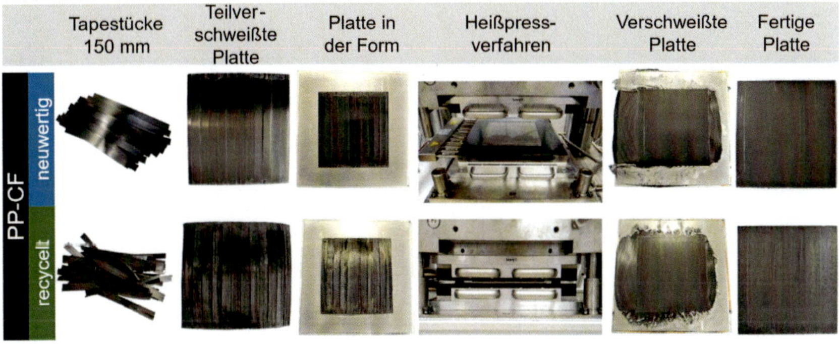

Bild 6.6: Herstellungsschritte im Heißpressverfahren

Manufacturing steps in the hot press molding process

Die Prüfkörpergeometrien werden durch Wasserstrahlschneiden aus den fertigen Platten getrennt. Das Vorgehen ist in Bild 6.7 dargestellt. Es wird eine Zeichnung des Schnittmusters erstellt. Insgesamt werden jeweils 5 Prüfkörper für den Dreipunktbiegeversuch sowie 5 Prüfkörper für den ILSS-Test zugeschnitten. In einem darauffolgenden Bearbeitungsschritt werden die Prüfkörper durch Schleifen auf die in den Normen geforderten Maße gebracht [DEUT98a; DEUT98b]. Zusätzlich werden je 2 Prüfkörper ausgeschnitten, die für die Erstellung von Schliffbildern genutzt werden, siehe Bild 6.8.

Bild 6.7: Herstellung der Prüfkörpergeometrie mittels Wasserstrahlschneiden

Production of the test specimen geometry using water jet cutting

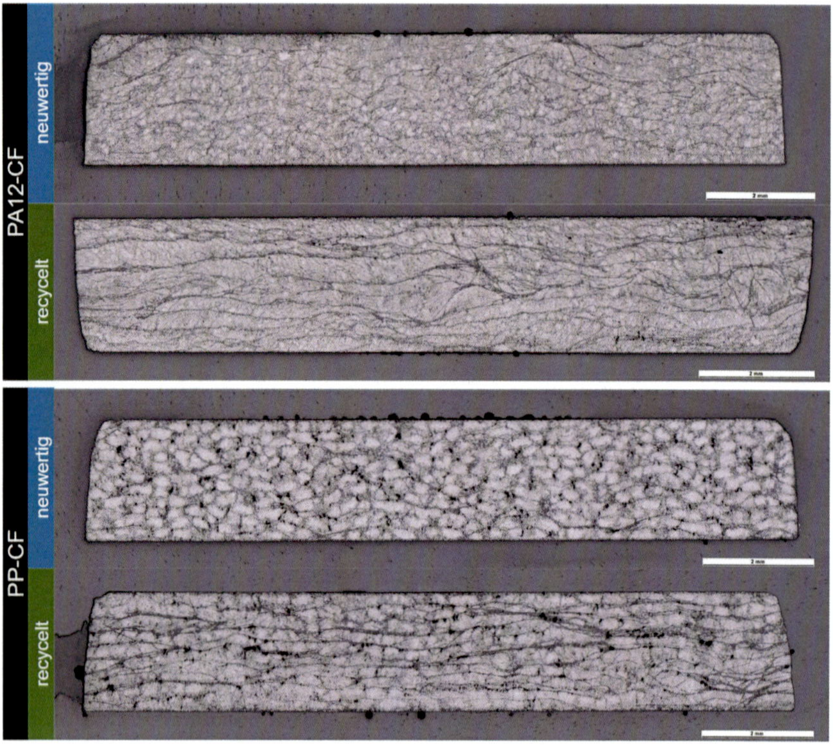

Bild 6.8: Schliffbilder der Normprobekörper aus neuwertigem und recyceltem Tape: PA12-CF (oben), PP-CF (unten)

Micrographs of the specimens made from new and recycled tape: PA12 CF (top), PP CF (bottom)

Die Schliffbilder in Bild 6.8 zeigen, dass in den Platten aus PP-CF verglichen mit den Platten aus PA12-CF eine große Anzahl an Poren vorhanden ist. Bei einem Vergleich der Platten aus jeweils dem gleichen Material lässt sich Folgendes feststellen: Das recycelte Material scheint etwas stärker dazu zu neigen, matrixreiche Zonen auszubilden. Dies könnte nur ein lokales Phänomen sein. Anders als bei den Ringprüfkörpern, die im AFP-Prozess hergestellt wurden, sind keine gleichmäßigen, matrixreichen, interlaminaren Zonen mehr zu erkennen. Dies lässt darauf schließen, dass das Material vollständig aufgeschmolzen wurde und durch die Presskraft induzierte Fließvorgänge stattgefunden haben, die die Grenzen zwischen den Tapes verschwinden lassen. Der Faserflächengehalt sowie der Porenflächengehalt wurde mit Hilfe einer Bildanalysesoftware ausgewertet. Die Ergebnisse sind in der nachfolgenden Tabelle 6.3 festgehalten. Wie bereits zuvor erwähnt gilt, dass die Auswertung mit einer Bildanalysesoftware stark von den gewählten Schwellwerten abhängt und damit im Allgemeinen nur als grober Indikator für die ermittelten Größen verstanden werden sollte. Da alle Schliffbilder mit denselben Schwellwerten analysiert werden, sind die Ergebnisse untereinander vergleichbar.

Tabelle 6.3: Ergebnisse der Schliffbildanalyse zur Bestimmung des FAC und des VAC in Prüfkörpern aus Platten

Results of the micrograph analysis to determine the FAC and VAC in specimens from sheets

Material	Anzahl Schliffbilder	FAC [%]	SD [%]	VAC [%]	SD [%]
PA12-CF neuwertig	2	42,31	2,31	0,34	0,08
PA12-CF recycelt	2	47,87	0,37	0,41	0,05
PP-CF neuwertig	2	47,96	1,04	1,84	0,10
PP-CF recycelt	2	42,89	1,56	2,16	0,25

6.2.4 Zwischenfazit: Verarbeitbarkeit im Heißpressverfahren

Interim conclusion: Processability with the hot press molding process

Am auffälligsten in den Schliffbildern ist der größere Porenanteil in den Platten aus PP-CF. Dieser ist vergleichbar stark in der Platte aus neuwertigem und aus recyceltem Tape ausgeprägt. Daher ist die Porenbildung wahrscheinlich auf die Prozessparameter und nicht auf das recycelte Tape zurückzuführen. Da nur geringe Unterschiede hinsichtlich der Qualität der Platten aus neuwertigem und recyceltem Tape in den Schliffbildern zu erkennen sind, kann angenommen werden, dass das recycelte Tape sich ähnlich gut verarbeiten lässt wie das neuwertige Tape.

6.3 Materialkennwerte: Vergleich von rTape mit neuwertigem Tape

Material characteristics: comparison of rTape with virgin tape

Die Versuche zur Bestimmung der mechanischen Kennwerte werden in einem temperierten Prüfraum am Fraunhofer IPT an einer Universalprüfmaschine von Typ Z250 SN der Herstellerfirma Zwick/Roell & Co. KG durchgeführt. Die Prüftemperatur beträgt 20°C. In Bild 6.9 sind die Prüfmaschine sowie Versuchsaufbauten der vier durchgeführten Versuche dokumentiert. Die Versuche werden in den nachfolgenden Kapiteln ausführlicher beschrieben.

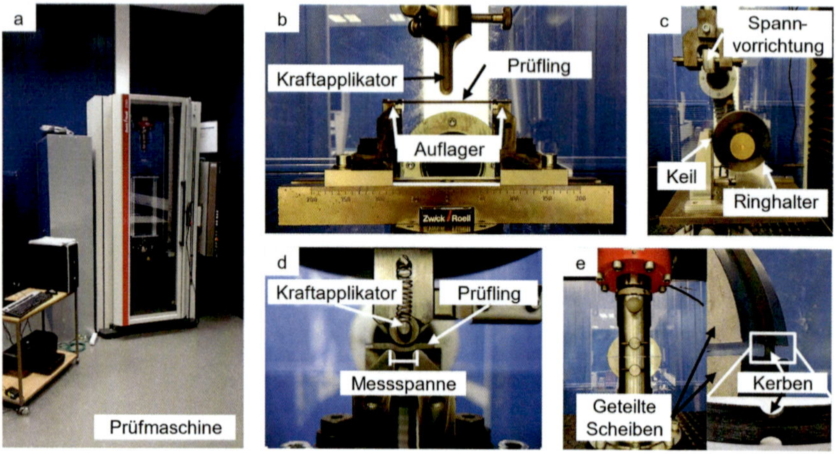

Bild 6.9: Universalprüfmaschine Typ Z250 SN (a), Versuchsaufbauten: Dreipunktbiegeversuch (b), RWPT (c), ILSS-Test (d) und RHTT (e)

Universal testing machine type Z250 SN (a), test setups: Three-point bending test (b), RWPT (c), ILSS test (d) and RHTT (e)

6.3.1 Durchführung des Ring-Keil-Schälversuchs

Execution of the ring wedge peel test

Der Ring-Keil-Schälversuch (RWPT) wurde am Fraunhofer IPT entwickelt und ist an die DIN 65448 angelehnt [DEUT88]. Der RWPT wird als interner Standardversuch zur Bewertung der interlaminaren Verbundfestigkeit von gewickelten Ringen verwendet. In dem Versuch wird nicht direkt die Energiefreisetzungsrate bestimmt, da Reibungseffekte im System enthalten sind und nicht herausgerechnet werden. Daher handelt es sich nur um eine scheinbare Energiefreisetzungsrate ($\tilde{G}_{RWPT}$), die im Allgemeinen größer als die tatsächliche Energiefreisetzungsrate ist. Der Versuch ist für eine vergleichende Bewertung innerhalb einer Versuchsreihe geeignet, nicht aber um exakte Materialkennwerte zu bestimmen. In dieser Arbeit wird mittels des RWPT die Verbundfestigkeit von Ringen aus neuwertigem Tape mit der Verbundfestigkeit von Ringen aus recyceltem Tape verglichen. [STIM14, S. 108]

Ein ringförmiger Prüfkörper wird auf einen drehbar gelagerten Ringhalter gespannt, der auf einem Schlitten befestigt ist. Die Herstellung dieser Prüfkörper ist in Kapitel 6.2.1 beschrieben. Die Prüfkörper werden mit einem freien Tapeende hergestellt, welches in der Spannvorrichtung der Prüfmaschinen eingespannt werden kann, vergleiche Bild 6.10. Das Tape wird tangential mit einer Prüfgeschwindigkeit von 15 mm/min über den Keil abgeschält. Durch den Schlitten wird sichergestellt, dass der Keil am Prüfkörper anliegt. Die Widerstandskraft F_{RWPT} sowie der Weg werden während des Versuchs durch die Sensorik der Prüfmaschine erfasst. Insgesamt wird die Kraftmessung über eine Strecke von 150 mm durchgeführt. Ein typischer Kraft-Weg-Verlauf ist in Bild 6.10 gegeben. Die Schälkraft steigt zu Beginn des Prozesses stark an und fällt dann schnell auf ein Plateau ab. Bei der Ermittlung der mittleren Schälkraft wird die initiale Schälkraft nicht berücksichtigt, indem die ersten 20 mm der Kraftmessung nicht für die Mittelung verwendet werden.

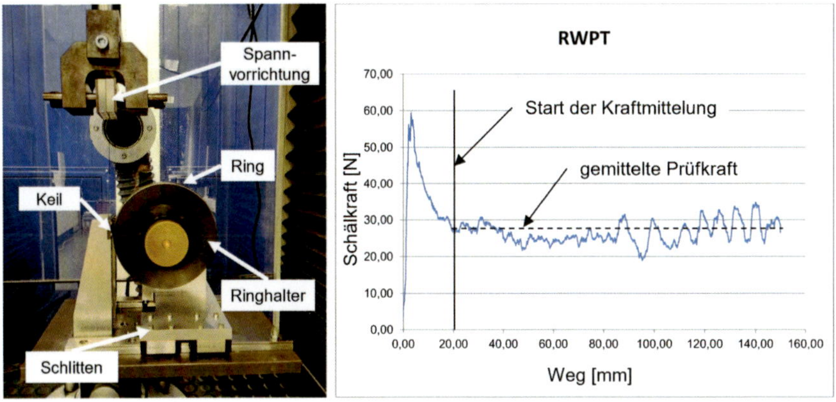

Bild 6.10: Versuchsaufbau des Ringkeilschälversuchs (links), typische Kraft-Weg-Kurve (rechts)
Test setup of the ring wedge peel test (left), typical force-displacement curve (right)

Die Prüfkörpergeometrien sowie die Versuchsergebnisse sind in Tabelle 6.4 dokumentiert. Die Dicke d_{RWPT} der Ringe wurde an einer Stelle mit einem Messchieber gemessen. Die Breite der Ringe wurde an drei Stellen, die im Winkel von 120° gleichmäßig über den Ring verteilt sind, mit einem Messchieber gemessen. Aus diesen Messwerten wurde die mittlere Breite $\bar{b}_{RWPT}$ des Prüfkörpers bestimmt. Die Masse m_{RWPT} wurde mittels einer Feinwaage bestimmt. Aus der ermittelten mittleren Kraft und der mittleren Prüfkörperbreite lässt sich die scheinbare Energiefreisetzungsrate $\tilde{G}_{RWPT}$ berechnen. Für jedes Material werden 5 Prüfkörper getestet und die prüfkörperspezifischen ermittelten scheinbaren Energiefreisetzungsraten werden über die 5 Versuche gemittelt. Auf diese Weise wird die mittlere, scheinbare Energiefreisetzungsrate $\bar{\bar{\tilde{G}}}_{RWPT}$ sowie die Standardabweichung SD_{RWPT} berechnet.

Sowohl die Ergebnisse mit PA12-CF als auch die Ergebnisse mit PP-CF zeigen, dass die ermittelte, scheinbare Energiefreisetzungsrate für die Prüfkörper, die aus recyceltem Tape hergestellt wurden, im Mittel größer ist als die der Prüfkörper aus neuwertigem Tape, vergleiche Bild 6.11. Allerdings ist anzumerken, dass die Standardabweichung für die Versuche mit recyceltem Tape deutlich größer ist als die Standardabweichung, die für die Versuche aus neuwertigem Tape bestimmt wurde.

Tabelle 6.4: Versuchsergebnisse Ringkeilschältest
Test results ring wedge peel test

Material	Prüfkörper	d_{RWPT} [mm]	$\overline{b}_{RWPT}$ [mm]	m_{RWPT} [g]	F_{RWPT} [N]	$\tilde{G}_{RWPT}$ [kJ/m²]	$\bar{\tilde{G}}_{RWPT}$ [kJ/m²]	SD_{RWPT} [kJ/m²]
PA12-CF neuwertig	v_PA12_1	1,21	12,61	8	111,08	8,8	9,4	0,4
	v_PA12_2	1,26	12,45	7	118,55	9,5		
	v_PA12_3	1,24	12,38	8	123,77	10,0		
	v_PA12_4	1,20	12,66	7	115,86	9,2		
	v_PA12_5	1,23	12,66	8	117,73	9,3		
PA12-CF recycelt	r_Pa12_1	1,45	12,65	8	72,31	5,7	9,8	2,7
	r_Pa12_2	1,51	12,75	9	103,28	8,1		
	r_Pa12_3	1,44	12,56	7	118,89	9,5		
	r_Pa12_4	1,47	12,36	8	153,08	12,4		
	r_Pa12_5	1,53	12,33	8	162,35	13,2		
PP-CF neuwertig	v_PP_1	0,98	12,68	8	41,33	3,3	3,2	0,5
	v_PP_2	0,92	12,52	8	31,33	2,5		
	v_PP_3	0,95	12,60	8	37,24	3,0		
	v_PP_4	0,98	12,62	8	49,19	3,9		
	v_PP_5	0,95	12,65	8	39,87	3,2		
PP-CF recycelt	r_PP_1	1,21	10,55	7	59	5,6	4,5	1,3
	r_PP_2	1,23	11,01	7	67,34	6,1		
	r_PP_3	1,22	10,41	7	33,97	3,3		
	r_PP_4	1,19	10,90	7	48,52	4,5		
	r_PP_5	1,25	10,29	7	29,39	2,9		

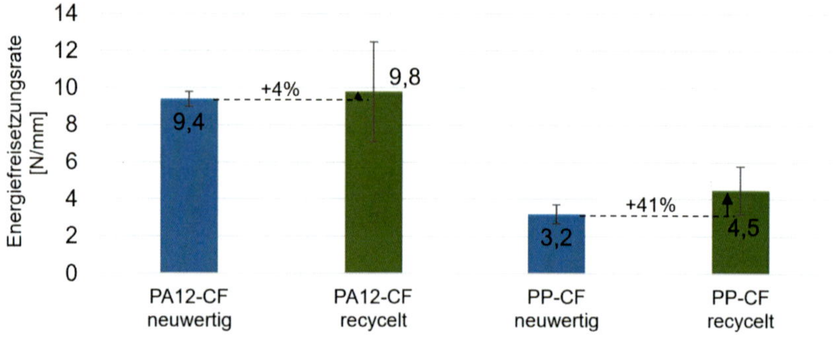

Bild 6.11: Vergleich der ermittelten Messwerte aus dem RWPT
Comparison of the measured values from the RWPT

Der Anstieg der Standardabweichung ist wahrscheinlich auf die Ausprägung der matrixreichen interlaminaren Zone zurückzuführen. Diese ist in dem Schliffbild des Prüfkörpers aus neuwertigem PA12-CF Tape deutlich zu erkennen, wohingegen die interlaminare Zone im Schliffbild des Prüfkörpers aus recyceltem PA12-CF Tape verschmiert erscheint. Die ungleichmäßige Ausprägung der Bruchzone könnte eine Erklärung für die stärkere Fluktuation der scheinbaren Energiefreisetzungsrate während des Versuchs sein.

6.3.2 Durchführung des Ringzugversuchs

Execution of the ring hoop tensile test

Der Ringzugversuch ist in der ASTM D 2290 festgehalten [ASTM03]. Es gibt einige Besonderheiten dieses Versuchs, die an dieser Stelle hervorgehoben werden: Durch die Geometrie der Prüfkörper sowie des Versuchsaufbaus wird in der Probe während der Prüfung die Zugkraft mit einem Biegemoment überlagert. Es handelt sich also nicht um ein reines Versagen unter Zugbelastung, sondern um eine überlagerte Belastung. Die in diesem Versuch ermittelte Zugfestigkeit wird daher als scheinbare Zugfestigkeit (engl.: *apparent tensile strength*) bezeichnet und liegt im Allgemeinen unter der Zugfestigkeit, die mit einer flachen Probe ermittelt wurde.

In der nachfolgenden Tabelle 6.5 sind die Daten der Prüfkörper sowie die Versuchsergebnisse dokumentiert. Die Prüfkörper besitzen zwei gegenüberliegende Einkerbungen nach Norm, die durch Feilen in den Prüfkörper eingebracht werden. Die Dicke und die Breite beider Einkerbungen werden bestimmt und daraus die mittlere Querschnittsfläche $\overline{A}_{RHTT}$ der Einkerbungen berechnet. Diese werden zusammen mit der Bruchkraft F_{RHTT} verwendet, um die scheinbare Zugfestigkeit $\tilde{\sigma}_{RHTT}$ zu bestimmen. Für jedes Material werden fünf Prüfkörper getestet. Aus den Versuchsergebnissen werden die mittlere scheinbare Zugfestigkeit $\overline{\tilde{\sigma}}_{RHTT}$ sowie die Standardabweichung SD_{RHTT} bestimmt.

Tabelle 6.5: Versuchsergebnisse Ringzugversuch
Test results ring hoop tensile test

	Prüfkörper	$\overline{A}_{RHTT}$ [mm²]	F_{RHTT} [N]	$\tilde{\sigma}_{RHTT}$ [MPa]	$\overline{\tilde{\sigma}}_{RHTT}$ [MPa]	SD_{RHTT} [MPa]
PA12-CF neuwertig	v_PA12_1	24,62	52394,22	2128,12	1945,2	106,7
	v_PA12_2	24,61	45371,30	1843,61		
	v_PA12_3	25,34	50585,81	1996,28		
	v_PA12_4	25,31	46806,52	1849,33		
	v_PA12_5	25,60	48858,88	1908,55		
PA12-CF recycelt	r_PA12_1	25,73	43134,43	1676,43	1775,8	91,2
	r_PA12_2	26,06	44473,40	1706,58		
	r_PA12_3	26,37	45731,04	1734,21		
	r_PA12_4	25,93	47764,94	1842,07		
	r_PA12_5	26,23	50360,14	1919,94		
PP-CF neuwertig	v_PP_1	25,53	28724,38	1125,12	1155,4	43,3
	v_PP_2	23,92	26104,16	1091,31		
	v_PP_3	24,16	29325,32	1213,80		
	v_PP_4	24,01	27888,05	1161,52		
	v_PP_5	23,90	28324,05	1185,11		
PP-CF recycelt	r_PP_1	24,28	28528,66	1174,99	1073,6	141,6
	r_PP_2	25,13	26589,50	1058,08		
	r_PP_3	25,12	31859,57	1268,29		
	r_PP_4	25,04	21395,63	854,46		
	r_PP_5	25,94	26255,66	1012,17		

Es ist festzustellen, dass die Standardabweichung für das recycelte Material größer ausfällt als für das neuwertige Material. Für die Auslegung von Bauteilen sind große Schwankungen in der Festigkeit unvorteilhaft. Damit sichergestellt werden kann, dass ein Bauteil die geforderten Anforderungen erfüllt, bietet sich ein stochastischer Ansatz an. Unter der Annahme, dass die experimentell ermittelten Werte normal verteilt sind, kann ein Konfidenzintervall von 1,64-mal der Standardabweichung um den Mittelwert gebildet werden. Dieses umfasst 90% der Daten. Eine Reduktion der mittleren Festigkeit um den Faktor 1,64-mal der Standardabweichung ausgehend von der mittleren Festigkeit führt dazu, dass mit einer Wahrscheinlichkeit von 95% die Festigkeit des hergestellten Bauteils oberhalb der reduzierten Festigkeit liegt. Falls eine größere Wahrscheinlichkeit, zum Beispiel für sicherheitsrelevante Bauteile, benötigt wird, kann eine stärkere Reduktion vorgesehen werden. Ein Vergleich der auf diese Weise reduzierten Festigkeiten ist aussagekräftiger als ein Vergleich der mittleren Festigkeiten, da sichergestellt ist, dass ein Laminat aus neuwertigem und aus recyceltem Material die reduzierte Festigkeit bei gleicher Verarbeitungshistorie mit derselben Wahrscheinlichkeit erbringen. Die hier vorgestellte Methodik wird nachfolgend zur Beurteilung der ermittelten Festigkeitswerte herangezogen.

In Bild 6.12 sind die Versuchsergebnisse dargestellt. Neben der mittleren scheinbaren Zugfestigkeit ist auch die reduzierte mittlere scheinbare Zugfestigkeit dargestellt. Diese wurde nach dem zuvor beschriebenen Vorgehen bestimmt. Die Leistungsfähigkeit der Prüfkörper aus recyceltem Material liegt in allen Versuchen unter der des neuwertigen Materials. Für PA12-CF kann ein Rückgang in der mittleren scheinbaren Zugfestigkeit um 9% festgestellt werden. Dieser liegt bei PP-CF bei 7%. Ein Vergleich der reduzierten mittleren scheinbaren Zugfestigkeiten zeigt, dass sich der Festigkeitsverlust für PP-CF von 7 auf 22% vergrößert. Dies ist auf die hohe Standardabweichung innerhalb der Messwerte von Prüfkörpern aus recyceltem PP-CF Material zurückzuführen. Diese fällt mit 141,6 MPa 3,3-mal größer als die Standardabweichung der PP-CF Prüfkörper aus neuwertigem Material aus. Für das PA12-CF Material fallen die Standardabweichungen innerhalb der Testreihe mit neuwertigem und mit recyceltem Material in etwa gleich groß aus.

Die Reduktion der Festigkeitswerte anhand der 1,64-fachen Standardabweichung ist in der Literatur nicht verbreitet, aber wie bereits zuvor erwähnt aussagekräftiger. Die im Stand der Technik recherchierten Festigkeitsreduktionen der recycelten Fasern gegenüber den neuwertigen Fasern beziehen sich auf die mittlere Zugfestigkeit. Damit eine Vergleichbarkeit zu den Literaturwerten gegeben ist, wird zur Einordnung des in dieser Arbeit untersuchten Recyclingprozesses analog zum Vorgehen in der Literatur die Reduktion der mittleren Zugfestigkeit, speziell in diesem Fall die Reduktion der mittleren scheinbaren Zugfestigkeit betrachtet. Diese liegt für die beiden untersuchten Materialien mit 7% beziehungsweise 9% unterhalb der 16%, die der in Kapitel 2.3.7 identifizierte Vergleichsprozess (konventionelle Pyrolyse) mit sich bringt.

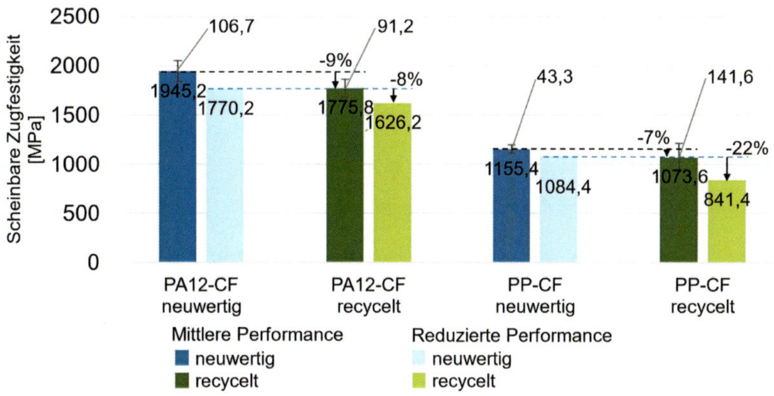

Bild 6.12: Vergleich der ermittelten Messwerte aus dem RHTT
Comparison of the measured values from the RHTT

6.3.3 Bestimmung der scheinbaren interlaminaren Scherfestigkeit

Measurement of the apparent interlaminar shear strength

Die Probenvorbereitung, Durchführung und Auswertung des ILSS-Tests ist in der Norm DIN ISO 14130 festgehalten und wird an dieser Stelle nicht näher erläutert [DEUT98a]. In der Norm werden die verschiedenen Versagensarten beschrieben, die bei der Versuchsdurchführung auftreten können. Zulässig ist nur ein Versagen durch einfache oder mehrfache interlaminare Risse innerhalb des Laminats. Bei der Versuchsdurchführung wird darauf geachtet, dass ein Versagen durch die zulässigen Versagensarten stattgefunden hat, dies wird für alle Proben nach dem Versuch durch eine optische Inspektion unter dem Mikroskop geprüft. Die Tests wurden für 0° Laminate durchgeführt. Im nachfolgenden Bild 6.13 sind die Versuchsergebnisse grafisch dargestellt. Es ist zu erkennen, dass sowohl für PA12-CF als auch für PP-CF die ermittelten Festigkeiten nahezu identisch sind. Auch die Standardabweichungen liegen für das jeweilige Material in derselben Größenordnung. Die Reduktion der mittleren scheinbaren interlaminaren Scherfestigkeit sowie der reduzierten mittleren interlaminaren Scherfestigkeit von PA12-CF liegt bei unter 1%. Für PP-CF liegt diese bei 2%.

Tabelle 6.6 sind die Prüfkörper sowie die Versuchsergebnisse dokumentiert. Die Prüfkörperbreite sowie dicke wurde an drei Stellen mit einem Messschieber bestimmt. Aus diesen Messwerten wurde anschließend der mittlere Probenquerschnitt $\overline{A}_{ILSS}$ bestimmt. Zusammen mit der Prüfkraft F_{ILSS} lässt sich hieraus die scheinbare interlaminare Schubspannung beziehungsweise die scheinbare interlaminare Scherfestigkeit τ_{ILSS} durch Einsetzen in Gleichung 6.1 bestimmen [DEUT98a]. Für jedes Material werden fünf Versuche durchgeführt. Anschließend werden die mittlere scheinbare interlaminare Scherfestigkeit $\overline{\tau}_{ILSS}$ und die Standardabweichung SD_{ILSS} berechnet.

$$\tau_{ILSS} = \frac{3}{4} * \frac{F_{ILSS}}{\overline{A}_{ILSS}} \tag{6.1}$$

Im nachfolgenden Bild 6.13 sind die Versuchsergebnisse grafisch dargestellt. Es ist zu erkennen, dass sowohl für PA12-CF als auch für PP-CF die ermittelten Festigkeiten nahezu identisch sind. Auch die Standardabweichungen liegen für das jeweilige Material in derselben Größenordnung. Die Reduktion der mittleren scheinbaren interlaminaren Scherfestigkeit sowie der reduzierten mittleren interlaminaren Scherfestigkeit von PA12-CF liegt bei unter 1%. Für PP-CF liegt diese bei 2%.

Tabelle 6.6: Versuchsergebnisse ILSS-Test
Test results ILSS test

	Prüfkörper	$\overline{A}_{ILSS}$ [mm²]	F_{ILSS} [N]	τ_{ILSS} [MPa]	$\overline{\tau}_{ILSS}$ [MPa]	SD_{ILSS} [MPa]
PA12-CF neuwertig	v_PA12_1	20,68	1403,36	50,90	47,8	2,4
	v_PA12_2	20,07	1284,05	47,98		
	v_PA12_3	20,79	1251,51	45,15		
	v_PA12_4	20,88	1387,87	49,85		
	v_PA12_5	20,31	1219,32	45,03		
PA12-CF recycelt	r_PA12_1	21,33	1216,91	42,79	47,5	2,4
	r_PA12_2	21,61	1375,08	47,72		
	r_PA12_3	21,00	1386,02	49,50		
	r_PA12_4	21,46	1395,81	48,78		
	r_PA12_5	21,08	1365,55	48,58		
PP-CF neuwertig	v_PP_1	20,44	896,77	32,90	33,1	0,5
	v_PP_2	19,24	831,47	32,41		
	v_PP_3	20,88	946,65	34,00		
	v_PP_4	20,18	897,13	33,34		
	v_PP_5	20,35	888,46	32,74		
PP-CF recycelt	r_PP_1	20,40	899,26	33,06	32,4	0,5
	r_PP_2	20,74	888,68	32,14		
	r_PP_3	20,47	862,46	31,60		
	r_PP_4	20,11	871,12	32,49		
	r_PP_5	20,80	903,53	32,58		

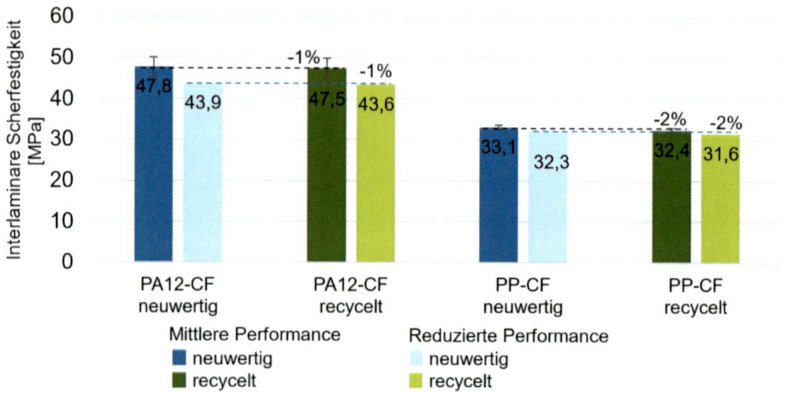

Bild 6.13: Vergleich der ermittelten Messwerte aus dem ILSS-Test
Comparison of the measured values from the ILSS-Test

6.3.4 Durchführung des Dreipunktbiegeversuchs

Execution of the three-point bending test

Der Dreipunktbiegeversuch wird in Norm DIN EN ISO 14125 beschrieben [DEUT98b]. In der nachfolgenden Tabelle 6.7 sind die Prüfkörpergeometrien sowie die Versuchsergebnisse aufgeführt. Die Spannweite L_{3PB} der Auflager beträgt für alle Versuche 80 mm und die Biegefestigkeit wird für ein 0°-Laminat geprüft. Die Breite und die Dicke der Prüfkörper wird an drei gleichmäßig verteilten Stellen gemessen und es werden jeweils die mittlere Dicke $\overline{h}_{3PB}$ sowie die mittlere Breite $\overline{b}_{3PB}$ des Prüfkörpers bestimmt. Aus der Querschnittsfläche, der Spannweite und der Prüfkraft F_{3PB} lässt sich durch Einsetzen in Gleichung 6.2 die Biegefestigkeit σ_{3PB} bestimmen. Für jedes Material werden jeweils fünf Prüfkörper getestet. Anschließend kann die mittlere Biegefestigkeit $\overline{\sigma}_{3PB}$ sowie die Standardabweichung SD_{3PB} bestimmt werden.

$$\sigma_{3PB} = \frac{2\,F_{3PB}\,L_{3PB}}{3\,\overline{b}_{3PB}\,\overline{h}_{3PB}^{\,2}} \tag{6.2}$$

Tabelle 6.7: Versuchsergebnisse der Dreipunktbiegeversuche
Results from three-point bending tests

	Prüfkörper	L_{3PB} [mm]	$\overline{h}_{3PB}$ [mm]	$\overline{b}_{3PB}$ [mm]	F_{3PB} [N]	σ_{3PB} [MPa]	$\overline{\sigma}_{3PB}$ [MPa]	SD_{3PB} [Mpa]
PA12-CF neuwertig	v_PA12_1	80	2,17	14,88	550,98	943,61	982,1	30,1
	v_PA12_2	80	2,11	14,98	530,52	954,57		
	v_PA12_3	80	2,12	14,94	571,97	1022,19		
	v_PA12_4	80	2,04	14,93	521,97	1008,11		
	v_PA12_5	80	2,09	15,05	537,89	981,85		
PA12-CF recycelt	r_PA12_1	80	2,07	14,99	503,11	939,94	960,3	89,0
	r_PA12_2	80	2,08	14,96	431,99	800,93		
	r_PA12_3	80	2,03	14,98	541,50	1052,63		
	r_PA12_4	80	2,02	15,00	525,68	1030,64		
	r_PA12_5	80	2,01	15,06	495,60	977,45		
PP-CF neuwertig	v_PP_1	80	2,09	14,88	458,93	847,29	876,0	43,3
	v_PP_2	80	2,07	14,86	476,56	898,13		
	v_PP_3	80	2,05	14,92	461,29	882,83		
	v_PP_4	80	2,04	14,93	486,31	939,24		
	v_PP_5	80	2,11	14,82	446,81	812,63		
PP-CF recycelt	r_PP_1	80	2,06	14,99	327,52	617,85	671,4	92,2
	r_PP_2	80	2,11	14,95	352,18	634,95		
	r_PP_3	80	2,15	14,90	321,33	559,85		
	r_PP_4	80	2,07	14,86	437,65	824,80		
	r_PP_5	80	2,10	15,04	397,58	719,32		

Die Versuchsergebnisse sind in Bild 6.14 grafisch aufbereitet. Es ist zu erkennen, dass die Versuche mit Prüfkörpern aus recyceltem Material zu geringeren Festigkeiten geführt haben. Für PA12-CF reduziert sich die mittlere Biegefestigkeit um lediglich 2%, während für PP-CF eine Reduktion der mittleren Biegefestigkeit um 23% zu verzeichnen ist. Die Standardabweichung in den Versuchsergebnissen der recycelten Materialien ist deutlich größer als in den Versuchen mit neuwertigem Material. Bei einer Analyse der reduzierten mittleren Biegefestigkeiten ergibt sich für PA12-CF eine Reduktion um 13% und bei PP-CF eine Reduktion um 35%.

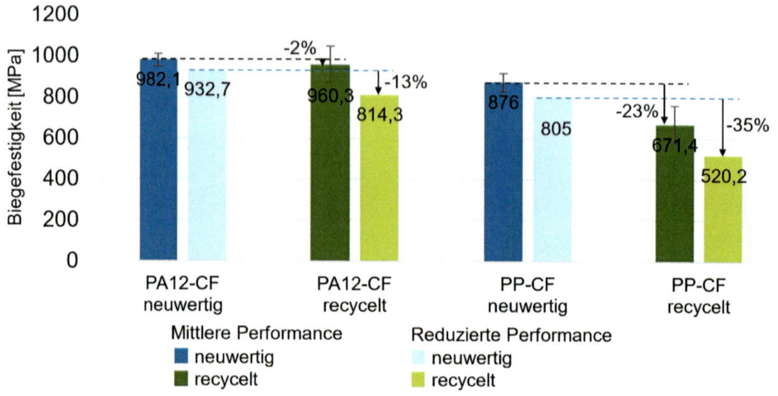

Bild 6.14: Vergleich der ermittelten Messwerte aus dem Dreipunktbiegeversuch

Comparison of the measured values from the three-point bending test

6.4 Zwischenfazit

Interim conclusion

In Kapitel 6 wird die Forschungsfrage drei untersucht. Diese lautet:

»Welche mechanische Leistungsfähigkeit besitzt das durch den Recyclingprozess zurückgewonnene Material und ist das Rezyklat für die Verarbeitung mit herkömmlichen Produktionsmaschinen geeignet?«

Um diese Forschungsfrage zu beantworten, wird mit Hilfe des Recyclingprozesses recyceltes Material für die Wiederverwertung produziert. Das PA12-CF Tape kann in einer höheren Qualität recycelt werden als das PP-CF Tape. Die Rückgewinnungsquote für PA12-CF Material liegt bei 75%, während sie für PP-CF nur 56% beträgt. Während des Recyclings überlagern sich diverse Einflüsse, die ihren Ursprung im Material selbst, im Herstellungsprozess, im Bauteil oder in der Prozessführung während des Recyclings haben. Die durchgeführten Versuche sind nicht geeignet, um die Auswirkungen dieser kombiniert auftretenden Einflüssen auf einzelne Einflüsse zurückzuführen und somit zu bewerten. In einer gesonderten Forschungsarbeit könnte darauf hin gearbeitet werden einzelne Einflüsse zu isolieren und die Auswirkungen auf den Recyclingprozess zu bewerten.

Für die Herstellung von Prüfkörpern wird das Material sowohl im AFP-Prozess als auch im Heißpressverfahren verarbeitet. Die Verarbeitung des recycelten Materials ist in beiden Produktionsverfahren gelungen. Die Ausprägung sowie Häufigkeit von

Fehlstellen unterschieden sich nicht signifikant zwischen Laminaten aus neuwertigem und recyceltem Tape. Es ist festzustellen, dass die Ausprägung der interlaminaren Zone bei Prüfkörpern aus recyceltem Tape nicht mehr so gleichmäßig ist wie bei den Prüfkörpern aus neuwertigem Material. Dies könnte einen Einfluss auf die Rezyklierbarkeit eines Bauteils haben, welches bereits aus recyceltem Material hergestellt wurde. Die Fragestellun, wie oft sich der Recyclingprozess auf thermoplastische UD-Tapes anwenden lässt und mit welchen Einschränkungen hinsichtlich Ausbeute und Qualität beim wiederholten Recycling zu rechnen ist, ist in dieser Arbeit nicht untersucht worden. Im Sinne der Kreislaufwirtschaft ist diese Fragestellung allerdings relevant und sollte Gegenstand nachfolgender Forschungsarbeiten sein.

Die Auswertung der mechanischen Tests zeigt im Allgemeinen eine Reduktion der mechanischen Kennwerte bei der Verwendung von recyceltem Tape. Dies deutet auf eine Beschädigung der Fasern hin, die während des Recyclingprozesses beziehungsweise der Wiederverarbeitung entsteht.

Eine Ausnahme bildete die scheinbare interlaminare Scherfestigkeit, bei der die ermittelten Werte und deren Standardabweichungen für recyceltes und neuwertiges Tape nahezu gleich groß sind. Die Standardabweichungen innerhalb der Versuchsreihen mit recyceltem Tape sind beim RWPT, RHTT und im 3PB-Test höher als bei den Versuchsreihen mit neuwertigem Tape. Zu den recycelten Tapes wurden Qualitätsdaten gesammelt, diese beinhalten Breitenschwankungen, Dickenschwankungen und Fehlstellen in Form von Rissen. Das recycelte Material hat bezogen auf diese Kriterien eine schlechtere Qualität als das neuwertige Material. Es ist zu vermuten, dass diese Qualitätsschwankungen zu den erhöhten Standardabweichungen in den Versuchen mit dem recycelten Material führen. In dieser Arbeit wurden die recycelten Tapes in etablierten Verarbeitungsverfahren zu Prüfkörpern weiterverarbeitet, die aus mehreren Lagen bestehen. Somit kommt es, wie im realen Bauteil, zu einer Verschmierung der lokalen Defekte. Diese Art der Materialprüfung bietet die Möglichkeit, den Einfluss der Materialverarbeitung mit zu berücksichtigen, allerdings lassen sich aus den Prüfergebnissen keine Rückschlüsse mehr auf lokale Defekte im Tape schließen. In nachfolgenden Forschungsarbeiten sollte untersucht werden, wie sich die Ausprägung verschiedener Fehlstellen auf die mechanischen Eigenschaften des Materials auswirkt (engl. *effect of defect*). Hierzu sollten das Material auf Halbzeugebene geprüft werden. Durch eine Quantifizierung der Einflüsse der verschiedenen Defekte lässt sich für die Zukunft eine Methodik zur Bewertung der Fehler im recycelten Tape erstellt.

Wird die Zugfestigkeit, wie in der Literatur üblich, als Bewertungskriterium für die mechanische Leistungsfähigkeit einer recycelten Kohlenstofffaser herangezogen und eine Probe aus neuwertigem Material als Benchmark verwendet, so ist für die hier untersuchten recycelten Materialien mit einer Reduktion der mittleren Zugfestigkeit um 7-9% und eine Erhöhung der Standardabweichung von 5-12% zu rechnen. Bild 6.15 setzt die erzielten Werte in ein Verhältnis zu den am Fraunhofer EMI erzielten Festigkeitswerten sowie zu den Festigkeitswerten, die mit einer konventionellen Pyrolyse erzielt werden.

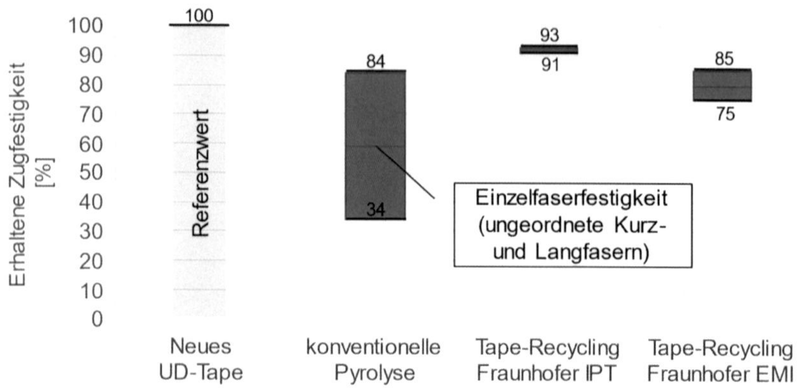

Bild 6.15: Vergleich der erhaltenen Zugfestigkeit der recycelten Fasern

Comparison of the obtained tensile strength of the recycled fibers

Die Forschungsfrage drei kann wie folgt beantwortet werden: Das recycelte Tape lässt sich im AFP-Prozess und im Heißpressverfahren wiederverarbeiten. Für die recycelten UD-Tapes ist mit einer Reduktion der Zugfestigkeit um 7-9% zu rechnen.

7 Zusammenfassung und Ausblick

Summary and Outlook

In dieser Forschungsarbeit wird ein neuer Ansatz für das Recycling von thermoplastischen kohlenstofffaserverstärkten Kunststoffen in Form von UD-Tapes untersucht, der bereits 2018 durch das Fraunhofer IPT patentiert wurde [JANS18]. Der Recyclingprozess besteht darin, thermoplastische UD-Tapes lokal zu erwärmen und durch eine Zugkraft vom Bauteil abzulösen. Es wird die folgende Forschungshypothese aufgestellt:

»Der Tape-REx® Prozess ist geeignet, um thermoplastisches unidirektionales FVK-Tape zurückzugewinnen. Dieses recycelte Tape lässt sich anschließend mit bestehenden Fertigungsprozessen wieder verarbeiten«

Hierzu werden die folgenden drei Forschungsfragen aufgestellt und beantwortet.

Die erste Forschungsfrage lautet:

»Welche Faktoren beeinflussen den Recyclingprozess und wie kann eine geeignete Prozessstrategie aussehen?«

Während des Recyclingprozesses wird zwischen Tape und Bauteil ein Riss durch eine äußere Prozesskraft vorangetrieben. In der Literatur sind bereits einige Einflüsse auf die Rissausbreitung in FVK bekannt. Hier zu nennen sind die Konsolidierungsqualität, Fehlstellen im Laminat, die Ausprägung der interlaminaren Zone, Fasermigration, die Kristallinität, der Bruchmodus und die Temperatur. Durch eine Analyse dieser Einflüsse und Bewertung der Auswirkung auf den Recyclingprozess wird eine Prozessstrategie hergeleitet. Von den zuvor genannten Einflüssen lassen sich nur der Bruchmodus und die Temperatur während des Recyclingprozesses beeinflussen. Alle übrigen Einflüsse stellen Störgrößen dar, gegen die der Recyclingprozess für eine robuste Prozessführung möglichst immun sein sollte. Das Mischungsverhältnis der Bruchmodi I und II lässt sich durch die geometrische Ausgestaltung der Prozesszone und die Krafteinbringung beeinflussen, wobei das Mischungsverhältnis so gesteuert werden sollte, dass Bruchmodus II den größeren Anteil des Belastungszustands ausmacht. Die Prozesstemperatur lässt sich ebenfalls beeinflussen, in dieser Arbeit wird sich für ein Recycling bei Temperaturen oberhalb der Glasübergangstemperatur und unterhalb der Schmelztemperatur entschieden, da dies ein Versagen in der interlaminaren Matrix begünstigt. Eine detailliertere Beschreibung der Einflüsse und der Herleitung der Prozessstrategie ist in Kapitel 4 zu finden.

Die in dieser Forschungsarbeit hergeleitete Prozessstrategie wurde mit dem Ziel entwickelt, einen robusten Prozess zu begünstigen und die Fasern mit Matrix in der Form eines Tapes zurückzugewinnen. Sie stellt aber nur eine von vielen möglichen Prozessstrategien dar. Wird ein alternatives Optimierungsziel wie beispielsweise eine möglichst hohe Prozessgeschwindigkeit oder ein möglichst kleiner Bauraum gesetzt, so können eine abweichende Geometrie der Prozesszone oder ein Recycling in einem anderen Temperaturbereich zielführender sein. Beispielsweise könnte durch einen Laser mit ausreichender Leistung die Matrix verdampft und die Faser direkt abgewickelt werden.

Die zweite Forschungsfrage lautet:

»Lässt sich die entwickelte Prozessstrategie in einer Recyclinganlage technisch umsetzen und ist der Recyclingprozess robust genug, um einen kontinuierlichen Tapeabschnitt mit einer Länge von mindestens 0,5 m zurückzugewinnen?«

Die Recyclinganlage wird in dieser Forschungsarbeit in Form eines Recyclingprüfstandes umgesetzt und validiert. Die Entwicklung des Prüfstands wird in Kapitel 5 beschrieben. Der Prüfstand ist modular aufgebaut und verfügt über die Möglichkeit, rohrförmige Prüfkörper aufzunehmen. Diese Prüfkörper werden im AFP-Verfahren hergestellt und können aus mehr als 100 m kontinuierlichem Tape bestehen. Für die Validierung und Beantwortung der zweiten Forschungsfrage wird ein kontinuierlicher Tapeabschnitt von mehr als 100 m von einem rohrförmigen Prüfkörper erfolgreich recycelt.

Um die Energieintensität des Recyclingprozesses zu bewerten, wird eine Energiemessung durchgeführt. Diese ergibt eine Energieintensität von 279 MJ/kg recyceltes Tape bei der Nutzung von Heißluftgebläsen als Erwärmungsmethode. Eine Analyse alternativer Erwärmungsmethoden ergibt, dass die Energieintensität des Prozesses auf 7,5 MJ/kg gesenkt werden kann, wenn für die Erwärmung ein Laser verwendet wird. Die Herstellung eines neuen Tapes hat eine Energieintensität von 304-405 MJ/kg (Kapitel 2.2.3) und das Recycling nach dem Stand der Technik durch eine konventionelle Pyrolyse besitzt eine Energieintensität von 17-67 MJ/kg (Kapitel 2.3.7). Die energetische Betrachtung zeigt, dass der neue Recyclingansatz das Potenzial bietet, Energie einzusparen. Vor diesem Hintergrund sollte in nachfolgenden Forschungsarbeiten die Erwärmung mittels Laserstrahlung untersucht werden.

Die Validierung des Recyclingprozesses findet in dieser Arbeit an extra für diesen Zweck hergestellten Prüfkörpern statt. Diese besitzen ein loses Tapeende, welches in den Recyclingprüfstand eingespannt werden kann, um die benötigte Zugkraft aufzubringen. In folgenden Forschungsbemühungen sollte der Recyclingprozess an Demonstratoren validiert werden, die realen Bauteilen nachempfunden sind. Insbesondere der Anfang des Recyclingprozesses stellt eine Herausforderung dar. Des Weiteren stellen komplexere Bauteilgeometrien, wie beispielsweise die eines Drucktanks, neue Anforderungen an die Recyclinganlage sowie die Prozessführung, die in anknüpfenden Forschungsarbeiten untersucht werden sollten.

Die dritte Forschungsfrage lautet:

»Welche mechanische Leistungsfähigkeit besitzt das durch den Recyclingprozess zurückgewonnene Material und ist das Rezyklat für die Verarbeitung mit herkömmlichen Produktionsmaschinen geeignet?«

Um die Wiederverwertbarkeit des recycelten Tapes zu demonstrieren, wird gezeigt, dass sich das recycelte Tape in industriellen Prozessen analog zu neuwertigem Tape verarbeiten lässt. Die Verarbeitbarkeit wird für den AFP-Prozess sowie das Heißpressen validiert. Für die Bewertung der mechanischen Leistungsfähigkeit werden Prüfkörper aus recyceltem und neuwertigem Tape hergestellt. Diese werden anschließend im RWPT, RHTT, 3PB und ILSS-Test untersucht. Es zeigt sich, dass die mechanischen Kennwerte der Prüfkörper aus recyceltem Tape unter denen der Prüfkörper aus neuwertigem Tape liegen, während die Standardabweichung in den Versuchen mit Prüfkörpern aus recyceltem Tape zunimmt. Die ausführlichen Ergebnisse sind in Kapitel 6.3 zu finden. Der Verlust an Festigkeit sowie die Zunahme der Standardabweichung lässt sich aus den zur Verfügung stehenden Ergebnissen nicht auf einen spezifischen Effekt zurückführen. In den recycelten Tapes konnten Schwankungen in der Breite sowie der Dicke festgestellt werden, außerdem wurden Fehlstellen in Form von Rissen im Tape detektiert. Diese Abweichungen von der idealen Tapegeometrie könnten ein Faktor sein, der zu einer Reduktion der Festigkeit und einer Erhöhung der Standardabweichung führt. In weiterführenden Forschungsarbeiten sollten diese Fehlstellen, deren Auswirkungen auf die Festigkeit und die Weiterverarbeitung sowie Möglichkeiten zur Reduktion der Fehlstellen untersucht werden. In Kapitel 5.4 wird ein Modul vorgestellt, mit dem die genannten Abweichungen von der idealen Tapegeometrie automatisiert detektiert werden können. In Kapitel 5.4.4 wird ein Modul vorgestellt, welches die genannten Fehlstellen durch einen Formgebungsprozess ausbessert. Die Module bilden eine Grundlage für die Weiterentwicklung in nachfolgenden Forschungsarbeiten.

Aus den gesammelten Ergebnissen lässt sich schließen, dass die Forschungshypothese unter Einschränkungen bestätigt werden kann. Es konnte gezeigt werden, dass der neue Recyclingprozess geeignet ist, um thermoplastisches unidirektionales FVK-Tape zurückzugewinnen. Hierbei ist einschränkend anzumerken, dass das Tape von Prüfkörpern zurückgewonnen wurde, die über ein loses Tapeende verfügen, wodurch der Recyclingprozess einfach gestartet werden kann. Die Geometrie der rohrförmigen Prüfkörper ist vom Komplexitätsgrad als niedrig einzustufen, somit ist ein Nachweis für komplexere Geometrien noch zu erbringen. Bisher wurde ein kontinuierlicher Tapeabschnitt von 100 m Länge zurückgewonnen. Es ist zwar zu erwarten, dass der Prozess auch für längere Tapeabschnitte funktioniert, der Nachweis hierfür wurde allerdings bisher nicht erbracht. Die Verarbeitbarkeit des recycelten Tapes konnte für den AFP-Prozess sowie das Heißpressen erbracht werden. Bei den Prüfkörpern, die aus recyceltem Material hergestellt wurden, konnte eine Reduktion der mittleren Zugfestigkeit um 7-9% und eine Erhöhung der Standardabweichung von 5-12% festgestellt werden.

Die Ergebnisse bestätigen, dass der Recyclingprozess eine vielversprechende Möglichkeit bietet, thermoplastisches UD-Tape ohne einen Verlust der Faserlänge und Faserorientierung zurückzugewinnen. Die Wiederverwertbarkeit mit industriellen Produktionsprozessen wird demonstriert. Das Forschungsfeld bietet Raum für auf die Ergebnisse dieser Arbeit aufbauende Forschungen mit dem Ziel, das Prozessverständnis zu vertiefen und den Technologiereifegrad zu erhöhen.

Summary and Outlook

In this dissertation, a new recycling approach for thermoplastic carbon fiber reinforced plastics in the shape of UD-tapes is investigated, which was patented by Fraunhofer IPT in 2018 [JANS18]. The recycling process involves locally heating thermoplastic UD-tapes and peeling them from the component using a tensile force. The following research hypothesis is proposed:

"The Tape-REx® process is suitable for recovering thermoplastic unidirectional FRP-tape. This recycled tape can subsequently be reprocessed using existing manufacturing processes."

In order to investigate the research hypothesis, three research questions are raised. The initial research question is:

"What factors influence the recycling process and what could a suitable process strategy look like?"

During the recycling process, a crack is driven between the tape and the component by an external process force. Some influences on crack propagation in FRP are already known in the literature, including consolidation quality, defects in the laminate, the characteristics of the interlaminar zone, fiber migration, crystallinity, fracture mode, and temperature. An analysis of these influences and an assessment of their impact on the recycling process derive a process strategy. Of the previously mentioned influences, only the fracture mode and temperature during the recycling process can be influenced. All other influences represent disturbance variables against which the recycling process should be as robust as possible. The mixing ratio of fracture modes I and II can be influenced by the geometric design of the process zone and the force application, with the mixing ratio being controlled so that fracture mode II constitutes the larger part of the load condition. The process temperature can also be influenced; this dissertation opts for recycling at temperatures above the glass transition temperature and below the melting temperature, as this favors failure in the interlaminar matrix. A more detailed description of the influences and the derivation of the process strategy can be found in Chapter 4.

The process strategy derived in this dissertation was developed with the aim of promoting a robust process and recovering fibers with matrix in the form of a tape. However, it represents only one of many possible process strategies. If an alternative optimization goal, such as the highest possible process speed or the smallest possible space requirement, is set, a different geometry of the process zone or recycling in another temperature range could be more effective. For example, a laser with sufficient power could vaporize the matrix and directly unwind the fiber.

The second research question is:

"Can the developed process strategy be technically implemented in a recycling plant, and is the recycling process robust enough to recover a continuous tape section with a length of at least 0.5 m?"

The recycling plant is implemented and validated in this dissertation in the form of a recycling test stand. The development of the test stand is described in Chapter 5. The test stand is modular and can accommodate tubular test specimens. These test specimens are manufactured using the AFP process and can consist of more than 100 m of continuous tape. For validation and answering the second research question, a continuous tape section of more than 100 m is successfully recycled from a tubular test specimen.

To assess the energy intensity of the recycling process, an energy measurement is conducted. This results in an energy intensity of 279 MJ/kg of recycled tape when using hot air blowers as a heating method. An analysis of alternative heating methods indicates that the energy intensity of the process can be reduced to 7.5 MJ/kg if a laser is used for heating. The production of a new tape has an energy intensity of 304-405 MJ/kg (Chapter 2.2.3), and recycling according to the state of the art through conventional pyrolysis has an energy intensity of 17-67 MJ/kg (Chapter 2.3.7). The energetic consideration shows that the new recycling approach has the potential to save energy. In this context, subsequent research should investigate heating using laser radiation.

The validation of the recycling process takes place in this paper on test specimens specifically manufactured for this purpose. These have a loose tape end that can be clamped into the recycling test stand to apply the required tensile force. In future research efforts, the recycling process should be validated on demonstrators that are modeled after real components. In particular, the beginning of the recycling process poses a challenge. Furthermore, more complex component geometries, such as that of a pressure vessel, present new requirements for the recycling plant and process management, which should be investigated in follow-up research.

The third research question is:

"What mechanical performance does the material recovered through the recycling process possess, and is the recyclate suitable for processing with conventional production machines?"

To demonstrate the reusability of the recyceld tape, it is shown that the recycled tape can be processed in industrial processes analogously to new tape. The processability is validated for the AFP process as well as hot pressing. For the assessment of mechanical performance, test specimens made from recycled and new tape are produced. These are subsequently examined in the RWPT, RHTT, 3PB, and ILSS tests. It is found that the mechanical properties of the test specimens made from recycled tape are lower than those of the test specimens made from new tape, while the standard deviation increases in the tests with test specimens made from recycled tape. The detailed results can be found in Chapter 6.3. The loss of strength and the increase in standard deviation cannot be attributed to a specific effect based on the available results. Variations in width and thickness were observed in the recycled tapes, and voids in the form of cracks in the tape were detected. These deviations from the ideal tape geometry could be a factor leading to a reduction in strength and an increase in standard deviation. In further research, these defects, their effects on strength and further processing, and ways to reduce the defects should be investigated. In Chapter 5.4, a module is presented that can automatically detect the mentioned deviations from the ideal tape geometry. In Chapter 5.4.4, a module is introduced that repairs the mentioned defects through a shaping process. The modules form a basis for further development in subsequent research.

From the collected results, it can be concluded that the research hypothesis can be confirmed with limitations. It has been demonstrated that the new recycling process is suitable for recovering thermoplastic unidirectional FRP-tape. However, it should be noted that the tape was recovered from test specimens that have a loose tape end, which allows the recycling process to be easily initiated. The geometry of the tubular test specimens can be classified as low in complexity, so evidence for more complex geometries still needs to be provided. A continuous tape section of 100 m in length has been recovered. While it is expected that the process will also work for longer tape sections, this has not yet been demonstrated. The processability of the recycled tape has been established for the AFP process as well as hot pressing. In the test specimens made from recycled material, a reduction in average tensile strength of 7-9% and an increase in standard deviation of 5-12% were observed.

The results confirm that the recycling process offers a promising opportunity to recover thermoplastic UD-tape without loss of fiber length and fiber orientation. The recyclability with industrial production processes is demonstrated. The research field offers room for further research based on the results of this work, aiming to deepen the understanding of the process and enhance the technology readiness level.

8 Literaturverzeichnis

References

[AIRC24] Aircraft Fleet Recycling Association (AFRA): AFRA Website. URL: https://afraassociation.org/ [Stand: 05.05.2024]

[ÅKES12] Åkesson, D.; Foltynowicz, Z.; Christéen, J.; Skrifvars, M.: Microwave pyrolysis as a method of recycling glass fibre from used blades of wind turbines. In: Journal of Reinforced Plastics and Composites. 31. Jg., 2012

[AKON12] Akonda, M.; Lawrence, C.; Weager, B.: Recycled carbon fibre-reinforced polypropylene thermoplastic composites. In: Composites Part A: Applied Science and Manufacturing. 43. Jg., 2012

[AMAE20] Amaechi, C.; Agbomerie, C.; Orok, E.; Ye, J.: Economic Aspects of Fiber Reinforced Polymer Composite Recycling. In: Encyclopedia of Renewable and Sustainable Materials. 2020

[ARIF22] Arif, Z.; Khalid, M.; Ahmed, W.; Arshad, H.; Ullah, S.: Recycling of the glass/carbon fibre reinforced polymer composites - A step towards the circular economy. In: Polymer-Plastics Technology and Materials. 61. Jg., 2022

[ASMA14] Asmatulu, E.; Twomey, J.; Overcash, M.: Recycling of fiber-reinforced composites and direct structural composite recycling concept. In: Journal of Composite Materials. 48. Jg., 2014

[ASTM03] American National Standard D2290 (2003). Standard Test Method for Apparent Hoop Tensile Strength of Plastic or Reinforced Plastic Pipe by Split Disk Method - Standard Test Method for Apparent Hoop Tensile Strength of Plastic or Reinforced Plastic Pipe by Split Disk Method

[BARG18] Bargel, H.-J.; Schulze, G. (Hrsg.)Werkstoffkunde. 12. Aufl. Berlin, Heidelberg: Springer Vieweg, 2018

[BECK23] Becker, M.; Imbert, M.; May, M.: An inverse model for the peeling-based recovery of unitary layers from laminated structures. In: AIP Conference Proceedings. 2023

[BERE02] Beresheim, G.: Thermoplast-Tapelegen. Dissertation Universität Kaiserslautern. Kaiserslautern, 2002

[BERN21] Bernatas, R.; Dagreou, S.; Despax-Ferreres, A.; Barasinski, A.: Recycling of fiber reinforced composites with a focus on thermoplastic composites. In: Cleaner Engineering and Technology. 5. Jg., 2021

[BOWK17] Bowkett, M.; Thanapalan, K.: Comparative analysis of failure detection methods of composites materials' systems. In: Systems Science & Control Engineering. 5. Jg., 2017

[BREC14] Brecher, C.; Kermer-Meyer, A.; Emonts, M.: Efficient processes for continuous fiber-reinforced thermoplastics. In: 4th International carbon composites conference. 2014

[BRUN24] Bruneau, A.; Imbert, M.; May, M.: Controlled interlaminar crack initiation in thin notched laminated thermoplastic composites under impact loading: A first step towards unitary layer recovery. In: Composites Part B: Engineering. 275. Jg., 2024

[BUCH24] Buchholz, P.; Squarra, E.; Janssen, H.; Brecher, C.: Quality Assessment Of Recycled Tape By Visual Inspection. In: Journal of Production Systems and Logistics. 2024

[BUND09] Bundesregierung und dem Bundesministerium für Umwelt, Naturschutz und Reaktorsicherheit: Verordnung zur Vereinfachung des Deponierechts - DepRVV2009

[BUND12] Bundesrepublik Deutschland: Gesetz zur Förderung der Kreislaufwirtschaft und Sicherung der umweltverträglichen Bewirtschaftung von Abfällen - Kreislaufwirtschaftsgesetz - KrWG2012

[BUND25] Bundesministerium für Wohnen, Stadtentwicklung und Bauwesen: Polypropylen/Polypropen. URL: https://www.wecobis.de/en/bauproduktgruppen/grundstoffe-bindemittel-gesteinskoernung-kunststoffe/kunststoffe-gs/polypropylen-gs.html [Stand: 25.02.2025]

[CARB08] Carberry, W.: Airplane Recycling Efforts - Benefit Boeing Operators2008. Firmenschrift

[CARB24] Carbon Conversions, Inc.: Website | Products. URL: https://carbonconversions.com/products/ [Stand: 15.08.2024]

[CHEN20] Chen, B.; Parambil, N.; Deitzel, J.; Gillespie Jr., J.; Vo, L.; Sarosi, P.: Interfacial shear strength (IFSS) and absorbed energy versus temperature in carbon fiber-thermoplastic composites via single fiber pullout testing. In: Proceedings of the 35th Technical Conference. Virtual2020. Dayton Ohio: University of Dayton (Veranst.)

[DAS11] Das, S.: Life cycle assessment of carbon fiber-reinforced polymer composites. In: The International Journal of Life Cycle Assessment. 16. Jg., 2011

[DÉR21] Dér, A.; Dilger, N.; Kaluza, A.; Creighton, C.; Kara, S.; Varley, R.; Herrmann, C.; Thiede, S.: Modelling and analysis of the energy intensity in polyacrylonitrile (PAN) precursor and carbon fibre manufacturing. In: Journal of Cleaner Production. 2021

[DEUT20] DIN SPEC 4866 (Oktober 2020). Nachhaltiger Rückbau, Demontage, Recycling und Verwertung von Windenergieanlagen.

[DEUT21] DIN EN ISO 14040 (2021). Ökobilanz - Grundsätze und Rahmenbedingungen.

[DEUT88] DIN 65448 (Januar 1988). Luft- und Raumfahrt - Strukturelle Klebstoffe - Keiltest - Keiltest

[DEUT98a] DIN EN ISO 14130 (1998). Faserverstärkte Kunststoffe - Bestimmung der scheinbaren interlaminaren Scherfestigkeit nach dem Dreipunktbiegeverfahren mit kurzem Balken.

[DEUT98b] DIN EN ISO 14125 (1998). Faserverstärkte Kunststoffe - Bestimmung der Biegeeigenschaften.

[DIB21] Di Boon, Y.; Joshi, S.; Bhudolia, S.: Review: Filament Winding and Automated Fiber Placement with In Situ Consolidation for Fiber Reinforced Thermoplastic Polymer Composites. In: Polymers. 13. Jg., 2021

[DOMM21] Domm, M.; Schlimbach, J.; Mitschang, P.: Characterization method for continuous fiber reinforced thermoplastic strands. In: Journal of Thermoplastic Composite Materials. 34. Jg., 2021

[ENDR23] Endres, H.-J.; Shamsuyeva, M.: Composites-Recycling-Studie. 1. Aufl. Frankfurt: AVK - Industrievereinigung Verstärkte Kunststoffe e.V, 2023

[ENGE22] Engelt, A.: Modell der R-Strategien - Circular Thinking in Standards. URL: https://www.din.de/de/forschung-und-innovation/themen/circular-economy/normenrecherche/modell-der-r-strategien [Stand: 22.01.2024]

[ENSI22] Ensinger GmbH: Datenblatt | PPS.2022. Firmenschrift

[ENSI23] Ensinger GmbH: Datenblatt | PA6.2023. Firmenschrift

[ERWI24a] Erwin Telle GmbH: Datenblatt | PA12.2024. Firmenschrift

[ERWI24b] Erwin Telle GmbH: Datenblatt | PA6.2024. Firmenschrift

[EURO00] Europäisches Parlament und der Rat der Europäischen Union: Richtlinie über Altfahrzeuge - 2000/53/EG2000

[EURO01] Europäische Kommission: Abfallverzeichnis - 2001/118/EG2001

[EURO08] Europäisches Parlament und der Rat der Europäischen Union: Richtlinie über Abfälle und zur Aufhebung bestimmter Richtlinien - 2008/98/EG2008

[EURO11] Europäische Kommission (Hrsg.)Fahrplan für ein ressourcenschonendes Europa. Brüssel, 2011

[EURO13] Europäisches Parlament und der Rat der Europäischen Union: Verordnung über das Recycling von Schiffen - 1257/20132013

[EURO18a] Europäisches Parlament und der Rat der Europäischen Union: Richtlinie zur Änderung der Richtlinie 2000/53/EG über Altfahrzeuge, der Richtlinie 2006/66/EG ber Batterien und Akkumulatoren sowie Altbatterien und Altakkumulatoren sowie der Richtlinie 2012/19/EU über Elektro- und Elektronik-Altgeräte - 2018/8492018

[EURO18b] Europäisches Parlament und der Rat der Europäischen Union: Richtlinie zur Änderung der Richtlinie 1999/31/EG über Abfalldeponien - 2018/8502018

[EURO18c] Europäisches Parlament und der Rat der Europäischen Union: Richtlinie zur Änderung der Richtlinie 2008/98/EG über Abfälle - 2018/8512018

[EURO19] Europäische Kommission: Der europäische Grüne Deal - (Pressemitteilung). Brüssel, 2019. Firmenschrift

[EURO20] Europäische Kommission: A new Circular Economy Action Plan "For a cleaner and more competitive Europe" - (COM(2020) 98 final - Kommunikation von der Europäischen Kommission an das europäische Parlament, den Rat, den europäischen Wirtschafts- und Sozialausschuss und den Ausschuss der Regionen)2020. Firmenschrift

[EURO22a] Europäische Kommission: Vorschlag für eine VERORDNUNG DES EUROPÄISCHEN PARLAMENTS UND DES RATES zur Schaffung eines Rahmens für die Festlegung von Ökodesign-Anforderungen für nachhaltige Produkte und zur Aufhebung der Richtlinie 2009/125/EG.2022. Firmenschrift

[EURO22b] Europäische Kommission: Der Grüne Deal: Neue Vorschläge, um nachhaltige Produkte zur Norm zu machen und Europas Ressourcenunabhängigkeit zu stärken - (Pressemitteilung). Brüssel, 2022. Firmenschrift

[EURO24] Europäisches Parlament und der Rat der Europäischen Union: Verordnung über die Verbringung von Abfällen - 2024/11572024

[EURO99] Europäisches Parlament und der Rat der Europäischen Union: Richtlinie über Abfalldeponien - 1999/31/EG1999

[EVON20] Evonik: Datenblatt VESTAPE PA12-CF45 10641 - Kohlenstofffaserverstärktes UD-Tape aus Polyamid 122020. Firmenschrift

[FAZI23] Fazio, D. de; Boccarusso, L.; Formisano, A.; Viscusi, A.; Durante, M.: A Review on the Recycling Technologies of Fibre-Reinforced Plastic (FRP) Materials Used in Industrial Fields. In: Journal of Marine Science and Engineering. 11. Jg., 2023

[FELD13] Feldhusen, J.; Grote, K.-H. (Hrsg.)Pahl/Beitz Konstruktionslehre. 8. Aufl. Berlin, Heidelberg: Springer Vieweg, 2013

[FRAU19a] Fraunhofer IPT: Forschungsprojekt »DaQoTa« - DaQoTa - Digitized and Quality-controlled Production of Composite Pressure Tanks. URL: https://www.ipt.fraunhofer.de/de/projekte/daqota.html [Stand: 08.05.2025]

[FRAU19b] Fraunhofer IPT: Forschungsprojekt »LightMat Battery Housing« - LightMat Battery Housing – Entwicklung funktionalisierter, unidirektional faserverstärkter Halbzeuge zur großserientauglichen Herstellung neuartiger, hochbelasteter Kunststoffbatteriegehäuse für Elektrofahrzeuge. URL: https://www.ipt.fraunhofer.de/de/projekte/lightmat-battery-housing-.html [Stand: 08.05.2025]

[FRAU19c] Fraunhofer IPT: Forschungsprojekt »fabulous« - fabulous – Funktionsintegrierte Antriebsbauteile für die Elektromobilität, ermöglicht durch neuartige Hochleistungs-Verbundwerkstoffe im Elektromotor. URL: https://www.ipt.fraunhofer.de/de/projekte/fabulous.html [Stand: 08.05.2025]

[FRAU20a] Fraunhofer IPT: Forschungsprojekt »smartVessel« - smartVessel – Integration von faserbasierten Sensoren während der Herstellung von Wasserstofftanks zur intelligenten Zustandsüberwachung, Lebensdauervorhersage und -bewertung. URL: https://www.ipt.fraunhofer.de/de/projekte/smartvessel.html [Stand: 08.05.2025]

[FRAU20b] Fraunhofer IPT: Fraunhofer IPT automatisiert die Herstellung von Triebwerkteilen aus faserverstärktem Thermoplast. URL: https://www.ipt.fraunhofer.de/de/presse/Pressemitteilungen/201117-fraunhofer-ipt-automatisiert-die-herstellung-von-triebwerkteilen-aus-faserverstarrktem-thermoplast.html [Stand: 08.05.2025]

[FRAU25] Fraunhofer-Gesellschaft zur Förderung der angewandten Forschung e.V.; OrbiTeam Software GmbH & Co. KG; Forschungszentrum Jülich GmbH; Ruhr-Universität Bochum; Technische Universität Darmstadt; Universität Stuttgart; ZEDO - Zentrum für Beratungssysteme in der Technik Dortmund e. V.: EnArgus: Zentrales Informationssystem Energieforschungsförderung - Polypropylen. URL: https://www.enargus.de/pub/bscw.cgi/d8763-2/*/*/Polypropylen?op=Wiki.getwiki&search=L-Gas [Stand: 30.04.25]

[GARD09] Gardinser, G.: Thermoplastic composites: Inside story - Reinforced thermoplastics buy their way into structural aircraft interior components. URL: https://www.compositesworld.com/articles/thermoplastic-composites-inside-story [Stand: 17.12.2024]

[GARD21] Gardinier, G.: Composites end markets - Pressure vessels (2022). URL: https://www.compositesworld.com/articles/the-markets-pressure-vessels-2022 [Stand: 02.04.2022]

[GEHR23] GEHR GmbH: Technisches-Datenblatt-GEHR-PP.2023. Firmenschrift

[GESA00] Gesamtverband der Deutschen Versicherungswirtschaft e.V. (GDV): Kunststoffe - Eigenschaften, Brandverhalten, Brandgefahren2000. Firmenschrift

[GONZ18] González-Velázquez, J.: Fractography and Failure Analysis. 3. Aufl. Cham: Springer International Publishing, 2018

[GREC13] Greco, A.; Maffezzoli, A.; Buccoliero, G.; Caretto, F.; Cornacchia, G.: Thermal and chemical treatments of recycled carbon fibres for improved adhesion to polymeric matrix. In: Journal of Composite Materials. 47. Jg., 2013

[GREN23] Grenier, R.; Imbert, M.; Hohe, J.; Balle, F.; MAy, M.: Thermally assisted peeling as a high-quality dissassembly process for thermoplastic tape wound components. In: International Conference on Composite Materials (ICCM23). 2023

[GRIF21] Griffith, A.: The phenomena of rupture and flow in solids. In: Philosophical Transactions of the Royal Society of London. Series A, Containing Papers of a Mathematical or Physical Character. 1921

[GROS07] Gross, D.; Seelig, T.: Bruchmechanik - Mit einer Einführung in die Mikromechanik. 4. Aufl. Berlin, Heidelberg: Springer, 2007

[GROU13] Grouve, W.; Warnet, L.; Akkerman, R.: Critical assessment of the mandrel peel test for fiber reinforced thermoplastic laminates. In: Engineering Fracture Mechanics. 101. Jg., 2013

[HEDL05] Hedlund-Åström, A.: Model for End of Life Treatment of Polymer Composite Materials. Dissertation Königliche Technische Hochschule. Stockholm, 2005

[HOHM19] Hohmann; Andrea: Ökobilanzielle Untersuchung von Herstellungsverfahren für CFK-Strukturen zur Identifikation von Optimierungspotentialen. Dissertation Technische Universität München. München, 2019

[HOJO06] Hojo, M.; Ando, T.; Tanaka, M.; Adachi, T.; Ochiai, S.; Endo, Y.: Modes I and II interlaminar fracture toughness and fatigue delamination of CF/epoxy laminates with self-same epoxy interleaf. In: International Journal of Fatigue. 28. Jg., 2006

[HOWA14] Howarth, J.; Mareddy, S.; Mativenga, P.: Energy intensity and environmental analysis of mechanical recycling of carbon fibre composite. In: Journal of Cleaner Production. 2014

[HYDE06] Hyde, J.; Lester, E.; Kingman, S.; Pickering, S.; Wong, K.: Supercritical propanol, a possible route to composite carbon fibre recovery: A viability study. In: Composites Part A: Applied Science and Manufacturing. 37. Jg., 2006

[IMBE21] Imbert, M.; Hahn, P.; Jung, M.; Balle, F.; May, M.: Mechanical laminae separation at room temperature as a high-quality recycling process for laminated composites. In: Materials Letters. 2021

[INDU13] Industrievereinigung Verstärkte Kunststoffe e. V.: Handbuch Faserverbundkunststoffe/Composites. 4. Aufl. Wiesbaden: Springer Vieweg, 2013

[INTE09] International Maritime Organization: Hong Kong international convention for the safe and environmentally sound recycling of ships - Übereinkommen von Hong Kong2009

[INTE19] International Civil Aviation Organization (ICAO): Environmantal Report - Best Practices and Standards in Aircraft End-of-Life and Recycling2019. Firmenschrift

[JANS18] Schutzrecht DE102016117559A1 (22.03.2018). Janssen, H.: Verfahren und Vorrichtung für das Recycling von thermoplastischem Faserverbundmaterial.

[JANS20] Janssen, H.: Additive Prozesskette zur Herstellung von thermoplastischen Faserverbund-Hybridbauteilen. Dissertation Rheinisch-Westfälische Technische Hochschule Aachen. Aachen, 2020

[JEDE22] Jedelhauser, M. Dr.: Export von Plastikabfällen - Undurchsichtige Praxis mit ökologischen und sozialen Folgen. URL: https://www.nabu.de/umwelt-und-ressourcen/abfall-und-recycling/26205.html [Stand: 08.05.2025]

[JONG22] Jongebloed, P.; Schafaschek, J.; Janssen, H.; Brecher, C.: Characterization of Recycled Thermoplastic Unidirectional Tapes. In: Proceedings of the International Conference on Thermoplastic Composites. Bremen, 09.10.2022 2022. Bremen (Veranst.)

[JULI22] Julian, I.; García-Jiménez, A.; Aguado, A.; Arenal, C.; Calero, A.; Campos, V.; Escobar, G.; López-Buendía, A.; Romero, D.; Verdejo, E.; García-Polanco, N.: Advances in the circularity of end-of-life fibre-reinforced polymers by microwave intensification. In: Chemical Engineering and Processing - Process Intensification. 2022

[KEIT16] Keith, M.; Oliveux, G.; Leeke, G.: Optimisation of Solvolysis for Recycling Carbon Fibre Reinforced Composites. In: Proceedings ECCM17 - 17TH EUROPEAN CONFERENCE ON COMPOSITE MATERIALS, Munich, Germany. 2016

[KENA09] Kenane, M.; Benzeggagh, M.: Characterization of Mixed Mode Delamination Growth and Thresholds. In: Boukharouba, T.; Elboujdaini, M.;

Pluvinage, G. (Hrsg.). Failure analysis of engineering materials and structures. Dordrecht The Netherlands: Springer Verlag, 2009

[KERN24a] Kern GmbH: Datenblatt | Polyamid 6.2024. Firmenschrift

[KERN24b] Kern GmbH: Datenblatt | Polyamid 12.2024. Firmenschrift

[KHAN19] Khan, R.: Fiber bridging in composite laminates: A literature review. In: Composite Structures. 2019

[KHAY21] Khayyam, H.; Naebe, M.; Milani, A.; Fakhrhoseini, S.; Date, A.; Shabani, B.; Atkiss, S.; Ramakrishna, S.; Fox, B.; Jazar, R.: Improving energy efficiency of carbon fiber manufacturing through waste heat recovery - A circular economy approach with machine learning. In: Energy. 2021

[KIM17] Kim, K.-W.; Lee, H.-M.; An, J.-H.; Chung, D.-C.; An, K.-H.; Kim, B.-J.: Recycling and characterization of carbon fibers from carbon fiber reinforced epoxy matrix composites by a novel super-heated-steam method. In: Journal of environmental management. 2017

[KIM19] Kim, Y.; Kim, Y.-O.; Kim, S.; Park, M.; Yang, B.; Kim, J.; Jung, Y.: Application of supercritical water for green recycling of epoxy-based carbon fiber reinforced plastic. In: Composites Science and Technology. 2019

[KIRC17] Kirchherr, J.; Reike, D.; Hekkert, M.: Conceptualizing the circular economy: An analysis of 114 definitions. In: Resources, Conservation and Recycling. 2017

[KLEP20] Kleppmann, W.: Versuchsplanung - Produkte und Prozesse optimieren. 10. Aufl. München: Hanser, 2020

[KOLL98] Koller, R.; Kastrup, N. (Hrsg.)Prinziplösungen zur Konstruktion technischer Produkte. 2. Aufl. Berlin, Heidelberg: Springer Berlin Heidelberg, 1998

[KOOD22] Kooduvalli, K.; Unser, J.; Ozcan, S.; Vaidya, U.: Embodied Energy in Pyrolysis and Solvolysis Approaches to Recycling for Carbon Fiber-Epoxy Reinforced Composite Waste Streams. In: Recycling. 2022

[KURA13] Kuram, E.; Tasci, E.; Altan, A.; Medar, M.; Yilmaz, F.; Ozcelik, B.: Investigating the effects of recycling number and injection parameters on the mechanical properties of glass-fibre reinforced nylon 6 using Taguchi method. In: Materials & Design. 2013

[LAGA19] LAGA - Bund/Länder-Arbeitsgemeinschaft Abfall: Entsorgung faserhaltiger Abfälle - Abschlussbericht. Hamburg, 2019. Firmenschrift

[LEFE17] Lefeuvre, A.; Garnier, S.; Jacquemin, L.; Pillain, B.; Sonnemann, G.: Anticipating in-use stocks of carbon fiber reinforced polymers and related waste flows generated by the commercial aeronautical sector until 2050. In: Resources, Conservation and Recycling. 125. Jg., 2017

[LENG20] Lengsfeld, H.; Lacalle Muerza, J.; Neumeyer, T.; Altstädt, V.: Faserverbundwerkstoffe - Prepregs und ihre Verarbeitung. 2. Aufl. München: Hanser, 2020

[LEST04] Lester, E.; Kingman, S.; Wong, K.; Rudd, C.; Pickering, S.; Hilal, N.: Microwave heating as a means for carbon fibre recovery from polymer composites: a technical feasibility study. In: Materials Research Bulletin. 2004

[LIND15] Lindner, F.; Schmitt, R.: Goal-oriented Life Cycle Investigations for Composite Manufacturing Chains. In: Procedia CIRP. 2015

[LINE22] Lineat: Website - About Lineat. URL: https://lineat.co.uk/about/ [Stand: 15.08.2024]

[LIU12] Liu, Y.; Liu, J.; Jiang, Z.; Tang, T.: Chemical recycling of carbon fibre reinforced epoxy resin composites in subcritical water: Synergistic effect of phenol and KOH on the decomposition efficiency. In: Polymer Degradation and Stability. 2012

[LOND20] London, M.: Cradle-to-Gate Life Cycle Assessment of Multi-Jet Fusion 3D Printing. Dissertation University of Michigan: 2020

[MASO20] Mason, H.: Recycled thermoplastic composite rotorcraft access panel takes flight. URL: https://www.compositesworld.com/articles/recycled-thermoplastic-composite-rotorcraft-access-panel-takes-flight [Stand: 08.05.2025]

[MEII21] Meiirbekov, A.; Shehab, E.; Amantayeva, A.; Suleimen, A.; Tokbolat, S.; Sarfraz, S.: Understanding Uncertainty in Recycling Carbon Fiber Reinforced Composites. In: Advances in Manufacturing Technology. 2021

[MENG17] Meng, F.; McKechnie, J.; Turner, T.; Pickering, S.: Energy and environmental assessment and reuse of fluidised bed recycled carbon fibres. In: Composites Part A: Applied Science and Manufacturing. 2017

[MENG18] Meng, F.; Olivetti, E.; Zhao, Y.; Chang, J.; Pickering, S.; McKechnie, J.: Comparing Life Cycle Energy and Global Warming Potential of Carbon Fiber Composite Recycling Technologies and Waste Management Options. In: ACS Sustainable Chemistry & Engineering. 2018

[MEYE09] Meyer, L.; Schulte, K.; Grove-Nielsen, E.: CFRP-Recycling Following a Pyrolysis Route: Process Optimization and Potentials. In: Journal of Composite Materials. 2009

[NAHI11] Nahil, M.; Williams, P.: Recycling of carbon fibre reinforced polymeric waste for the production of activated carbon fibres. In: Journal of Analytical and Applied Pyrolysis. 2011

[NATI24] National Composites Centre: Case Study: NCC, Cygnet Texkimp and B&M Longworth successfully recycle reclaimed continuous carbon fibres from composites pressure tanks - (Pressemitteilung)2024. Firmenschrift

[NEIT14] Neitzel, M.; Mitschang, P.; Breuer, U. (Hrsg.)Handbuch Verbundwerkstoffe - Werkstoffe, Verarbeitung, Anwendung. 2. Aufl. München: Hanser, 2014

[NGUY09] Nguyen, C.; Levy, A.: An exact theory of interfacial debonding in layered elastic composites. In: International Journal of Solids and Structures. 46. Jg., 2009

[OLIV12] Oliveux, G.; Bailleul, J.-L.; Le Salle, E.: Chemical recycling of glass fibre reinforced composites using subcritical water. In: Composites Part A: Applied Science and Manufacturing. 2012

[OLIV15] Oliveux, G.; Dandy, L.; Leeke, G.: Current status of recycling of fibre reinforced polymers: Review of technologies, reuse and resulting properties. In: Progress in Material Science. 2015

[OSHI20] Oshima, K.; Matsuda, S.; Hosaka, M.; Satokawa, S.: Rapid removal of resin from a unidirectional carbon fiber reinforced plastic laminate by a high-voltage electrical treatment. In: Separation and Purification Technology. 2020

[PALM09] Palmer, J.: Mechanical Recycling of Automotive Composites for Use as Reinforcement in Thermoset Composites. Dissertation University of Exeter. Exeter, 2009

[PARS22] Parson, A.; Johnson, M.; Piano, S.; Focatiis, D.: Rewinding Tape Laying - Direct End-of-life Recovery of Continuous Fibre Tapes. In: Proceedings of the International Conference on Thermoplastic Composites. Bremen, 09.10.2022 2022. Bremen (Veranst.)

[PICK15] Pickering, S.; Turner, T.; Meng, F.; Morris, C.; Heil, J.; Wong, K.; Melendi, S.: Developments in the fluidised bed process for fibre recovery from thermoset composites. In: In Proceedings of the CAMX 2015-Composites and Advanced Materials Expo. 2015

[PIET20] Pietroluongo, M.; Padovano, E.; Frache, A.; Badini, C.: Mechanical recycling of an end-of-life automotive composite component. In: Sustainable Materials and Technologies. 2020

[PIME11] Pimenta, S.; Pinho, S.: Recycling carbon fibre reinforced polymers for structural applications: technology review and market outlook. In: Waste management (New York, N.Y.). 2011

[PIME12] Pimenta, S.; Pinho, S.: The effect of recycling on the mechanical response of carbon fibres and their composites. In: Composite Structures. 2012

[PIÑE08] Piñero-Hernanz, R.; García-Serna, J.; Dodds, C.; Hyde, J.; Poliakoff, M.; Cocero, M.; Kingman, S.; Pickering, S.; Lester, E.: Chemical recycling of carbon fibre composites using alcohols under subcritical and supercritical conditions. In: The Journal of Supercritical Fluids. 2008

[QUIC21] Quicker, P.; Stockschläder, J.; Stapf, D.; Baumann, W.; Wexler, M.; Beckmann, M.; Thiel, C.; Hoppe, H.; Hoenig, V.; Teipel, U.; Seiler, E.: Möglichkeiten und Grenzen der Entsorgung carbonfaserverstärkter Kunststoffabfälle in thermischen Prozessen - (Abschlussbericht)2021. Firmenschrift

[RANI22] Rani, M.; Choudhary, P.; Krishnan, V.; Zafar, S.: Development of sustainable microwave-based approach to recover glass fibers for wind turbine blades composite waste. In: Resources, Conservation and Recycling. 2022

[SACC17] Sacchetti, F.: Interlaminar toughness of fusion bonded thermoplastic composites. PhD Thesis Universiteit Twente. Enschede, 2017

[SCHÜ07] Schürmann, H.: Konstruieren mit Faser-Kunststoff-Verbunden. 2. Aufl. Berlin, Heidelberg: Springer, 2007

[SGL18] sgl carbon: Datenblatt SIGRAPREG® TP C U157 0/NF T315/42%.2018. Firmenschrift

[SGL23] sgl carbon: Broschüre SIGAFIL Carbon-Endlosfasern.2023. Firmenschrift

[SHIB14] Shibata, K.; Nagagawa, M.: CFRP Recycling Technology using Deploymerization under ordinary pressure - (Technical Report)2014. Firmenschrift

[SLOA22] Sloan, J.: The future of carbon fiber manufacture. URL: https://www.compositesworld.com/articles/the-future-of-carbon-fiber-manufacture [Stand: 06.09.2023]

[SLOA23] Sloan, J.: Composites end markets: Pressure vessels (2023). URL: https://www.compositesworld.com/articles/composites-end-markets-pressure-vessels-2023 [Stand: 06.09.2023]

[SONG09] Song, Y.; Youn, J.; Gutowski, T.: Life cycle energy analysis of fiber-reinforced composites. In: Composites Part A: Applied Science and Manufacturing. 2009

[STIL99] Stiller, H.: Material Intensity of Advanced Composite Materials. In: Wuppertal Papers. 1999

[STIM14] Stimpfl, J.: CO2-laserunterstütztes Tapelege-, Wickelverfahren zur Verarbeitung von ungefärbten, endlos glasfaserverstärkten Thermoplast-Tapes. Dissertation Rheinisch-Westfälische Technische Hochschule Aachen. Aachen, 2014

[SUSC18] SusChem Materials Working Group 2018; Cefic: Polymer Composites Circularity. In: White Paper. 2018

[SUZU05] Suzuki, T.; Takahashi, J.: Prediction of Energy intensity of carbon fiber reinforced plastics for mass-produced passenger cars. In: Proceedings of 9th Japan International SAMPE Symposium. 2005

[TEIC24] Teichmann, F.; Schumm, V.; Klemm, C.; Sauer, M.; Cetin, M.: Proceedings of the 21st European Conference on Composite Materials. In: . 2024

[UMWE05] Umwelt Bundesamt (UBA): Probas 2 - Eintrag zu Polypropylen - Chem-Org\Polypropylen-Granulat-EU-APME-2005 (de). URL: https://data.probas.umweltbundesamt.de/datasetdetail/process.xhtml?uuid=7ed77bcb-3ee5-4167-8ee7-680455511396&version=02.44.152&stock=PUBLIC&lang=de []

[UMWE14] Umwelt Bundesamt (UBA): Probas2 - Eintrag zu Polypropylen - Herstellung von Polypropylen, Granulat; Technologiemix; Produktionsmix, ab Werk (de). URL: https://data.probas.umweltbundesamt.de/datasetdetail/process.xhtml?uuid=95b3f960-b2d7-5e87-a3d1-26c409c535c1&version=02.01.000&stock=PUBLIC&lang=de []

[UMWE22] Umwelt Bundesamt: CO2-Emissionsfaktoren für fossile Brennstoffe.2022. Firmenschrift

[UMWE24] Umwelt Bundesamt; Icha, P.; Lauf, T.: Entwicklung der spezifischen Treibhausgas-Emissionen des deutschen Strommix in den Jahren 1990 - 2023.2024. Firmenschrift

[UNIT24] United Nations General Assembly: Transforming our world: The 2030 Agenda for Sustainable Development - A/RES/70/12024

[VERE19a] VDI-Richtlinie 2221 Blatt 2 (November 2019). Entwicklung technischer Produkte und Systeme Gestaltung individueller Produktentwicklungsprozesse.

[VERE19b] VDI-Richtlinie 2221 Blatt 1 (November 2019). Entwicklung technischer Produkte und Systeme Modell der Produktentwicklung.

[VODO18] VoDong, P.; Azzaro-Pantel, C.; Cadene, A.-L.: Economic and environmental assessment of recovery and disposal pathways for CFRP waste management. In: Resources, Conservation and Recycling. 2018

[WEI22] Wei, Y.; Hadigheh, S.: Cost benefit and life cycle analysis of CFRP and GFRP waste treatment methods. In: Construction and Building Materials. 2022

[WEID23] Weidmann, F.; Ziegmann, G.; Wieser, J.: A review of mode I dominant interfacial fracture toughness test methods of skin-core bonding for thermoplastic composite sandwich structures. In: Journal of Thermoplastic Composite Materials. 2023

[WEIL19] Weiler, T.: Thermal skin effect in laser-assisted tape placement of thermoplastic composites. Dissertation Rheinisch-Westfälische Technische Hochschule Aachen; Apprimus Verlag: 2019

[WERN18] Werner, D.: Fertigung basaltfaserverstärkter Bauteile auf Basis duroplastischer Matrixsysteme mit aktivierbarer Adhäsion. Dissertation Rheinisch-Westfälische Technische Hochschule Aachen: 2018

[WILK05] Wilkinson, S.: European benchmark survey of energy consumption and adoption of best practice - (Abschlussbericht RECIPE Survey project)2005. Firmenschrift

[WIND20a] Wind Europe: How to build a circular economy for wind turbine blades through policy and partnerships - (White Paper)2020. Firmenschrift

[WIND20b] WindEurope; Cefic; EuCIA: Accelerating wind turbine blade circularity - (White Paper)2020. Firmenschrift

[WIRT20] Wirtschaftsvereinigung Stahl: Fakten zur Stahlindustrie in Deutschland - (White Paper)2020. Firmenschrift

[WITI13] Witik, R.; Teuscher, R.; Michaud, V.; Ludwig, C.; Månson, J.-A.: Carbon fibre reinforced composite waste: An environmental assessment of recycling, energy recovery and landfilling. In: Composites Part A: Applied Science and Manufacturing. 2013

[WITT18] Witten, E. Dr.; Mathes, V.; Sauer, M.; Kühnel, M.: Composites-Marktbericht 2018 - Marktentwicklungen, Herausforderungen und Chancen2018. Firmenschrift

[WITT23] Witten, E. Dr.; Mathes, V.: The European Market for Fibre-Reinforced Plastics and Composites 2022 - Market developments, trends, challenges and outlook2023. Firmenschrift

[WONG14] Wong, K.; Turner, A.; Pickering, S.: Challenges in developing nylon composites commingled with discontinous recycled carbon fiber. In: Proceedings ECCM16 - 16TH EUROPEANCONFERENCE ONCOMPOSITE MATERIALS, Seville, Spain. 2014

[XU13] Xu, P.; Li, J.; Ding, J.: Chemical recycling of carbon fibre/epoxy composites in a mixed solution of peroxide hydrogen and N,N-dimethylformamide. In: Composites Science and Technology. 2013

[YANG15] Yang, J.; Liu, J.; Liu, W.; Wang, J.; Tang, T.: Recycling of carbon fibre reinforced epoxy resin composites under various oxygen concentrations in nitrogen–oxygen atmosphere. In: Journal of Analytical and Applied Pyrolysis. 2015

[YIN20] Yin, H.; Liang, L.; Wei, Y.; Peng, Z.; Chen, S.: Determination of the interface properties in an elastic film/substrate system. In: International Journal of Solids and Structures. 2020

[ZABI20a] Zabihi, O.; Ahmadi, M.; Liu, C.; Mahmoodi, R.; Li, Q.; Naebe, M.: Development of a low cost and green microwave assisted approach towards the circular carbon fibre composites. In: Composites Part B: Engineering. 2020

[ZABI20b] Zabihi, O.; Ahmadi, M.; Liu, C.; Mahmoodi, R.; Li, Q.; Ghandehari Ferdowsi, M.; Naebe, M.: A Sustainable Approach to the Low-Cost Recycling of Waste Glass Fibres Composites towards Circular Economy. In: Sustainability. 2020

[ZHU19] Zhu, J.-H.; Chen, P.; Su, M.; Pei, C.; Xing, F.: Recycling of carbon fibre reinforced plastics by electrically driven heterogeneous catalytic degradation of epoxy resin. In: Green Chemistry. 2019

Während der Promotion betreute studentische Arbeiten:

[S01] Storm A.: Methodische Entwicklung, Konstruktion und Funktionsvalidierung eines Prüfstandes für einen Recyclingprozess von thermoplastischen Endlosfaserhalbzeugen. Masterarbeit, Institut für Leichtbau im Automobil, Universität Paderborn, 2021

[S02] Kudukkath S.; Seck F.: Technologiestudie zum Produktlebenszyklus von Drucktanks aus faserverstärktem Kunststoff für die Automobilindustrie. Projektarbeit, Werkzeugmaschinenlabor, RWTH Aachen, 2021

[S03] Schafaschek J. F. I.: Study of the material properties of a recycled thermoplastic unidirectional fiber reinforced prepreg tape. Bachelorarbeit, Mechanical Engineering, Federal University of Paraná, 2021

[S04] Hachem S. E.: Automated inline quality prediction of recyceld fiber-reinforced plastic tapes. Masterarbeit, Institute of Measurement and Automatic Control, Leibniz Universität Hannover, 2021

[S05] Seck F.: Potenzialanalyse der Einsatzmöglichkeiten von recyceltem thermoplastischem Tape in Leichtbauanwendungen. Bachelorarbeit, Werkzeugmaschinenlabor, RWTH Aachen, 2022

[S06] Squarra E.: Automatisierte Inline-Qualitätsprüfung von recyceltem FVK-Tape mittels Machine Vision. Masterarbeit, Fachbereich Maschinenbau und Mechatronik, FH Aachen, 2022

[S07] Ma Famg Xiang Yu L.: Study to the material properties and quality behavior of recycled unidirectional fiber-reinforced tape for Pa12 and PP polymer matrices. Bachelorarbeit, Mechanical Engineering, Federal University of Paraná, 2023

[S08] Hamers S.: Entwicklung eines Quality Enhancement Moduls zur Neuaufbereitung von recyceltem thermoplastischem Tape. Masterarbeit, Werkzeugmaschinenlabor, RWTH Aachen, 2024

[S09] Kudukkath S.: Entwicklung einer Datenanalysesoftware für recyceltes thermoplastisches Tape. Bachelorarbeit, Werkzeugmaschinenlabor, RWTH Aachen, 2024

Teile des Inhalts folgender Arbeiten haben in die vorliegende Dissertationsschrift Eingang gefunden: [S01], [S03], [S06], [S07], [S08], [S09]

A Anhang

Appendix

A.1 Abfallmengen und Versorgungssicherheit

Waste volumes and security of supply

Die FVK-Industrie stellt eine globale Wertschöpfungskette mit einem internationalen Materialfluss dar. Abfall kann an verschiedenen Punkten dieser Wertschöpfungskette auftreten, zum Beispiel in Form von Produktionsausschuss, während der Nutzugsphase oder am geplanten End-of-Life. Darüber hinaus sind FVK-Abfälle aufgrund ihrer globalen Verteilung an zahlreichen Standorten präsent. Das Verfolgen, Sammeln und Sortieren dieser Abfälle stellt, aufgrund ihrer Vielfalt, eine große Herausforderung dar. [ENDR23, S. 3; ASMA14, S. 594]

Damit eine funktionierende Kreislaufwirtschaft für FVK-Abfälle etabliert werden kann, bedarf es eines effektiven Abfallwirtschaftssystems. Dieses System sollte eine möglichst sortenreine Trennung, Erfassung und Aufbereitung von FVK-Abfällen gewährleisten. Eine Herausforderung besteht darin, dass die Wiederverwertung von FVK-Rezyklaten spezialisierte Produktionsanlagen erfordern kann, die nicht überall verfügbar sind. Die Investitionskosten und die begrenzte Verfügbarkeit solcher Anlagen stellen daher ein weiteres Hindernis für den Aufbau einer effizienten Kreislaufwirtschaft dar. [ENDR23, S. 3; ASMA14, S. 594]

Grundsätzlich lässt sich anfallender Abfall danach unterteilen, an welcher Stelle im Produktlebenszyklus dieser anfällt. Es wird beispielsweise zwischen „Endverbraucherabfall" (post-consumer) und „Produktionsabfall" (pre-consumer) unterschieden. Die genaue Kenntnis der Anfallstellen sowie der Zusammensetzung von Produktionsabfällen erleichtert die Gewinnung von sortenreinen Materialien für das Recycling und den Abschluss von B2B-Verträgen zwischen Produktionsunternehmen, Abfalllieferanten und Recyclingunternehmen. [ENDR23, S. 36]

Um aus wirtschaftlicher Sicht hohe Investitionssummen für den Bau von Recyclinganlagen rechtfertigen zu können, muss die Versorgungssicherheit mit FVK-Abfällen sichergestellt sein. Daher wird in den kommenden Absätzen ein Ausblick auf die Prognosen zu den künftigen Abfallströmen gegeben:

Lefeuvre et al. schätzt den FVK-Abfallstrom, der ab dem Jahr 2035 allein aus der Luftfahrtindustrie anfallen wird, auf 2.360 Tonnen jährlich, die dann bis zum Jahr 2050 auf 34.222 Tonnen jährlich anwachsen. Der größte Teil des FVK-Abfalls aus der Luftfahrtindustrie wird voraussichtlich in Nordamerika, Europa und Asien auftreten. [LEFE17, S. 271]

Bisherige Windenergieturbinen bestehen vorrangig aus glasfaserverstärkten Kunststoffen. Laut einem Report von WindEurope wird für die kommenden Generationen an Megawindturbinen verstärkt kohlenstofffaserverstärkter Kunststoff zum Einsatz kommen, wodurch das Marktvolumen an CFK in Zukunft steigen wird [WIND20b, S.

27; SLOA22]. Die für die Prognose angenommene Lebensdauer einer Windkraftanlage liegt bei 20 Jahren. Es wird angenommen, dass die Abfallströme aus der Windenergiebrache im Jahr 2045 in etwa 520.000 Tonnen pro Jahr erreichen. [WIND20b, S. 16]

Drucktanks für Wasserstoffanwendungen stellen einen jungen und stark wachsenden Markt für endlosfaserverstärkte Kunststoffe dar [SLOA23]. Treiber in diesem Markt ist das globale Engagement von fossilen auf erneuerbare Energien umzusteigen [SLOA23]. Hierfür wird auf Wasserstoff als Energieträger gesetzt, der in kohlenstofffaserverstärkten Drucktanks gespeichert wird. Ab 2026/2027 sollen in Europa bis zu 2000 Nutzfahrzeuge jährlich zugelassen werden, die mit Wasserstoff betrieben werden. Dies führt zu einem jährlichen Bedarf von 6.000 Tonnen Kohlenstofffasern, die 10 bis 15 Jahre später als Abfall anfallen. [GARD21]

WEI et al. prognostizieren, dass kohlenstofffaserverstärkte Materialien in Zukunft zu einem der größten Abfallströme weltweit anwachsen werden. Im Jahr 2020 lag der CFK-Abfall bei 62.000 Tonnen und es wird angenommen, dass dieser bis 2030 auf bis zu 483.000 Tonnen anwächst. [WEI22, S. 1]

A.2 Allgemeine politische Rahmenbedingungen

General political framework

Europäischer Aktionsplan für die Kreislaufwirtschaft

Der Europäische Aktionsplan für die Kreislaufwirtschaft ist ein Bestandteil des „Green Deal“, der das Ziel formuliert, bis 2050 ein klimaneutraler Kontinent zu werden [EURO19], [EURO20]. Im Aktionsplan werden Maßnahmen genannt, die die Transition zu einer Kreislaufwirtschaft in Europa unterstützen sollen. Diese umfassen die Einführung verbindlicher Anforderungen für den Einsatz recycelter Kunststoffe, die Reduzierung von Kunststoffabfällen in Schlüsselprodukten [EURO20, S. 9], strengere Regelungen für das Recycling und die Demontage von Altfahrzeugen [EURO20, S. 8], Zielsetzungen zur Abfallreduzierung [EURO20, S. 12-13], einheitliche EU-Vorgaben für Abfallsammlung und -kennzeichnung, Rahmenbedingungen für die Beendigung der Abfalleigenschaft [EURO20, S. 14] sowie eine Revision der Vorschriften zur Abfallverbringung [EURO20, S. 14-15]. Zusätzliche Maßnahmen beinhalten neue Verbraucherrechte im Kontext des grünen Wandels wie das "Recht auf Reparatur" [EURO20, S. 5] und ein Informationssystem für bedenkliche Inhaltsstoffe [EURO20, S. 13-14].

Europäische Abfallrahmenrichtlinie

Die europäische Abfallrahmenrichtlinie bildet die rechtliche Grundlage für den Umgang mit Abfällen in Europa und wird in Deutschland durch das Kreislaufwirtschaftsgesetz (KrWG) in nationales Recht überführt [EURO08], [BUND12]. Die Richtlinie hat das Ziel, den Schutz der Umwelt und der menschlichen Gesundheit durch verschiedene Techniken zur Abfallbewirtschaftung, Verwertung und Recycling zu gewährleisten. Sie legt

Anforderungen an die Vermeidung von Abfällen fest und definiert Recyclingziele. Darüber hinaus erweitert sie die Systeme der Herstellerverantwortung und setzt Mindestanforderungen für die Abfallbewirtschaftung. [EURO08]

Im Jahr 2018 wurde die Abfallrahmenrichtlinie durch das EU-Legislativpaket zur Kreislaufwirtschaft verschärft. Ziele sind insbesondere die nachhaltige Materialwirtschaft, die Ressourceneinfuhr zu verringern und neue Chancen in der Wirtschaft zu ermöglichen. [EURO18c]

Die wichtigsten Bestandteile der Abfallrahmenrichtlinie, die für die Recyclingindustrie von FVK-Produkten interessant sind, werden im Folgenden aufgelistet. Eine ausführlichere Erläuterung ist in Anhang A.4 gegeben und kann im KrWG nachgeschlagen werden.

- Aufstellung einer Abfallhierarchie
- Definition, wann ein Stoff oder Gegenstand seine Abfalleigenschaft verliert
- Einführung einer erweiterten Herstellerverantwortung
- Verursacherprinzip
- Verantwortung für die Abfallbewirtschaftung
- Handhabung, Kennzeichnung und Überwachung von gefährlichen Stoffen
- Gültige Beseitigungs- und Verwertungsverfahren

Europäisches Abfallverzeichnis

Die Kommission der europäischen Gemeinschaft hat entschieden, dass ein gemeinsames Abfallverzeichnis eingeführt werden soll, welches die genaue Abgrenzung und Klassifizierung von Abfallstoffen regelt [EURO01]. Für Verbundkunststoffe gibt es derzeit keine eigene Klassifizierung. Die Einführung spezifischer Abfallkennnummern (ASN) für verschiedene Verbundwerkstoffe würde die gezielte Sammlung, getrennte Entsorgung und systematische Sammlung zusammengesetzter Abfälle erleichtern. Das Problem der fehlenden ASN für Verbundwerkstoffe wurde bereits 2019 von der Bund/Länder-Arbeitsgemeinschaft Abfall (LAGA) behandelt. Diese hat sich intensiv mit der Entsorgung faserhaltiger Abfälle beschäftigt und ihren Abschlussbericht auf der 93. Umweltkonferenz vorgelegt. Insgesamt werden dort strengere Vorschriften zur Markierung, Handhabung und Entsorgung von FVK-Abfällen gefordert, eine Zusammenfassung ist in Anhang A.5 gegeben. [LAGA19]

Europäische Deponierrichtlinie

Die europäische Richtlinie über Abfalldeponien [EURO99] hat zum Ziel, negative Auswirkungen der Ablagerungen von Abfällen auf die Umwelt oder den Menschen zu vermeiden. Im Zuge des EU-Legislativpakets zur Kreislaufwirtschaft wurde die Deponierrichtlinie 2018 verschärft [EURO18b]. In Deutschland wurde diese Richtlinie durch die Abfallablagerungsverordnung (AbfAblV), die Deponieverwertungsverordnung (DepVerwV) und die Deponieverordnung (DepV) umgesetzt. Im Juli 2009 trat die Verordnung zur Vereinfachung des Deponierechts (DepRVV) [BUND09] in Kraft, die die drei zuvor genannten Verordnungen zusammenführt.

Ein generelles Verbot für die Deponierung von Faserverbundkunststoffen gibt es in Europa derzeit nicht. Im November 2020 hat die WINDEUROPE die Europäische Union in einem Positionspapier zu einem europaweiten Verbot zur Deponierung von Rotorblättern aufgerufen und empfiehlt, weitere Produkte aus Verbundkunststoffen in das Verbot mit aufzunehmen [WIND20a, S. 5]. In den EU-Ländern Österreich, Finnland, Deutschland und den Niederlanden existiert bereits ein Deponierverbot für Verbundkunststoffe [WIND20a, S. 6]. Da die EU eine Kreislaufwirtschaft anstrebt und bereits Einschränkungen für die Deponierung von Abfallströmen angekündigt hat, ist die Umsetzung des Aufrufs von WINDEUROPE als sehr wahrscheinlich einzustufen.

Europäische Verordnung über die Verbringung von Abfällen

Die Verordnung zur Verbringung von Abfällen regelt die Verbringung von Abfällen bei Grenzüberschreitung [EURO24]. Im April 2024 wurde die bestehende Verordnung zur Verbringung von Abfällen aus dem Jahr 2006 durch eine verschärfte Version abgelöst. Die neue Verordnung gehört zu den Gesetzesverschärfungen, die im Zuge des europäischen Green Deal erlassen wurden [EURO24, S. 1]. Beispielsweise müssen Unternehmen, die Abfälle aus der EU ausführen wollen, ab 2027 den umweltgerechten Charakter der Ausfuhr über eine unabhängige Auditierung nachweisen [EURO24, S. 9]. Der Export von Abfällen in ärmere Länder wird hierdurch erschwert.

Europäische Verordnung zu Ökodesign-Anforderungen für nachhaltige Produkte

Die Produktgestaltung ist für bis zu 80% der Umwelteinflüsse eines Produktes während seines Lebenszyklus verantwortlich [EURO22b, S. 1]. Die Richtlinie für Ökodesign Anforderungen für nachhaltige Produkte zielt darauf ab, Anforderungen an das Produktdesign zu formulieren, die dafür sorgen, dass Produkte durch Langlebigkeit und Rezyklierbarkeit nachhaltiger werden. Hierdurch soll die Abhängigkeit von natürlichen Ressourcen verringert und die strategische Autonomie und Widerstandskraft der EU gestärkt werden. [EURO22a, S. 1]

Derzeit betreffen die Ökodesign-Anforderungen vorrangig Verbraucherelektronik, da das Abfallaufkommen in diesem Bereich stark wächst [EURO22b, S. 2]. Als weitere Felder wurden Textilien und Baustoffe identifiziert und bereits erste Maßnahmen vorgeschlagen [EURO22b, S. 2]. Eine Ausweitung auf andere Abfallströme ist denkbar.

A.3 Branchenspezifische politische Rahmenbedingungen

Sector-specific political framework

In den folgenden Abschnitten wird auf branchenspezifische Regulierungen und Vorschriften in Europa und im speziellen in Deutschland eingegangen. Betrachtet werden Branchen, in denen FVK verstärkt eingesetzt werden. Dies sind die Automobilindustrie, die Windkraftbranche, die Sportbootbranche und die Luftfahrtindustrie.

Europäische Richtlinie über Altfahrzeuge

Die Altfahrzeugverordnung setzt die Richtlinie 2000/53/EG der EU in nationales Recht um und regelt die Verwertung von Fahrzeugen am Ende ihres Lebenszyklus. Im Zuge des EU-Legislativpakets zur Kreislaufwirtschaft wurde sie durch die Richtlinie 2018/849 verschärft [EURO18a]. Diese Richtlinie setzt Zielvorgaben für Wiederverwertungs- und Verwertungsquoten [EURO00, S. 9-10]:

- Fahrzeuge mit Herstellungsdatum bis 2006: Wiederverwendung und Verwertung: mindestens 85%, Wiederverwendung und Recycling: mindestens 80% des durchschnittlichen Fahrzeuggewichts pro Jahr.
- Fahrzeuge mit Herstellungsdatum bis 2015: Wiederverwendung und Verwertung: mindestens 95%, Wiederverwendung und Recycling: mindestens 85% des durchschnittlichen Fahrzeuggewichts pro Jahr.

Es existieren keine expliziten Vorgaben für FVK in der Altfahrzeugverordnung, sodass diese unter die allgemeinen Quoten fallen. Strengere Anforderungen im Rahmen des Aktionsplans für die Kreislaufwirtschaft werden erwartet. [ENDR23, S. 48-51]

Vorgaben zum Rückbau von Windenergieanlagen

Die DIN SPEC 4866 von 2020 beschreibt den nachhaltigen Rückbau sowie die Verwertung von Windenergieanlagen (WEA). Besondere Aufmerksamkeit gilt der Wiederverwendung, dem Recycling und der Verwertung der Rotorblätter, Spinner und Nabe [DEUT20]. Die Norm definiert den Stand der Technik für die Verwertung der glasfasererstärkten Kunststoffe (GFK) sowie der kohlenstofffaserverstärkten Kunststoffe (CFK) wie folgt:

- Für die GFK-Verwertung kann eine stoffliche oder eine energetische Verwertung erfolgen. Beide Routen beinhalten einen mehrstufigen Zerkleinerungsprozess. Die stoffliche Verwertung erfolgt in einem Zementwerk, bei der energetischen Verwertung dient der Abfall als Ersatzbrennstoff. [DEUT20, S. 18]
- Der derzeitige Ansatz für das Recycling von CFK beinhaltet die Rückgewinnung von Sekundärfasern durch Pyrolyse. Es sollte jedoch beachtet werden, dass die Herstellung von Halbzeugen ebenfalls eine praktikable Option ist, auch wenn diese noch nicht in großem Umfang eingesetzt wird. [DEUT20, S. 19]

EU-Verordnung für das Recycling von Schiffen

Insbesondere in Sportbooten wird GFK und CFK als Konstruktionsmaterial verwendet. In Deutschland gibt es keine verbindlichen Regulierungen für die Handhabung eines Schiffes am Ende seines Lebenszyklus [ENDR23, S. 62]. Das Übereinkommen von Hong Kong aus dem Jahr 2009 fördert das sichere und umweltgerechte Recycling von Schiffen und tritt 2025 in Kraft [INTE09]. Die EU-Verordnung 1257/2013 erleichtert die Ratifizierung des Übereinkommens und legt Vorgaben für das Schiffsrecycling fest [EURO13, S. 1]. Schiffe dürfen nur auf zugelassenen Recyclingwerften in Mitgliedsländern der Organisation für wirtschaftliche Zusammenarbeit und Entwicklung (OECD) abgewrackt werden und müssen über ein Gefahrstoffinventar verfügen. Das

Schiffsrecycling steht noch am Anfang und unterscheidet sich grundlegend vom Recyclingverständnis in anderen Branchen [ENDR23, S. 63].

Luftfahrtindustrie

Derzeit gibt es in der Luftfahrtindustrie keine speziellen Vorschriften zum Recycling von Flugzeugen [JULI22, S. 7]. Alle Bemühungen zielen darauf ab, die allgemein gültigen Regulierungen zu erfüllen oder finden auf freiwilliger Basis statt. Neben den allgemeinen Vorgaben gibt es von der Internationalen Zivilluftfahrtorganisation (ICAO) [INTE19, S. 279-284] und der Internationalen *Air Fleet Recycling Association* (AFRA) [AIRC24] Beispiele für bewährte Praktiken, die Hersteller beim Recycling unterstützen. Boeing verfolgt seit 2008 Recyclingziele, um den Anteil der Bauteile, die Deponien zugeführt werden, zu reduzieren und den Anteil an hochwertig recyceltem Material zu erhöhen [CARB08, S. 13].

A.4 Erläuterung zur europäischen Abfallrahmenrichtlinie

Explanation regarding the European Waste Framework Directive

Tabelle 8.1: Erläuterungen der für FVK relevanten Bestandteile der Abfallrahmenrichtlinie

Explanations of the components of the Waste Framework Directive relevant to FRP

Abfallhierarchie	Abfallhierarchie, in der eine Prioritätenreihenfolge für den Umgang mit Abfällen wie folgt festgelegt wird: Vermeidung, Vorbereitung zur Wiederverwertung, Recycling, sonstige Verwertung, zum Beispiel energetische Verwertung und Beseitigung. Ein Einhalten dieser Hierarchie ist nicht verpflichtend, Unternehmen werden dazu aufgerufen, ihre Abfälle im Einklang mit der Abfallhierarchie zu bewirtschaften und die nationalen Regierungen werden dazu aufgerufen, die Einhaltung dieser zu fördern. [EURO08, S. 8]
Abfalleigenschaft	Die Abfalleigenschaft wird abgesprochen, wenn die Verwendung nicht zu einer Schädigung der Umwelt oder der Gesundheit führt, es einen Markt sowie einen Verwendungszweck gibt, für den der Stoff oder Gegenstand die Anforderungen und Rechtsvorschriften erfüllt. [EURO08, S. 9]
erweiterte Herstellerverantwortung	Die EU fordert die Mitgliedstaaten dazu auf, Maßnahmen mit und ohne Gesetzescharakter zu ergreifen, um Hersteller von Erzeugnissen in eine Verantwortung zur Verbesserung der Wiederverwendbarkeit, der Abfall-Vermeidung, des Recyclings oder der sonstigen Verwertung zu bringen

	[EURO08, S. 10]. Im deutschen KrWG wird dies in Paragraph 7 umgesetzt [BUND12, S. 217].
Verursacherprinzip	Es wird das Verursacherprinzip eingeführt, das besagt, dass die Kosten für die Abfallbewirtschaftung von den Abfallerzeugern, den Abfallbesitzern oder den früheren Abfallbesitzern zu tragen sind. [EURO08, S. 12] *Kommentar: Die Abfallbesitzer müssen die Kosten für die Entsorgung tragen. Da das Deponieren von FVK voraussichtlich ab 2025 verboten ist, steigen die Entsorgungskosten (vgl. Kapitel A.3).*
Verantwortung für die Abfallbewirtschaftung	Die Verantwortung für die Abfallbewirtschaftung liegt beim Abfallerzeuger oder dem Abfallbesitzer. Dieser ist für die Durchführung der Abfallbewirtschaftung verantwortlich. Die Mitgliedstaaten haben das Recht, in Einzelfällen den Erzeuger zu verpflichten, die gesamte Abfallbewirtschaftungskette zu verantworten. [EURO08, S. 12] *Kommentar: Die EU bzw. einzelne Mitgliedstaaten könnten realisieren, dass die Abfallbewirtschaftung von FVK ein Problem darstellt und daher die Erzeuger verpflichten, dieses Problem zu lösen.*
Handhabung, Kennzeichnung und Überwachung von gefährlichen Stoffen	Die Handhabung, Kennzeichnung und Überwachung von gefährlichen Stoffen wird definiert. [EURO08, S. 13] Zum jetzigen Zeitpunkt zählen die FVK zwar noch nicht zu den gefährlichen Stoffen, es gibt aber derzeit Empfehlungen der Bund/Länder-Arbeitsgemeinschaft Abfall (LAGA), die Gesundheitsgefährdung und das Freisetzungsverhalten von Kohlenstoff- und Glasfaserstäuben zu untersuchen. Insbesondere wird eine krebserregende und allergene Wirkung vermutet. Dies könnte dazu führen, dass FVK in naher Zukunft als gefährliche Stoffe behandelt werden müssen. [LAGA19, S. 30; LAGA19, S. 47]

A.5 Weiterführende Informationen zu Arbeiten der LAGA im Bezug auf FVK-Abfall

Further information on LAGA's work in relation to FRP waste

Die Kommission der europäischen Gemeinschaft hat entschieden, dass ein gemeinsames Abfallverzeichnis (2000/532/EG) eingeführt werden soll. Dieses regelt die genaue Abgrenzung und Klassifizierung von Abfallstoffen. Jeder Abfallkategorie wird eine sechsstellige Abfallkennnummer (ASN) zugewiesen, um ihre genaue

Identifizierung sicherzustellen. Die ersten 2 Ziffern beziehen sich auf die Entstehungsbranche, die mittleren 2 Ziffern benennen den branchentypischen Prozess und die letzten 3 Ziffern sind eine numerische Aufzählung verschiedener Abfälle. [EURO01]

Für Verbundkunststoffe gibt es derzeit keine eigene Klassifizierung. Es existiert lediglich eine ASN (10 11 03) für trockene GF-Abfälle. Diese werden der Entstehungsbranche „Abfälle aus thermischen Prozessen“ und dem Prozess „Herstellung von Glas und Glaserzeugnissen“ zugeordnet.

Die Einführung spezifischer ASN für verschiedene Verbundwerkstoffe würde die gezielte Sammlung, getrennte Entsorgung und systematische Sammlung zusammengesetzter Abfälle erleichtern, um sicherzustellen, dass sie nicht in andere Abfallströme aufgenommen, mit anderen zusammengesetzten Abfällen vermischt oder auf unangemessene Weise entsorgt werden. Genau definierte ASN für Verbundwerkstoffe würden auch eine zentrale Erfassung der verschiedenen Arten von Verbundwerkstoffen ermöglichen, was als solide Grundlage für das wirtschaftlich sinnvolle Recycling von Verbundwerkstoffen dienen würde.

Das Problem der fehlenden ASN für Verbundwerkstoffe wurde bereits 2019 von der Bund/Länder-Arbeitsgemeinschaft Abfall (LAGA) behandelt. Diese hat sich intensiv mit der Entsorgung faserhaltiger Abfälle beschäftigt und ihren Abschlussbericht auf der 93. Umweltkonferenz vorgelegt [LAGA19]. Es werden folgende Empfehlungen zum Umgang mit CFK- und GFK-Abfallströmen durch die LAGA ausgesprochen:

- Festlegung separater ASN für Abfälle, die GF und CF enthalten. Dabei werden für jeden Fasertyp 3 Gruppen vorgeschlagen: Erstens Faserabfälle, zweitens Faserabfälle in Kunststoffmatrix und drittens Faserabfälle in mineralischer Matrix.
- Erlassung einer Markierungspflicht für GFK und CFK-Produkte auf dem europäischen Markt.
- Vermeidung einer Vermischung von faserhaltigen und nicht faserhaltigen Kunststoffen, um nachgeschaltete Recyclingschritte nicht zu behindern.
- Erforschung zu technischen Verwertungsverfahren von FVK-Abfällen.
- Untersuchung der Gesundheitsgefährdung von Faserstäuben hinsichtlich ihrer möglicherweise krebserregenden und allergenen Wirkung sowie Untersuchung der umweltgefährdenden Wirkung von Faserstäuben. Erstellung eines Maßnahmenkatalogs für den Arbeitsschutz im Umgang mit faserhaltigen Materialien.

Bisher sind diese Empfehlungen noch nicht durch Gesetze oder Verordnungen der EU wirksam gemacht worden [ENDR23, S. 42]. Das Erarbeiten und Einbringen von Verbesserungsvorschlägen durch die Mitgliedstaaten gehört zum gewünschten Vorgehen der EU, daher ist davon auszugehen, dass die Vorschläge durch die Kommission der europäischen Gemeinschaft geprüft werden.

A.6 Diskussion der Experimente von Sacchetti und Grouve et al.

Discussion of the experiments conducted by SACCHETTI and GROUVE et al.

In den nachfolgenden Absätzen werden die Versuchsergebnisse von GROUVE et al. sowie SACCHETTI vorgestellt und anschließend diskutiert. Für eine umfassendere Beschreibung der Versuche sowie der Versuchsergebnisse sei an dieser Stelle auf die jeweilige Veröffentlichung von GROUVE et al. und SACCHETTI verwiesen [GROU13, S. 96-108], [SACC17, S. 69–92].

SACCHETTI hat das Bruchverhalten in kohlenstofffaserverstärken, gewebten PEEK-Laminaten untersucht. Dabei konnte SACCHETTI feststellen, dass eine Belastung durch Schubspannungen senkrecht zur Rissfront (Modus II) zu einem stabilen Risswachstum führt [SACC17, S. 79], wohingegen eine Belastung durch Normalspannungen (Modus I) zu einem instabilen Risswachstum führt [SACC17, S. 78]. Die im MP-Test durch SACCHETTI beobachtete Rissausbreitung ist instabil [SACC17, S. 81]. SACCHETTI konnte bei den DCB- sowie den MP-Tests ein *stick-slip* Verhalten beobachten [SACC17, S. 78]. In den von SACCHETTI durchgeführten Versuchen wurde für das stabile Risswachstum unter Modus II eine um den Faktor 3 höhere kritische Energiefreisetzungsrate benötigt [SACC17, S. 79-80]. Nach der Versuchsdurchführung hat Sacchetti die Bruchflächen mittels Rasterelektronenmikroskopie untersucht, um das Bruchversagen als duktil beziehungsweise spröde zu charakterisieren, siehe Bild 8.1.

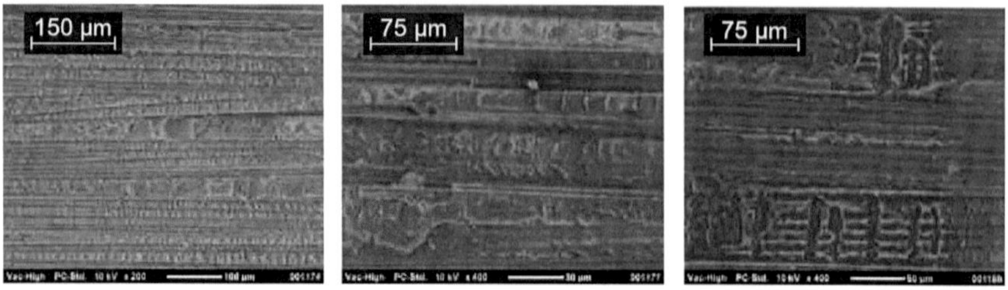

Micrographs of the fracture surface of a DCB specimen. The crack propagated from right to left

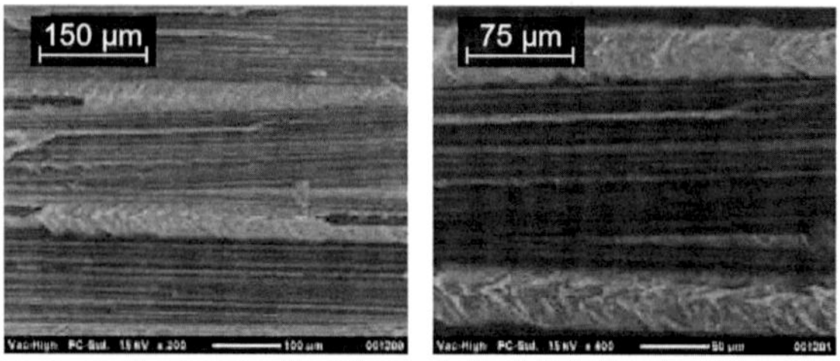

Micrographs of the fracture surface of an ELS specimen. The crack propagated from right to left.

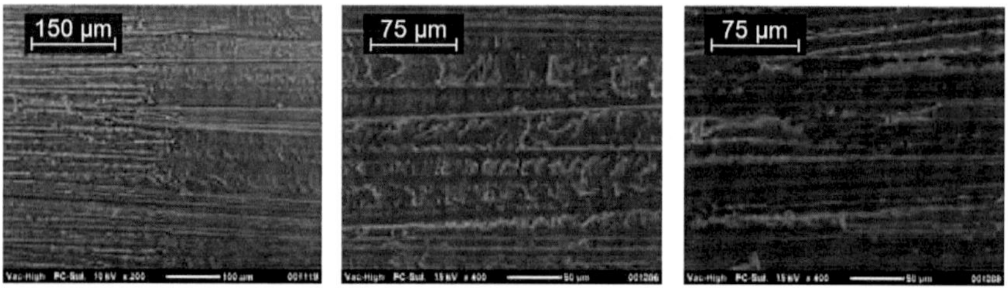

Micrographs of the fracture surface of a mandrel peel specimen. The crack propagated from right to left.

Bild 8.1: Bruchbilder aus der Veröffentlichung von SACCHETTI [SACC17, S. 85-86]
Fracture images from the publication by SACCHETTI [SACC17, S. 85-86]

Dabei konnte Sacchetti feststellen, dass die Bruchflächen der DCB-Testproben (Modus I) sowie die MP-Testproben sich ähneln und zwei Zonen aufweisen. Die erste Zone ist eine häufig auftretende Zone mit einem instabilen Risswachstum, das sich durch geringe plastische Verformungen auszeichnet. Die zweite Zone ist eine selten auftretende Zone, in der deutliche plastische Verformungen sichtbar sind. Die Bruchflächen der ELS-Testprobe (Modus II) zeigen ein durchgängig duktiles Bruchbild mit deutlichen plastischen Verformungen [SACC17, S. 85-86], vergleiche hierzu Bild 8.1.

Die Autoren GROUVE et al. untersuchten unidirektional kohlenstofffaserverstärkte PPS-Laminate (UD-Tape auf UD-Tape) sowie kohlenstofffaserverstärkte PPS hybrid Laminate (UD-Tape auf Gewebe). Bei den Versuchen mit Laminaten aus UD-Tape auf Gewebe ist die Bruchfläche nicht in der interlaminaren Zone zwischen den Materialien propagiert, sondern in die UD-Schicht gewandert. Die Versuchsergebnisse sind daher laut den Autoren nicht aussagekräftig und werden nicht weiter behandelt. Nachfolgend werden nur die Ergebnisse aus den Versuchen mit UD-Tape diskutiert [GROU13, S. 104-105]. Die aus dem DCB- und ELS-Test ermittelten Energiefreisetzungsraten sind in etwa gleich groß, während die im MP-Test ermittelte Energiefreisetzungsrate etwa 20% geringer ausfällt [GROU13, S. 107]. Nach Meinung der Autoren zeigen die Bruchflächen des DCB- und MP-Tests ein für Versagen unter Zugspannung typisches Bruchbild, während die Bruchflächen der ELS-Proben ein für Versagen unter Schubspannungen typisches Bruchbild zeigen [GROU13, S. 104]. Die Aufnahmen der Bruchflächen mit einem Rasterelektronenmikroskop (REM) für die Laminate aus zwei UD-Tapes zeigen ein sprödes Bruchverhalten mit geringen plastischen Verformungen auf Mikroebene für die DCB-Testproben [GROU13, S. 104], während die ELS-Testproben sowie die MP-Testproben ein duktiles Bruchverhalten mit deutlichen plastischen Verformungen auf Mikroebene zeigen, vergleiche hierzu Bild 8.2 [GROU13, S. 105]. Die ermittelten Energiefreisetzungsraten für Modus I und Modus II unterscheiden sich für den Test mit UD-Tapes kaum. Ein Grund hierfür könnte das stark ausgeprägte *fiber bridging* sein, welches die Autoren bei der Durchführung des DCB-Tests beobachten konnten. Dies könnte zu einer Erhöhung der Risswiderstandskraft im Modus I führen. [GROU13, S. 103-104]

Zusammenfassend lässt sich feststellen, dass die Autoren unabhängig voneinander ein stabiles Risswachstum mit einem duktilen Bruchbild für eine Rissausbreitung unter Schubspannungen (Modus II) beobachten konnten, wohingegen die Rissausbreitung unter Normalkraft (Modus I) zu einem Risswachstum mit sprödem Bruchbild führt. Interessant ist, dass die Autoren SACCHETTI und GROUVE et al. bei den durchgeführten Untersuchungen mit dem MP-Test zu unterschiedlichen Ergebnissen hinsichtlich der Rissausbreitung kommen. Während SACCHETTI bei der Durchführung der MP-Tests ein instabiles Risswachstum mit geringen plastischen Verformungen auf der Bruchfläche beobachtet, zeigen die REM-Aufnahmen der Autoren GROUVE et al. eine duktile Bruchfläche mit ausgeprägten plastischen Verformungen für die MP-Testversuche.

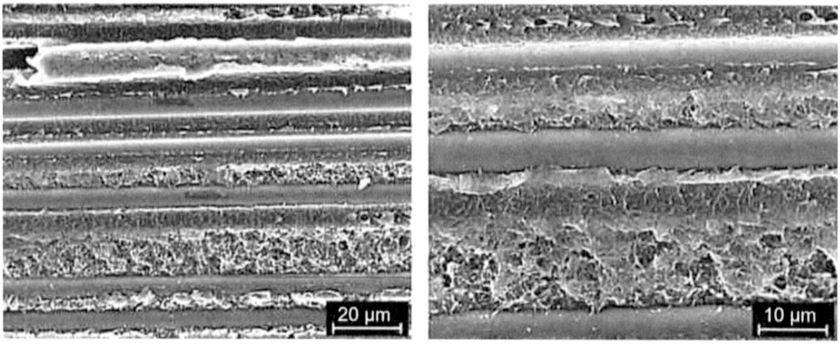

Micrographs of the fracture surface of a UD DCB specimen. The crack propagated from left to right

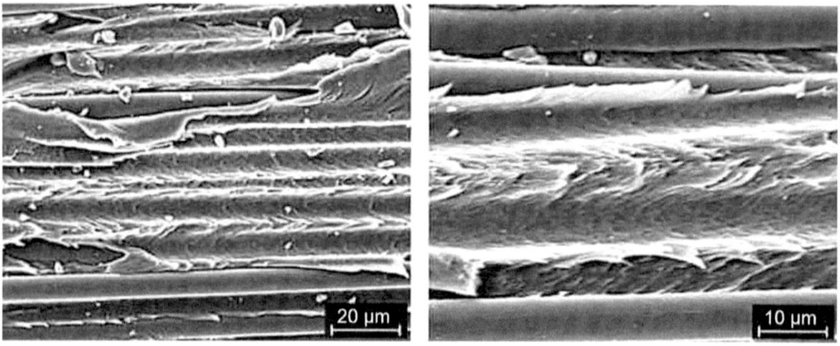

Micrographs of the fracture surface of a UD ELS specimen. The crack propagated from left to right.

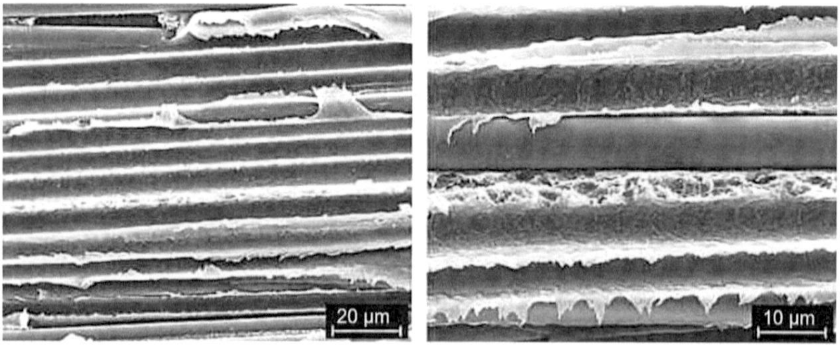

Micrographs of the fracture surface of a UD mandrel peel specimen. The crack propagated from left to right.

Bild 8.2: Bruchbilder aus der Veröffentlichung von GROUVE et al. [GROU13, S. 104-105]

Fracture images from the publication by GROUVE et al. [GROU13, S. 104-105]

Die folgende Diskussion soll dazu beitragen, die unterschiedlichen Ergebnisse der Autoren SACCHETTI und GROUVE et al. zu erklären. Es gibt verschiedene Beobachtungen, die bei der Versuchsauswertung gemacht werden können, um Hinweise auf den vorherrschenden Bruchversagensmechanismus zu erlangen. Diese sollen im Folgenden kurz aufgeführt werden:

- Die zu erwartende kritische Energiefreisetzungsrate bei vergleichbaren Proben für ein Versagen in Modus I ist geringer als in Modus II [KENA09, S. 526; BRUN24, S. 2]. Für den *mixed mode* liegen die zu erwartenden Werte zwischen den Werten für eine reine Modus I beziehungsweise Modus II Belastung [SACC17, S. 71; KENA09, S. 528].
- Stabiles Risswachstum geht mit großen plastischen Verformungen auf den Bruchflächen einher, während ein instabiles Risswachstum kaum oder nur geringe plastische Verformungen auf der Bruchfläche aufweist. [BARG18, S. 159]
- Die Bruchflächenanalyse kann Aufschluss über die zum Bruchzeitpunkt herrschenden Spannungszustände geben. Die Ausformung von runden Mulden (engl. *dimples*) deutet auf eine gleichmäßige Zugbelastung hin, die Ausformung von länglichen Mulden sowie die Ausformung von Schublippen (engl. *shear lips*) deuten auf eine Schubbelastung hin. Weiterführende Erläuterungen können folgendem Werk über Bruch- und Versagensanalyse entnommen werden. [GONZ18]

Vor diesem Hintergrund werden nun die Ergebnisse von SACCHETTI und GROUVE et al. diskutiert:

SACCHETTI hat den MP-Test unter der Annahme durchgeführt, dass die Rückstellkraft keinen signifikanten Einfluss auf die Testergebnisse hat [SACC17, S. 76]. Diese Annahme begründet SACCHETTI damit, dass in den Untersuchungen der Autoren GROUVE et al., die MP-Test Versuche mit zwei verschiedenen Rückstellkräften durchgeführt haben, kein Einfluss der Rückstellkraft auf die Versuchsergebnisse festgestellt werden konnte [SACC17, S. 76; GROU13, S. 103]. Während der Versuchsdurchführung konnte ein *stick-slip* Verhalten durch SACCHETTI beobachtet werden, bei dem das abzulösende Tape vor die Rolle wandert und anschließend durch ein ruckartiges Risswachstum zurück zur Rolle springt, bis das abgelöste Tape wieder vollständig an dieser anliegt [SACC17, S. 81]. SACCHETTI konnte das beschriebene Verhalten mit der aufgezeichneten Kraft-Weg-Kurve korrelieren, eine schematische Darstellung ist in Bild 8.3 gegeben.

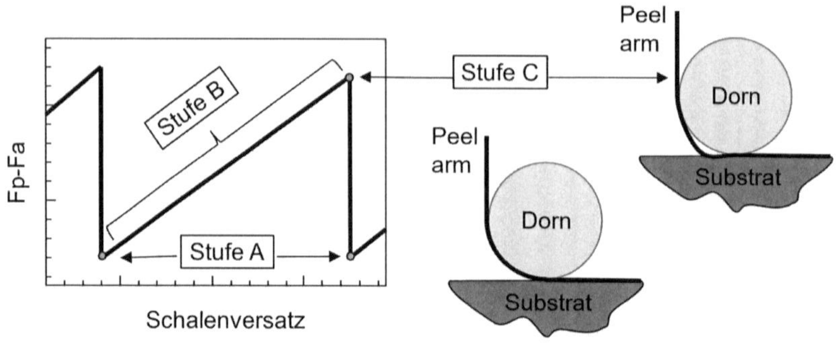

Bild 8.3: Darstellung des instabilen Risswachstums nach SACCHETTI [SACC17, S. 82]

Visualisation of unstable crack growth after SACCHETTI [SACC17, S. 82]

Für die Berechnung der Energiefreisetzungsrate hat SACCHETTI die im Punkt C gemessenen Kräfte verwendet, diese entsprechen den maximalen Kräften, die vor einem instabilen Risswachstum gemessen wurden, während das Tape nicht an der Rolle anlag. Die ermittelten Energiefreisetzungsraten aus dem DCB-Test und dem MP-Test sind ähnlich groß und deutlich kleiner als die im ELS-Test ermittelten Werte. Ein Vergleich der Bruchoberflächen von DCB- und MP-Testproben zeigt eine ähnliche Ausprägung mit geringen plastischen Verformungen. SACCHETTI kommt zu dem Schluss, dass die Versuchsergebnisse nahelegen, dass der vorherrschende Beanspruchungsmodus in der überlagerten Beanspruchung des MP-Tests der Modus I ist [SACC17, S. 89].

Die von GROUVE et al. durchgeführten Untersuchungen zielen nicht direkt darauf ab, den vorherrschenden Beanspruchungsmodus im MP-Test zu bestimmen. Ziel der Autoren ist eine quantitative Analyse, die es ermöglicht, die kritischen Energiefreisetzungsraten, die für vergleichbare Prüfkörper mit unterschiedlichen Testmethoden ermittelt wurden, zu vergleichen [GROU13, S. 97].

Die von Grouve et al. ermittelten Energiefreisetzungsraten für die Modus I und Modus II Belastungen sind nahezu gleich groß und stimmen damit nicht mit dem erwarteten Verhalten überein. Diese Abweichung wird von den Autoren auf das stark ausgeprägte *fiber bridging* im DCB-Versuch zurückgeführt, das Ergebnis ist somit nur eingeschränkt aussagekräftig. In dem durchgeführten MP-Test ist das *fiber bridging* hingegen nur schwach ausgeprägt, die ermittelte Energiefreisetzungsrate liegt unterhalb des für den Modus II ermittelten Wertes.

Besonders interessant ist die Auswertung der Bruchflächen. Diese deuten für den DCB-Test aufgrund der unrunden Mulden und geringfügig ausgeprägten Schublippen auf ein Versagen unter Zugspannungen mit leichtem Schubanteil und geringer plastischer Verformung hin. Die Bruchfläche des ELS-Tests zeigt deutliche Schublippen und deutet somit auf ein Versagen unter Schub hin. Das Bruchbild der MP-Testprobe zeigt eine deutliche plastische Verformung mit der Ausbildung von Schublippen, allerdings weniger stark ausgeprägt als bei den ELS-Testproben und deutet daher auf ein Versagen unter Schub hin. In dieser Hinsicht unterscheidet sich das Ergebnis der hier durchgeführten Analyse der Bruchfläche von dem Ergebnis der Autoren. Die Autoren GROUVE et al. sind der Ansicht, dass die Bruchfläche ein eher für Zugbelastungen typisches Matrixversagen zeigt, erklären aber nicht, anhand welcher Merkmale dieser Schluss gezogen wird [GROU13, S. 104].

Aus der Dokumentation von GROUVE et al. wird ersichtlich, dass das abgezogene Tape während der Versuchsdurchführung vollständig an der Rolle anliegt [GROU13, S. 103], während SACCHETTI ausführlich beschreibt, wie das Tape vor die Rolle wandert [SACC17, S. 81]. Diese Beobachtungen deuten darauf hin, dass eine Versuchskonfiguration, in der das Tape vollständig an der Rolle anliegt, eher zu einem Versagensmechanismus nach Modus II führt, während eine Versuchskonfiguration, bei der das Tape nicht an der Rolle anliegt, eher zu einem Versagensmechanismus nach Modus I führt. Die Rückstellkraft sorgt dafür, dass das Tape an der Rolle anliegt, ein Einfluss der Rückstellkraft auf die vorherrschende Belastungsart ist daher wahrscheinlich.

Diese Beobachtung lässt sich mit dem Modell von YIN et al. beziehungsweise BECKER et al. nachvollziehen, vergleiche Kapitel 4.4.1. Nach dem Modell von YIN et al. kann die Überlagerung der Rissöffnungsmodi anhand der infinitesimalen Verschiebungen aufgrund der Verformung des Tapes durch das Biegemoment bestimmt werden [YIN20, S. 483]. Liegt der Ablösepunkt, der den Übergang von der Kohäsionszone in die Bruchzone markiert, unter der Rolle, ist eine infinitesimale Verschiebung in Z-Richtung nicht möglich, da diese durch die Rolle verhindert wird. Lediglich eine Verschiebung aufgrund der Normalspannungen in X-Richtung ist möglich. Sobald der Ablösepunkt vor die Rolle wandert, ist die Verschiebung in Z-Richtung nicht mehr durch die Rolle blockiert. Je weiter der Ablösepunkt vor die Rolle wandert, desto größer wird der Schälwinkel, bis dieser einen Maximalwert von 90° erreicht. Ein Schälwinkel von 90° bewirkt eine vollständige Verschiebung in Z-Richtung, die Verschiebung in X-Richtung ist in diesem Fall gleich null. Je größer die Verformung in Z-Richtung wird, desto größer wird der Anteil des Belastungsmodus I bei der überlagerten Belastung.

In der Reihe **Ergebnisse aus der Produktionstechnik** zuletzt erschienen:

Buchholz, Philip:
Entwicklung und Evaluierung eines neuartigen Recyclingverfahrens für thermoplastische Tapes
ISBN: 978-3-98555-327-3
Erscheinungsdatum: 03.02.2026

Kiesewetter-Marko, Caroline:
Verwendung von Zementbeton für dynamisch belastete Strukturbauteile von Werkzeugmaschinen
ISBN: 978-3-98555-322-8
Erscheinungsdatum: 27.01.2026

Dehn, Mathias:
Korrektur des thermo-elastischen Maschinenfehlers von Fräsmaschinen mithilfe von künstlichen neuronalen Netzen und maschineninternen Daten
ISBN: 978-3-98555-326-6
Erscheinungsdatum: 13.01.2026

Wiesch, Marian:
Lernende Prozesskraftmodellierung zur Planung und Überwachung in der Einzelteilfertigung für Fräsanwendungen
ISBN: 978-3-98555-324-2
Erscheinungsdatum: 13.01.2026

Blanke, Philipp:
Temporäre Automatisierung von Werkzeugmaschinen
ISBN: 978-3-98555-314-3
Erscheinungsdatum: 24.11.2025

Schäfer, Jan Marvin:
Digitale Auftragsnachverfolgung auf dem Shopfloor additiver Produktionssysteme
ISBN: 978-3-98555-332-7
Erscheinungsdatum: 03.02.2026

Bergs, Christian:
Untersuchung von Werkzeugschnittstellen für Fräsmaschinen unter Betriebsbedingungen
ISBN: 978-3-98555-320-4
Erscheinungsdatum: 13.01.2026

Niwar, Lea:
Methodik zur Arbeitsvorbereitung mittels Maschinensteuerungs- und Sensordaten für extrusionsbasierte additive Verfahren
ISBN: 978-3-98555-315-0
Erscheinungsdatum: 13.01.2026

Maetschke, Jan:
Wirtschaftliche Leistungssteigerung von Produktionslinien
ISBN: 978-3-98555-316-7
Erscheinungsdatum: 09.12.2025

Slawik, Viktor:
Datenbasierte Analyse vernetzter natürlich sprachlicher Anforderungen in der Produktentwicklung
ISBN: 978-3-98555-313-6
Erscheinungsdatum: 24.11.2025

Edition Wissenschaft
Apprimus

Beckschulte, Sebastian:
Gestaltungsmodell zur Systematisierung der Fehlerdatenerfassung im manuellen Montageprozess
ISBN: 978-3-98555-311-2
Erscheinungsdatum: 17.11.2025

Zalfen, Moritz:
Einfluss der Dehnrate auf die Zahnfußtragfähigkeit schnelllaufender Zahnradgetriebe
ISBN: 978-3-98555-308-2
Erscheinungsdatum: 03.11.2025

Schäfer, Niklas:
Regelbasierte Planungsautomatisierung für die Digitale Fabrik
ISBN: 978-3-98555-304-4
Erscheinungsdatum: 29.09.2025

Trisjono, Julian Andreas:
Methodik zur Einführung datengetriebener Geschäftsmodelle im Werkzeugbau
ISBN: 978-3-98555-298-6
Erscheinungsdatum: 02.09.2025

Schollemann, Alexander:
Strategische Ausrichtung nachhaltiger Produktionsnetzwerke
ISBN: 978-3-98555-293-1
Erscheinungsdatum: 15.07.2025

Spindler, Sarah:
Multi-Source Energy Harvesting for Wireless IIoT Sensors
ISBN: 978-3-98555-285-6
Erscheinungsdatum: 02.06.2025

de Oliveira Löhrer, Patrícia:
Influence of Material Removal Mechanisms on Thermo-Mechanical Loads in Continuous Generating Gear Grinding
ISBN: 978-3-98555-309-9
Erscheinungsdatum: 17.11.2025

Lossie, Karl:
Decision Model for Performance-Driven Prioritization of Operational Decisions on the Manufacturing Shop Floor
ISBN: 978-3-98555-305-1
Erscheinungsdatum: 29.09.2025

Klee, Lukas:
Auslegung des Druckprozesses beim Binder Jetting zur Herstellung von Verzahnungen mit hoher Zahnfußtragfähigkeit
ISBN: 978-3-98555-299-3
Erscheinungsdatum: 02.09.2025

Lee, Tae Hun:
Messung und Modellierung der thermo-elastischen Abweichungen von fünfachsigen Werkzeugmaschinen
ISBN: 978-3-98555-294-8
Erscheinungsdatum: 12.08.2025

Welschof, Lukas:
Ermüdungsfestigkeit drahtfunkenerodierter Nickelbasiswerkstoffe für Triebwerksanwendungen
ISBN: 978-3-98555-287-0
Erscheinungsdatum: 10.06.2025

Mendl-Heinisch, Michael:
Bewertung technischer Produktänderungen mittels prädiktiver Datenanalyse
ISBN: 978-3-98555-267-2
Erscheinungsdatum: 24.03.2025

Edition Wissenschaft
Apprimus

MIX

Papier | Fördert gute Waldnutzung

FSC® C083411

Kolibri 360 GmbH
Ferdinand-Jühlke-Straße 7
99095 Erfurt, Deutschland
produktsicherheit@kolibri360.de